JA金融法務入門

弁護士 中島 光孝
弁護士 中島 ふみ 著

経済法令研究会

はしがき

　人はさまざまな経済活動を行い，自己の生計をたてるとともに，他者の生計維持にも寄与しています。経済取引は，売買，貸借，労働，請負，委任，寄託その他のさまざまな形式で行われます。経済取引は一定額の金銭で決済されますが，決済代金の支払いと受取の時間的な差によって，一時的に資金不足となる者と資金が余る者が生じます。その両者を媒介し，結ぶ機能が金融です。

　金融とは資金が余っている者から資金を必要とする者に対し金銭を融通することです。その意味で，金銭は経済活動の「潤滑油」であり，また「血液」そのものといわれています。

　金融は，貸し手と借り手がどのような関係にたつかによって，直接金融と間接金融に分けることができます。

　直接金融とは，資金が余っている者が資金を必要とする者に直接融通する関係にたつものです。余裕の資金を持っている者が，資金を必要とする企業等が発行した株式等を購入することによって資金を融通します。両者の間に入って株式売買等を仲介する業者は，資金の貸し手でも借り手でもありません。直接金融を仲介するのは主に証券会社です。

　間接金融とは，銀行など金融機関が余裕の資金を預貯金等によって調達し，これを資金を必要とする者に対し，貸付け等によって融通する関係にたつものです。余裕の資金を預貯金として預ける者と資金を必要とする者との間には直接の関係はありません。

　銀行法は，①預金または定期積金等の受入れと資金の貸付けまたは手形の割引とを併せ行うこと，ならびに②為替取引を行うことを「銀行業」と定義し，銀行は銀行業のほか債務の保証や有価証券の売買等を行うことができるとしています。

信用金庫，信用組合，労働金庫，そして農業協同組合（ＪＡ：Japan Agricultural Cooperatives）や漁業協同組合（ＪＦ：Japan Fisheries cooperative）などいわゆる協同組織金融機関も間接金融を行っています。農業協同組合法は，組合員のためにする農業の経営及び技術の向上に関する指導の業務，組合員の事業または生活に必要な物資の供給の業務のほか，①組合員の事業または生活に必要な資金の貸付け，ならびに②組合員の貯金または定期積金の受入れという信用業務を行うことができるとしています。さらに，貯金業務を行うＪＡは手形の割引，為替取引，債務の保証または手形の引受け，有価証券の売買等も行うことができるとしています。

　金融法務は，資金の調達（預貯金等），資金の融通（貸付等），そして金銭の移動（為替）にかかわる業務の法的な側面を意味します。正確かつ確実に金融業務を行うには，資金の流通過程におけるさまざまな場面において，どんな法律問題が発生し，それにどのように対応するかを習得することが必要です。

　経済的な取引を律する基本法は民法です。金融法務の基本法も民法です。したがって，金融機関からみて預貯金の支払いが有効かどうか，あるいは貸出金をどのように回収するかについては，民法やその関連法規を学習しなければなりません。

　本書は，主としてＪＡの信用部門に配属されて間もない方々を念頭に置いて，図表を使い，金融法務を基本的な部分から説き起こしたものです。本書が，自己研鑽や研修等のテキストとして活用されれば幸いです。

2010年3月

中島　光孝
中島　ふみ

目　　次

第1章　JAの信用事業

1　総合事業 …………………………………………………………… *2*

2　JA信用事業の特色 …………………………………………… *3*

3　JA信用事業の概要 …………………………………………… *5*

4　共済事業 …………………………………………………………… *8*
 1　共済と保険 ………………………………………………………… *8*
 2　JAの共済事業 …………………………………………………… *9*

第2章　金融法務の基礎知識

1　実務におけるリーガルマインドの必要性 ……………… *12*
 1　実務から見る法的問題 ………………………………………… *12*
 2　法的な思考の順序 ……………………………………………… *15*

2　契約の成立 ……………………………………………………… *23*
 1　前提となる基礎知識 …………………………………………… *23*
 2　契約の成立要件 ………………………………………………… *29*

3　契約の効力 ……………………………………………………… *36*

	1	契約の効力を左右する事情 ………………………………………… 36
	2	契約の主体にかかわる効力の問題 ………………………………… 41
	3	契約の内容等にかかわる効力の問題 ……………………………… 73
	4	意思表示にかかわる効力の問題 …………………………………… 76

4 権利の行使 ……………………………………………………… 95

    1　条件 ………………………………………………………………… 95
    2　期限 ………………………………………………………………… 96
    3　消滅時効 …………………………………………………………… 99

5 権利・義務の発生・変動 …………………………………… 111

    1　権利の発生と変動 ………………………………………………… 111
    2　物権変動と債権譲渡 ……………………………………………… 112
    3　債務引受 …………………………………………………………… 121

6 権利・義務の消滅 …………………………………………… 126

    1　権利・義務はどのような原因で消滅するか …………………… 126
    2　弁済 ………………………………………………………………… 128
    3　相殺 ………………………………………………………………… 144

7 個人が死亡した場合の法律関係 …………………………… 151

    1　相続の発生と相続分 ……………………………………………… 151
    2　相続の効力 ………………………………………………………… 153
    3　単純承認・限定承認・相続放棄 ………………………………… 154

8 法人が組織変更をした場合の法律関係 …………………… 158

    1　法人が合併した場合の法律関係はどうなるか ………………… 158

2　法人が会社分割をした場合の法律関係はどうなるか ………… *159*

第3章　貯金法務の基礎

1　貯金契約の成立 …………………………………………… *162*

　1　貯金取引の開始 ………………………………………… *162*
　2　貯金契約の性質及び成立要件 ………………………… *163*
　3　本人確認 ………………………………………………… *169*
　4　貯金の種類 ……………………………………………… *173*
　5　貯金契約の内容 ………………………………………… *174*

2　貯金の払戻し ……………………………………………… *176*

　1　払戻義務の履行 ………………………………………… *176*
　2　貯金者本人以外の者に対する払戻し ………………… *178*

3　貯金債権に対する差押え ………………………………… *194*

　1　差押え …………………………………………………… *194*
　2　差押命令の送達等を受けたときの手続 ……………… *196*
　3　滞納処分による差押え ………………………………… *197*

第4章　貸出法務の基礎

1　貸出契約の成立 …………………………………………… *202*

　1　貸出取引の開始 ………………………………………… *202*
　2　貸出にはどんな種類があるか ………………………… *203*
　3　貸出契約の締結 ………………………………………… *204*

2　貸出と担保 …… 215

1　貸出債権をどのように担保するか …… 215
2　保証とはなにか …… 217
3　債権質とはなにか …… 224
4　抵当権とはなにか …… 229

3　貸出債権の管理 …… 247

1　貸出債権管理の必要性 …… 247
2　貸出債権の管理の内容 …… 249
3　貸出債権の変動 …… 250
4　期日管理 …… 255

4　貸出債権の保全・回収 …… 260

1　倒産とはなにか …… 260
2　差押えがあった場合の相殺による回収 …… 262
3　強制執行はどのように行うか …… 266

5　法的整理手続と貸出債権 …… 268

1　整理とはなにか …… 268
2　法的整理と貸付債権 …… 269

巻末資料 …… 287
索引 …… 325

凡　例

［法　令］

略語は以下のとおりとする（50音順）。

　一般法人法……一般社団法人及び一般財団法人に関する法律（平成18年6月2日法律第48号）

　一般法人整備法……一般社団法人及び一般財団法人に関する法律及び公益社団法人及び公益財団法人の認定等に関する法律の施行に伴う関係法律の整備等に関する法律（平成18年6月2日法律第50号）

　会更法……会社更生法（平成14年12月13日法律第154号）

　家審法……家事審判法（昭和22年12月6日法律第152号）

　家審規……家事審判規則（昭和22年12月9日最高裁判所規則第15号）

　仮登記担保法……仮登記担保契約に関する法律（昭和53年6月20日法律第78号）

　金融商品販売法……金融商品の販売等に関する法律（平成12年5月31日法律第101号）

　公益法人認定法……公益社団法人及び公益財団法人の認定等に関する法律（平成18年6月2日法律第49号）

　後見登記法……後見登記等に関する法律（平成11年12月8日法律第152号）

　国徴法……国税徴収法（昭和34年4月20日法律第147号）

　出資取締法……出資の受入れ，預り金及び金利等の取締りに関する法律（昭和29年6月23日法律第195号）

　消契法……消費者契約法（平成12年5月12日法律第61号）

　組織的犯罪処罰法……組織的な犯罪の処罰及び犯罪収益の規制等に関する法律（平成11年8月18日法律第136号）

電子消費者契約法……電子消費者契約及び電子承諾通知に関する民法の特例に関する法律（平成13年6月29日法律第95号）

動産債権譲渡特例法……動産及び債権の譲渡の対抗要件に関する民法の特例等に関する法律（平成10年6月12日法律第104号）

任意後見法……任意後見契約に関する法律（平成11年12月8日法律第150号）

農協法……農業協同組合法（昭和22年11月19日法律第132号）

不登規……不動産登記規則（平成17年2月18日法務省令第18号）

不登令……不動産登記令（平成16年12月1日政令第379号）

不登法……不動産登記法（平成16年6月18日法律第123号）

民再法……民事再生法（平成11年12月22日法律第225号）

民執規……民事執行規則（昭和54年11月8日最高裁判所規則第5号）

民執法……民事執行法（昭和54年3月30日法律第4号）

民訴法……民事訴訟法（平成8年6月26日法律第109号）

民保法……民事保全法（平成元年12月22日法律第91号）

［判例・判例集・法律雑誌等］

・判例等の略語　判例等の年月日は元号表記したほか以下のように略記する。

　最大判（決）……最高裁判所大法廷判決（決定）
　最判（決）……最高裁判所判決（決定）
　高判（決）……高等裁判所判決（決定）
　地判（決）……地方裁判所判決（決定）
　家判（決）……家庭裁判所判決（決定）
　簡判（決）……簡易裁判所判決（決定）
　大判（決）……大審院判決（決定）
　審……審判
　命……命令

・判例集等の略語

　【大審院時代】
　民（刑）録……大審院民事（刑事）判決録
　民（刑）集……大審院民事（刑事）判例集
　新聞……法律新聞

　【最高裁判所時代】
　民集……最高裁判所民事判例集
　集民……最高裁判所裁判集　民事
　高民……高等裁判所民事判例集
　下民……下級裁判所民事判例集
　判時……判例時報
　判タ……判例タイムズ
　金法……旬刊金融法務事情
　金判……金融・商事判例

　　例：最判平10.7.14金判1057－19→最高裁判所平成10年7月14日判決、金融商事判例1057号19頁

[書式関係]

　普通貯金規定ひな型，当座勘定規定ひな型，農協取引約定書例は参考例である。契約の内容や効力を検討するにあたっては実際に使用しているものをみる必要がある。

[参考文献]

引用する際は著者名ないし著者名及び著書名による。

　経済法令研究会編『ＪＡの金融業務』（経済法令研究会，2007年）

　朝倉敬二『六訂金融法務の基礎』（経済法令研究会，2008年）

　経済法令研究会編『農協法Ｑ＆Ａ』（経済法令研究会，2005年）

　新井義雄『再訂農業協同組合論入門』（全国協同出版，1983年）

　市塚宰一郎，長井民太，鈴木博『新訂版新農協信用事業入門』（全国協同出版，1983年）

　石井眞司監修『新金融法務読本』（金融財政事情研究会，2001年）

　大村敦志『基本民法シリーズ』（有斐閣）

　潮見佳男『契約各論Ⅰ』，『債権総論Ⅱ』（信山社，2005年）

　我妻栄・有泉亨ほか『我妻・有泉・コンメンタール民法』（日本評論社，2005年）

　河上正二『民法総則講義』（日本評論社，2007年）

　金子宏ほか『法律学小辞典』（有斐閣，2008年）

第1章

JAの信用事業

1　総合事業

　ＪＡは，農協法に基づき，農協の組合員となる資格を有する農業者等が自主的に設立した協同組合である。ＪＡは，農業生産力の増進及び農業者の経済的・社会的地位の向上を図り，もって国民経済の発展に寄与するという目的を達成するため，農協法所定の事業を行う。

　ＪＡが行う事業は，組合員への**指導事業**，購買・販売などの**経済事業**，**共済事業**，そして**信用事業**に大きく分けることができる。指導事業は組合員の農業技術や農業経営の向上に関する事業でありＪＡの重要な事業である。購買事業は組合員の事業や生活に必要な物資を共同購入する事業，販売事業は組合員が生産した農作物を共同販売する事業である。共済事業は組合員の生活保障など保険に関する事業である。そして信用事業は，組合員の事業や生活に必要な資金を貸し付けたり，貯金を受け入れる事業である。これらの事業を総称して**総合事業**という。

2　ＪＡ信用事業の特色[*1]

1　相互金融

ＪＡの信用事業には，組合員から受け入れた貯金を，事業と生活のために資金が必要な他の組合員に融通するという側面がある。これを相互金融という。

2　指導金融

ＪＡは，組合員が協同して組合員の経済的・社会的地位の向上を図ることを目的とする協同組織である。このため資金を融通する場合にも，組合員の事業経営と家計を両立させる指導を行っている。

3　組織金融（系統金融）

ＪＡ（単位農協）は，都道府県にある信用農業協同組合連合会（信連）及び農林中央金庫（農林中金）とともにＪＡバンクシステム[*2]を構成している。農林中金は，預金や債券によって調達した資金をもって，資金の

---

*1　ＪＡの信用事業の特色として非営利や対人信用（無担保）も挙げられる（新井義雄88頁）。昭和27年7月・8月，農林中央金庫在職中の一楽照雄氏は職員向け連続講演において，組合金融の特徴は，①対人信用（無担保），②低利かつ比較的長期，③指導金融，④営利本位ではないことを挙げた。そして，農家経済の実態をみれば，農民金融，農家金融は協同組合が本来担当すべき金融であると述べている（一楽照雄述『業務講習会記録』共助会東京支部文化部研究部，昭和29年2月，23頁）。

*2　ＪＡバンクは，ＪＡ，信連及び農林中央金庫で構成するグループの名称である。ＪＡバンクシステムの導入によって，系統農協の信用事業は，農林中金を主導とする「系統一体的経営」の展開に大きく転換した（青柳斉「ＪＡバンクシステム下の系統信用事業の特質と展望」小池恒男編著『農協の存在意義と新しい展開方向』昭和堂，2008年）。

第1章　ＪＡの信用事業

貸付，有価証券や市場性金融商品等への投資等を行っている。

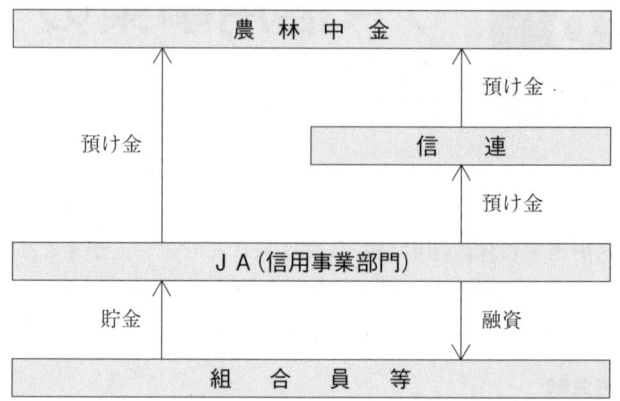

3 JA信用事業の概要

1 農協法が認める信用事業

農協法10条はJAが行うことができる事業を列挙している。そのうち，信用事業にかかわるものは次のとおりである。

① 組合員の事業または生活に必要な資金の貸付＊1
② 組合員の貯金または定期積金の受入れ
③ 手形の割引，為替取引，債務の保証または手形の引受，有価証券の売買等（貯金業務を行うJAが行える業務）

2 貯金業務

JAは，組合員から貯金を預かり，定期積金を受け入れ，請求があれば貯金等を払い戻す貯金業務を行っている。

なお，JAのほか，株式会社ゆうちょ銀行も「貯金」という用語を使用するが，銀行は「預金」という用語を使用している。貯金も預金も，法律的性質や経済的機能に違いはない。

3 貸出業務

JAは，組合員の事業または生活に必要な資金を貸し付ける業務のほか手形割引を行うことができる。金銭の貸付，当座貸越及び手形割引をあわせて貸出または融資という。

JAは，定款＊2の定めるところにより，組合員の事業利用を妨げない限度で，員外者（組合員以外の者）の利用を認めることができる。

＊1 組合員以外の者に対する貸付を**員外貸付**という。JAは，農協法や定款に定められる範囲内で員外貸付をすることができる（農協法10条17項，農協法施行令1条の2など）。農協法や定款に反する員外貸付は無効である。

第1章　ＪＡの信用事業

4　為替業務

ＪＡは為替業務を行っている。為替（かわせ）とは，隔地者間の金銭の債権・債務の決済を行う仕組み，あるいは現金の輸送によらずに金融機関を介して資金移動を行う仕組みである。

判例は，顧客から，隔地者間で直接現金を輸送せずに資金を移動する仕組みを利用して資金を移動することを内容とする依頼を受けて，これを引き受けること，またはこれを引き受けて遂行することを為替という，としている（最判平13. 3. 12判時1745－148）。

5　JASTEMシステム

ＪＡは，貯金業務，貸出業務，為替業務のほか遺言信託業務や国債窓販（まどはん）業務等も行っている。これらの業務に伴う会計勘定の処理は，全国のＪＡと信連をコンピュータで1つに結ぶJASTEM（ジャステム）システムによって行われる。

6　ＪＡにおける信用事業の位置

ＪＡの信用事業は，総合事業を行うＪＡの経営を安定的に維持し発展させる基礎となっている。歴史的にも，**大原幽学**（おおはらゆうがく）＊3の先祖株組合や**二宮尊徳**（にのみやそんとく）＊4の報徳社にみられるように，農村の協同組合は信用組合として生まれ，また農協の母体である産業組合の多くは信用事業を中心として発展してきた。信用事業が動揺するとき，組合の経営は根元から揺らぐ（市塚他

＊2　**定款**（ていかん）とは，法人の根本規則をいう。農協の定款は，創立総会において承認され，行政庁の認可を受けて，その根本規則となる（農協法28条・57条1項・58条3項・60条1項）。

＊3　**大原幽学**　江戸時代後期の農政学者，農民指導者（1797年4月13日－1858年4月21日）。下総国香取郡長部村（ながべ）（現在の千葉県旭市）を拠点に，先祖株組合を創設（1838年）。世界で初めての農業協同組合といわれている。

＊4　**二宮尊徳**　江戸時代後期の農政家・思想家（1787年9月4日－1856年11月17日）。小田原藩家老服部家の財政建て直しをはじめ各地で経営再建。報徳仕法として他の範となる。尊徳の孫・二宮尊親（1855年－1922年）は北海道十勝の豊頃開拓にあたった。「助け合い」（相互扶助）は報徳仕法と協同組合の共通の原点である（内村鑑三『代表的日本人』など参照）。

2頁)。

　なお，世界的視野でみると，協同組合運動の原点は**ロッチデール公正先駆者組合**＊5である。また，現代ではスペインの**モンドラゴン協同組合**＊6が大きな注目を集めている。

＊5　1844年，イギリスで28人の労働者によって設立された協同組合。その後の協同組合運動の基礎をなす。**ロッチデール原則**は協同組合運動の指針となる原則である。たとえば「純良な食料品だけを供給する」，「計量には不足がないようにする」などは協同組合の「誠実の理念」を表明するものである。
＊6　スペイン・バスク地方の小都市モンドラゴンで展開されている協同組合。フランコ独裁下で生まれ，スペインの民主化とＥＣ加盟を経て1980年代前半の経済危機を乗り越えた。

4 共済事業

1．共済と保険

1　共済と保険の仕組み

「共済」と「保険」は基本的には同じ仕組みである。保険には、「損害保険」と「生命保険」がある。

2　損害保険契約とは

損害保険契約は、保険者が、一定の保険事故によって保険契約者に生ずる損害を、保険金を支払うことによって填補(てんぽ)することを約し、保険契約者が保険者にその報酬(保険料)を支払うことを約する契約である(商法629条→保険法＊１３条)。

3　生命保険契約

生命保険契約は、保険者が、特定の人の生死を保険事故とし、その事故が発生した場合に保険契約者に特定の一定金額を支払うことを約し、保険契約者が保険者にその報酬(保険料)を支払うことを約する契約である(商法673条→保険法37条)。

4　共済と保険の違い

共済と保険の違いは、①保険は不特定多数のものを対象とするが、共済は原則として特定の職域や地域に限定された構成員を対象とする、②共済は簡便に加入できる、という点にある。

＊1　2008年5月30日保険法が成立し、2010年4月1日から施行された。「保険」と「共済」を対象とする。

2．JAの共済事業

1　JA共済の仕組み

　JAは，農協法に基づき，生命共済や建物更生共済等の共済事業を行っている。共済事故が発生したとき，共済契約者または共済金受取人は，共済者（JA）に対し，共済金の支払いを請求する。

2　共済証書貸付と共済担保貸付

　JAは共済事業の一環として，共済約款に基づく共済証書貸付を取り扱っている。これは，共済契約を締結している者に対する共済掛金積立金を担保とする貸付である。

　他方，JAは信用事業として，共済金請求権を担保として貸し付ける共済担保貸付を取り扱っている[*2]。

[*2]　共済担保貸付は，全国農業協同組合中央会の都道府県農業協同組合中央会宛て『共済担保貸付取扱いに係る今後の留意事項について』（JA全中経対発第60号平成15年12月24日）ならびにこれに基づく農林中央金庫及び全国共済農業協同組合連合会からの通知によって取り扱うことになる。

第2章

金融法務の基礎知識

第2章 金融法務の基礎知識

実務におけるリーガルマインドの必要性

1．実務から見る法的問題

> **Point**
> 貯金業務や貸出業務の実務において，法律はどのようにかかわってくるか。実務において，なぜ，どのように，法律を意識しなければならないか。

1 貯金業務の例

1 貯金業務における権利・義務の発生

窓口において貯金を受け入れるとき，窓口担当者（テラー）は，貯金をしようとする人（顧客）から貯金通帳，入金票，現金を受け取り，金額を数えて顧客に確認し，所定どおりの処理を行う。ＪＡ乙の窓口担当者Ａが，顧客甲から，現金10万円を貯金として預かり，所定の処理をしたとき，甲は，ＪＡ乙に対し，10万円の貯金の払戻しを請求する権利を取得し，ＪＡ乙は，これに応じなければならない義務を負う。

> **事例**
> 甲が，ＪＡ乙の貯金窓口で，通帳，入金票とともに現金10万円をカウンターの上に置いて「貯金したいのですが」と言った。ＪＡ乙の窓口担当者Ａは，前の顧客の貯金の処理に追われていたため，顔をあげ，甲に向けて，「分かりました」と言っただけで，

1 実務におけるリーガルマインドの必要性

> そのままやりかけの事務を続行していた。そこへやってきた第三者が，甲がカウンターに置いた現金10万円を奪って逃走した。この場合，甲は，ＪＡ乙に対して，10万円の貯金の払戻しを請求できるか。

　この問題は，甲に権利が発生しているか，ＪＡ乙に義務が発生しているかという問題である。甲とＪＡ乙との間に貯金契約が成立しているか，を法的な問題として考えることになる。

2 貸出業務の例

1 貸出業務における権利・義務の発生

　ＪＡ乙は，組合員甲に対し，事業資金1,000万円を貸すことにした。甲に，消費貸借契約証書に署名押印してもらうとともに，甲所有の不動産に抵当権を設定する契約証書にも署名押印してもらった。その後，ＪＡ乙に開設している甲名義の貯金口座に1,000万円を入金した。

　ＪＡ乙は，後日，消費貸借契約の成立によって取得した権利に基づき，

甲に対し，貸出金の返還を請求できる。また，ＪＡ乙は，甲所有不動産について抵当権を実行できる。

> **事例**
>
> 1,000万円を甲の貯金口座に入金する前に，甲について，保佐開始の審判が確定していた。この場合，ＪＡ乙は，甲に対し，約定どおり貸出金の返還を請求できるか。

この問題は，甲が取得した権利を有効に行使できるかどうかという問題にかかわる。契約が成立し権利を取得したといえる場合も，その権利を**有効なものとして行使できるか**という問題が生ずることがある。これも法的な問題として考えることになる。

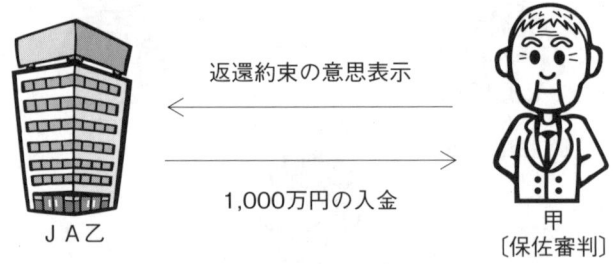

③ 法的なものの考え方（リーガルマインド）

1 まず法律の条文をみる

上記の貯金業務の例や貸出業務の例は，法的に順序だって考えなければ結論が出ない。法的なものの考え方の出発点は，法律または法律の条文である。法律または法律の条文がどうなっているか，法律または法律の条文を具体的な業務・事案・事件にどのように適用するか。これが問題である。

たとえば，貯金業務の例は，窓口担当者Ａの「**顔をあげ，甲に向けて，『分かりました』と言ったこと**」が，民法666条が準用する民法587条の「**金銭を受け取ること**」に該当するといえるかどうかが問われている。貸出業務の例は，法律が**成年後見制度**をどのような仕組みのものとしているかを

2　リーガルマインドとは

具体的な出来事に法律を適用するにあたっては，法律の体系的な理解とその正確な適用を行う姿勢が必要である。場合によっては柔軟かつ的確な解釈を行い，これを適用するという姿勢も必要である。法律に対するこのような姿勢を**リーガルマインド**（leagal mind）という。

2．法的な思考の順序

> **Point**
> 法的に，順序だって考えるとはどういうことか。契約が成立したといえるか。成立した契約が有効といえるか。権利を行使する条件は整っているか。

1　貯金業務の事例及び貸出業務の事例についてどのように考えるか

1　契約が成立しているかをまず考える

貯金業務の事例の場合，消費寄託契約が成立しているかを考える。**消費寄託契約が成立するために法律が必要だとしている事実に該当する具体的事実があるかどうかを考える**。

民法666条1項は「第5節（消費貸借）の規定は，受寄者が契約により寄託物を消費することができる場合について準用する」と定める。そこで，消費貸借の規定の1つである民法587条を消費寄託契約の規定として読み替える。「消費寄託は，当事者の一方が種類，品質及び数量の同じ物をもって**返還をすることを約して**相手方から**金銭その他の物を受け取る**ことによって，その効力を生ずる」となる。

上記の条文を分解すると，「当事者の一方が種類，品質及び数量の同じ物をもって返還をすることを約して」（**返還約束**），「相手方から金銭その他の物を受け取ること」（**物の授受**），「によって」，「その効力を生ずる」

第2章　金融法務の基礎知識

となる。

　つまり，民法666条・587条は，消費寄託契約がその効力を生ずるためには，①返還約束と②金銭その他の物の授受が必要であるとしている。この①と②が消費寄託契約が成立するために必要な事実（これを**要件事実**あるいは**成立要件**という）である。

　そこで，甲がＪＡ乙に対し，10万円の貯金の払戻しを請求することができるかどうかを判断するためには，まず，**ＪＡ乙と甲との間に消費寄託契約が成立するための2つの要件事実（成立要件）に該当する具体的事実があるか**を検討しなければならないことになる。

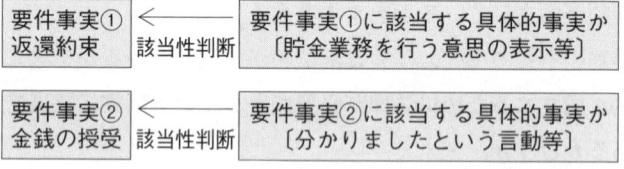

　2つの要件事実のうち要件事実①に該当する具体的事実があることは認めることができる。ＪＡ乙は，甲に対し，貯金を預かった場合には「種類，品質及び数量の同じ物」すなわち「預かった金額と同じ金額」を返還することを約束している。窓口担当者Ａが，甲に対し，「10万円を預かった場合には払戻しの請求があれば10万円をお返しします」とわざわざ言わなくても，ＪＡは，農協法に基づき**信用事業規程***1を制定し，貯金業務を行うことを組合員その他に広く告知し，また，一定の手続によって「払戻し

---

　*1　農協法11条は，ＪＡが貯金事業を行おうとするときは，信用事業規程を定め，行政庁の承認を受けなければならないとしている。

ができます」と定めている貯金規定を顧客に交付していることなどからすると，貯金をした者に対し，返還すなわち払戻しをする旨の約束をしていることになる。

　では，要件事実のうち要件事実②に該当する具体的事実はあるか。窓口担当者Aが，「分かりました」と言ったことをもって，「10万円を受け取った」ことになるかどうかの判断が求められている。「受け取る」という条文の言葉は，相手方が差し出した現金を手で受け取る（文字通り，手から手に渡されて受け取る）ことであると解釈することもできる。Aは，10万円を甲から受け取っていない。したがって，この解釈によれば，要件事実②に該当する具体的事実がないため，ＪＡ乙と甲との間に消費寄託契約は成立せず，甲は貯金払戻請求権を取得しないことになる。

　他方，現金10万円の管理責任が甲から窓口担当者Aに移ったといえる場合には，「受け取る」に該当する事実はあったと**解釈***2することも可能である。そうすると，管理責任が移ったといえるかどうかが問題となる。ＪＡ乙が管理するカウンターに甲が現金10万円を置いたこと，ＪＡ乙が雇用する窓口担当者Aが「分かりました」と述べてカウンター上に現金10万円があることを確認したことから，その10万円の管理責任は甲からＪＡ乙に移ったと解釈することも可能である。この解釈によると，ＪＡ乙は実際には10万円の入金がなくても，「受けとった」と解釈され，甲の10万円の貯金払戻請求に応じなければならないことになる。

2　契約が成立するかどうかを検討したあとは，その契約が有効であるかどうかを検討する

(1)　貸出業務の事例でも，まず消費貸借契約が成立したかどうかを判断する。

　民法587条は，消費貸借契約が成立するためには，返還約束（①）

---

*2　解釈は，①当事者の言動がどのような意思表示としての意味を持っているかを明らかにすること，②裁判所によって適切と考えられる意味の持ち込みという2つの側面がある（河上246頁）。

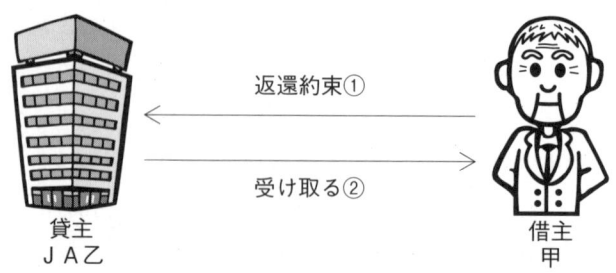

と金銭を受け取ること（②）が必要だとしている。

甲は，消費貸借契約証書に署名押印して，ＪＡ乙に対し，借りた金銭を返還する旨の約束をしている（**要件事実①の充足**）。また，甲は，甲名義の貯金口座に1,000万円を入金されたことによって，ＪＡ乙から1,000万円を受け取っている（**要件事実②の充足**）。ＪＡ乙と甲との間に**消費貸借契約は成立している**。

(2) 消費貸借契約が成立した場合，通常，貸主は貸金返還請求権という権利を取得し，借主は借入金返還義務という義務を負担する。しかし，成年後見制度の適用を受けた本人が単独で行った法律行為＊3は取り消すことができるとされている。

たとえば，民法13条1項2号は，被保佐人が借財をする場合は保佐人の同意を得なければならないとし，同条4項は，保佐人の同意を得ないで被保佐人が単独で行った行為は**取り消す**ことができるとする。そして，民法121条は，取り消された行為は初めから**無効**であったものとみなす，としている。

ＪＡ乙と甲との間に1,000万円の消費貸借契約は成立している。したがって，甲は消費貸借契約に基づき借入金返還義務を負担している。しかし，被保佐人である甲または甲の保佐人があとで消費貸借契約を取り消した場合，消費貸借契約は初めから，すなわち契約締結時点か

＊3 **法律行為**とは，一定の法律効果の発生（権利・義務の発生・変動・消滅など）を目的とした，少なくとも1つ以上の意思表示を含む行為。法律行為の代表は契約である。その他，単独行為，合同行為も法律行為である。

ら無効であったことになる。甲は1,000万円の借入金返還義務を負わないことになる。

　甲または甲の保佐人が取り消した場合は，ＪＡ乙は，甲に対し，消費貸借契約が成立したことを前提とする貸金返還請求権を行使することができない。この場合，ＪＡ乙は，甲に対し，不当利得返還請求権を行使できる（民法703条）。しかし，甲の返還義務の範囲は，「**現に利益を受けている限度**」である（民法121条ただし書）。ＪＡ乙は，甲から1,000万円を回収できなくなるおそれがある。

(3)　甲及び甲の保佐人が取り消さないままで推移するとどうなるか。この場合，ＪＡ乙はいつ取り消されるかわからないという極めて不安定な状態におかれることになる。そこで，民法20条は，保佐人や被保佐人に対し，**追認するかどうかを確答すべき旨を催告**することができるとした。催告に対し，どのような応答があったかによって，法的効果が異なる。その概要は以下のとおりである。

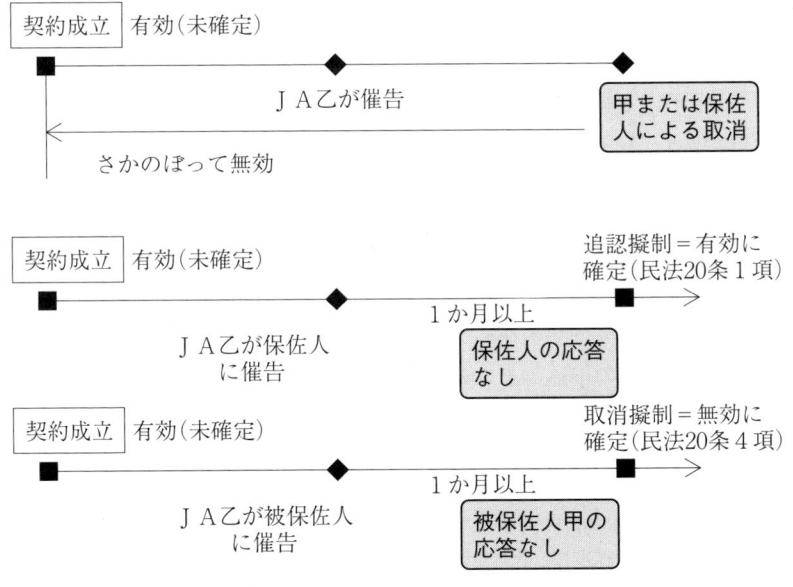

3 契約の成立要件・有効要件

(1) 貯金業務の事例でも，貸出業務の事例でも，まず，契約が成立しているかどうかを判断する。契約が成立しているかどうかは，法律の条文が示している要件事実（成立要件）に該当する具体的事実の有無によって判断する。

契約をめぐる法的なものの考え方の出発点では，**その契約の要件事実（成立要件）がなにかを必ず条文で確認**する。そして，その成立要件に該当する具体的事実が実際にあるかどうかを検討する。

これは，消費寄託契約でも，消費貸借契約でも，さらに抵当権設定契約，保証契約等あらゆる契約において同様である。

(2) 成立要件に該当する具体的事実があり契約が成立したと判断したあとは，**有効要件の検討が必要**である。具体的には，意思表示（申込みまたは承諾の意思表示）あるいは法律行為（主として契約）を無効とする事情があるかが問題となる。

民法は，当初から無効の場合と**取消**[*4]によって初めにさかのぼって無効になる場合とを規定している。当初から無効の場合は，「公の秩序又は善良の風俗に反する事項を目的とする法律行為」（民法90条），「相手方と通じてした虚偽の意思表示」（民法94条1項）などである。取り消されたとき初めにさかのぼって無効になる場合は，「未成年者の行為」（民法5条），「成年被後見人の行為」（民法9条），「被保佐人の行為」（民法13条），「詐欺・強迫[*5]による意思表示」（民法96条）などである。民法以外にも意思表示や法律行為を取り消すことができるとしている例がある。たとえば消費者契約法4条は，一定の場合に消費者契約の申込みまたはその承諾の意思表示を取り消すことができるとしている。他方，同法9条のように消費者契約の一定の条項について無効とする規定もある。

[*4] 取消とは，有効に成立している法律行為の効力を，特定の者（取消権者，民法120条）がその行為のときにさかのぼって無効とする意思表示をいう（民法121条）。

| 契約の成立 | 契約が成立するか：成立要件に該当する事実があるか
成立要件⇒意思の合致＋α（物の授受，書面の作成等） |

↓

| 契約の効力 | 一応は成立した契約が効力を有するか：無効ないし取消に該当する事情があるか |

2 代理，条件，期限，時効

Point

契約が成立し，かつ，それが有効であれば，債権者は，いつでも，どのような場合でも，債務者に対し，権利を行使できるか。

1 代理

本人が代理権を与えた代理人を通じて契約を締結した場合，本人は，代理人が締結した契約により，法律上権利を有し，義務を負担することになる。代理権がない自称代理人（無権代理人）が本人の代理人と称して契約を締結しても，本人にその効果は帰属しない。本人は，なんら権利を取得せず，義務を負担することもない。

2 条件，期限

義務の履行に条件が付された場合あるいは期限が付された場合は，権利の行使が可能かどうかは，条件が成就したかどうか，あるいは期限が到来したかどうかを判断する必要がある。

3 消滅時効

時効にかかった権利を行使しても，履行を拒否されることがある＊6。

＊5 **詐欺**とは人を欺して錯誤に陥れ，その錯誤に基づく意思表示をさせることをいう。**強迫**とは人に害悪を告げて畏怖させ，その畏怖に基づく意思表示をさせることをいう。表意者は，詐欺・強迫による意思表示を取り消すことができる（民法96条1項）。ただし，詐欺による意思表示の取消は，善意の第三者に対抗することができない（民法96条3項）。

＊6 **時効（取得時効・消滅時効）** とは，一定の事実状態の一定期間の経過により権利を取得（取得時効），または権利を消滅（消滅時効）させる制度をいう。

権利が時効にかかっているかどうかを判断しなければならない。

③　法的な思考の順序のまとめ

　契約をめぐる問題について考える場合，契約が成立しているか（成立要件に該当する具体的事実はあるか），契約に無効となる事情はあるか（有効要件を害する具体的事情はあるか），代理権はあるか（代理行為による場合），条件は成就しているか，期限は到来しているか，時効にかかっていないか，等々を順々に考える。

　法的思考はこのように段階をふんで進んでいく。日常的なものの考え方からするとまわりくどい。しかし，このように段階をふむ考え方が，結果的には「思考の経済」に資することになる。

2 契約の成立

1. 前提となる基礎知識

1 法的主体

　法律関係にある当事者はすべて権利と義務の関係にある。ある者Aがある者Bに対し，ある権利を有する場合，BはAに対し，権利に対応する義務を負う。法律関係をめぐる当事者すなわち法的主体は，私人と私人との関係，住民と地方公共団体との関係，国民（以下，外国籍の人を含む場合は市民と表記する）と国との関係というように，どのような法律関係にあるかによって呼び方が異なる。

2 私人と私人の関係

1 私人とは

　私人とは要するに生身の個人（**自然人**）である。民法は，「個人の尊厳」（民法2条）であるとか，「私権の享有は，出生に始まる」（民法3条1項）というように，自然人を権利の基本的な主体であると位置づけている。民法は，自然人のほかに「**法人**＊1」という権利の主体を認めている（民法

＊1　**法人**とは，自然人以外で法律上の権利・義務の主体となるものをいう。公法人と私法人，社団法人と財団法人，営利法人と非営利法人，内国法人と外国法人などの区別がある。農協法は「農業協同組合及び農業協同組合連合会（以下組合と総称する。）は，法人とする」とし（5条），「組合は，主たる事務所の所在地において，設立の登記をすることに因って成立する」としている（63条1項）。

33条1項）。私人には自然人と法人とがある。

2　私法とは

私人と私人との関係に関するルールを定めた法律のことを**私法**という*2。私法のなかでは民法がもっとも基本的かつ重要な法律である。

私人と私人がどのような法律関係を結ぶかは基本的に自由である（**契約自由の原則**，民法91条）。ただし，民法その他の私法が一定のルールを定めている。私法は，物を売買する，お金の貸し借りをする，結婚するといったような，個人としての横のつながりのある私的生活を規律する。

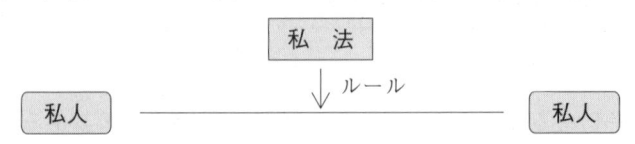

```
           私　法
             ↓ ルール
  私人 ─────────────── 私人
```

③　私人（住民・市民）と地方公共団体・国との関係

地方公共団体や国の機関は，「日本国民が確定した憲法」に従って，その権限（権力）を行使しなければならない（憲法前文・99条）。地方公共団体の首長，議会議員その他の公務員も，国の機関である天皇，国務大臣，国会議員，裁判官その他の公務員も，憲法に定めた**規範を遵守**しなければならない（**公務員の憲法尊重擁護義務**，憲法97条・99条）。

地方公共団体や国が，住民や市民に租税を課したり，刑罰を課したりする場合には，地方議会や国会で制定された条例や法律に基づいて行う。これらの条例や法律を**公法**という（次頁上段図表参照）。

④　実体法と手続法

実体法は権利・義務の存否に関する事項を定めている（民法等）。**手続法**は権利の実現，義務の履行に関する事項を定めている（民事訴訟法，民

＊2　国家機関ないし行政機関がかかわる法を**公法**といい，国民ないし市民相互の関係にかかわる法を**私法**という。憲法，行政法，刑法等は公法に属し，民法，商法等は私法に属する。ただし，公法・私法の区別は困難になってきている。

事執行法等）（下段図表参照）。

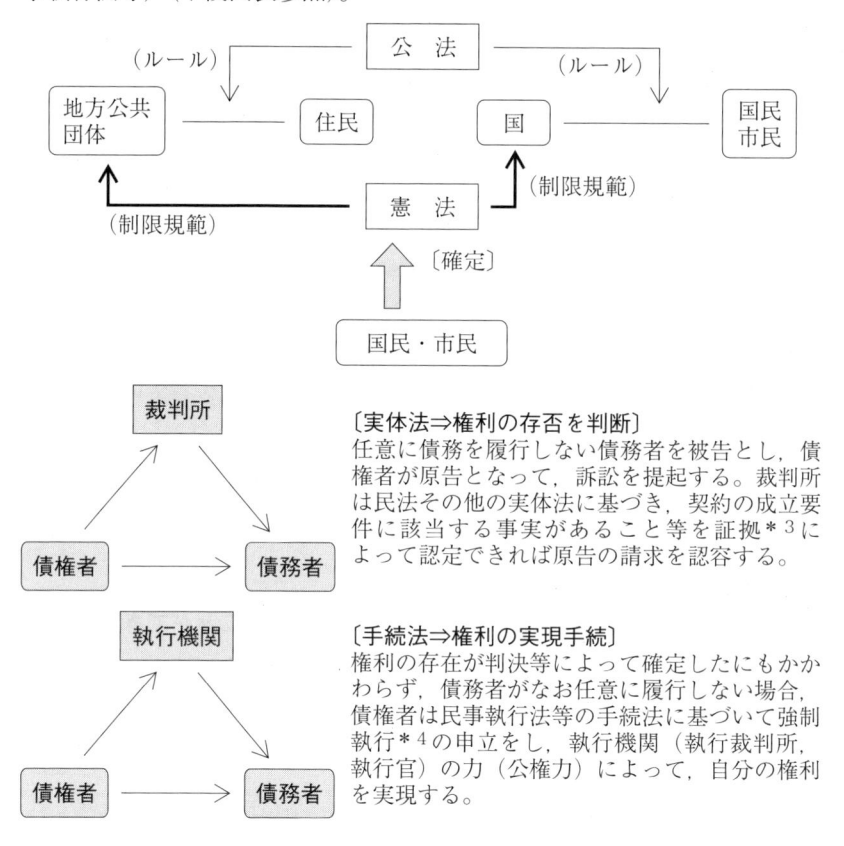

```
              公　法
    （ルール）  ↓      （ルール）  ↓
地方公共           国民
団体  ──── 住民      国 ──── 市民
  ↑         憲　法    ↑ （制限規範）
（制限規範）    ↑
           〔確定〕
          国民・市民
```

```
    裁判所
     ↑  ↓
債権者 ── 債務者
```

〔実体法⇒権利の存否を判断〕
任意に債務を履行しない債務者を被告とし，債権者が原告となって，訴訟を提起する。裁判所は民法その他の実体法に基づき，契約の成立要件に該当する事実があること等を証拠*3によって認定できれば原告の請求を認容する。

```
    執行機関
     ↑  ↓
債権者 ── 債務者
```

〔手続法⇒権利の実現手続〕
権利の存在が判決等によって確定したにもかかわらず，債務者がなお任意に履行しない場合，債権者は民事執行法等の手続法に基づいて強制執行*4の申立をし，執行機関（執行裁判所，執行官）の力（公権力）によって，自分の権利を実現する。

* 3　**証拠**とは，ある事実の存在または不存在について裁判官が判断をする根拠となる資料をいう。人的証拠（証言など）と物的証拠（書証など）がある。
* 4　**強制執行**とは，国家権力の行使として執行機関（執行官または執行裁判所）が，私法上の請求権の強制的実現を図る手続をいう。強制執行には，金銭債権の実現を目的とする金銭執行と非金銭債権の実現を目的とする非金銭執行がある。金銭執行には，不動産執行，動産執行，債権執行などがある。**債権執行**とは，債務者が第三者債務者に対して有する債権（預貯金債権など）を対象として，債権者がこれを差し押さえて，債権の回収を図る民事執行の手続をいう（民執法143条〜167条・193条）。

5　法律とはなにか

社会生活を営むためにはなんらかの規律・ルールが必要である。これを**規範**（きはん）という。社会生活は，道徳，習慣，宗教などの規範によってなんらかの規律を受けている。

法も規範である。法が道徳等他の規範と異なるところは，強制力を伴う点である。法に違反する者に対し，法は，国家の力（物理的な力）をもって，それを排除する。

法律は，議会の議決を経て制定された国法の一形式である。日本国憲法の下にある法規範としては憲法，条約，法律，命令（行政機関によって制定されるもの。内閣が制定する政令，各省庁が制定する省令等）があり，一般的に効力の優劣はこの順による。

6　権利・義務とはなにか

1　権利・義務

権利とは，**一定の利益を請求し，主張し，享受することができる法律上の力**である。たとえば，金銭の貸主は借主に対し貸金の返還を請求する権利を有する。借主が任意に返還しないときは，貸主は裁判所（国家権力）に訴えて判決を得，これに基づく強制執行によって借主の財産から貸金を回収することができる。権利は法律に基づき，司法手続によって実現される点で，人が踏み行うべき正しい道である道徳とは異なる。

義務とは，権利に対応するもので，国家権力によって強制される可能性のある法的拘束をいう。

2　私権の種類

私法上認められる権利（**私権**（しけん））としては，次のようなものがある。

人格権　生命・身体・自由・名誉など人間と切り離すことのできない権利ないし利益である。名誉権，肖像権，プライバシー権，氏名権，平穏生活権，自己決定権などがある。

身分権　親子・夫婦などの身分から生ずる権利である。扶養請求権や婚

姻費用分担請求権などがある*5。

財産権 経済的な価値がある財産に関する権利である。ある物（民法85条が定義している）を直接・排他的に支配する物権，ある人に対し一定の作為・不作為を請求する債権に分けられる。物権には所有権・抵当権などがある。債権には売買契約に基づく代金請求権，金銭消費貸借契約に基づく貸金返還請求権，不法行為に基づく損害賠償請求権などがある。

7 権利（私権）はどのようにして発生し，変動し，消滅するか

1 権利（私権）の発生

私権は，なんらかの事実があれば法律によって直ちに生ずる場合と意思表示等成立要件に該当する具体的事実がある場合に初めて生ずる場合とがある。

〔ある事実があれば法律によって権利を行使できる場合〕

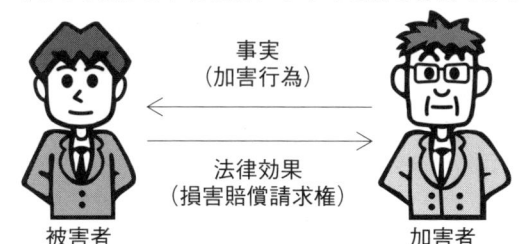

被害者 ←事実（加害行為）／法律効果（損害賠償請求権）→ 加害者

被害者は，加害者に対し，加害行為によって受けた損害の賠償を民法709条によって請求できる。

〔意思表示その他の成立要件に該当する事実があって初めて権利を行使できる場合〕

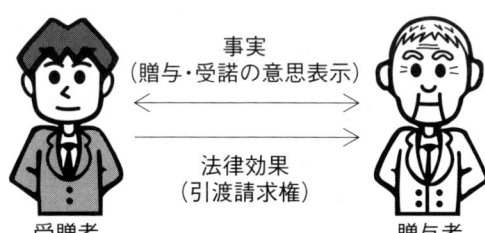

受贈者 ←事実（贈与・受諾の意思表示）／法律効果（引渡請求権）→ 贈与者

贈与契約の成立要件に該当する事実（申込みと承諾。民法549条）があると贈与契約が成立する。受贈者は贈与契約に基づいて目的物の引渡しを請求する権利を取得する。

---

*5 **婚姻・結婚** 結婚とは，男女が共同生活を営み，1つの社会的な単位を成立させることをいう。「婚姻」は，法律用語である（憲法24条1項，民法731条以下）。

2 権利（私権）の変動

権利は，権利者が変動する（債権譲渡[*6]，相続[*7]，合併[*8]等），債務者が変動する（債務引受[*9]等），権利の内容が変動するなどによって，変動することがある。

3 権利（私権）の消滅

権利はいずれ消滅する。民法は，弁済[*10]，相殺[*11]，更改[*12]，免除[*13]，混同[*14]によって権利は消滅するとしている（民法474条以下）。また，消滅時効が援用[*15]されることによって権利が消滅する（民法166条以下）

[*6]　**債権譲渡**とは，債権者Aの債務者Bに対する債権をその同一性を変えないで，契約によって，C（債権譲受人）に移転することをいう（民法466条1項）。

[*7]　**相続**とは，死者が死亡時に有していた一切の権利・義務を他の者に包括的に承継することをいう（民法896条・882条）。本書151頁参照。

[*8]　**合併**とは，2つ以上の会社が契約によって1つの会社に合同することをいう（会社法2条27号・28号等）。本書158頁参照。

[*9]　**債権引受**とは，たとえばB（旧債務者）のA（債権者）に対する債務をC（新債務者）が引き受けて債務者となる契約をいう。Bがそれにより債務を免れる**免責的債務引受**と，BとCとがともにAに対して債務を負う**併存的（重畳的）債務引受**がある。本書121頁参照。

[*10]　**弁済**とは，債務者（または第三者）が，債務の内容である給付を債務の本旨に従って実現することをいう（民法474条以下）。**履行**ともいう。

[*11]　**相殺**とは，債務者Aが弁済をする代わりに，債権者Bに対して有する債権（自働債権）で，Bに対する債務（受働債権）を対当額まで消滅させることをいう（民法505条1項）。

[*12]　**更改**とは，契約によって既存の債権を消滅させると同時に，これに代わる新しい債権を成立させることをいう（民法513条1項）。

[*13]　**免除**とは，債権者が，債務者に対する一方的な意思表示によって債務を消滅させることをいう（民法519条）。

[*14]　**混同**とは，債権者の地位と債務者の地位のように相対立する2つの法律的地位が同一人に帰することをいう。同一物について所有権及び他の物権が同一人に帰属したり，債権及び債務が同一人に帰属するような場合，他の物権や債権を存続させる意味がないので，他の物権や債権は原則として消滅する（民法179条・520条）。

[*15]　**時効の援用**とは，時効によって利益を受ける者が，時効によって利益を受ける意思を表示することをいう。時効の援用によって初めて，時効によって権利を取得し，あるいは権利が消滅する（民法145条）。

など，その他の事情によっても権利が消滅する。

2．契約の成立要件

1 契約とはなにか

1 契約とは

契約とは，互いに対立する2個以上の意思表示の合致（合意）を要件とする**法律行為**である。

口頭の合意だけで成立する契約を**諾成契約**という（売買契約など）。合意のほかに目的物の交付も要するものを**要物契約**という（消費貸借契約など）。また，「書面」によるなど一定の方式が必要な契約を**要式契約**という（保証契約など）。

代金支払約束という意思表示と財産移転約束という意思表示だけで売買契約は成立する（民法555条）。

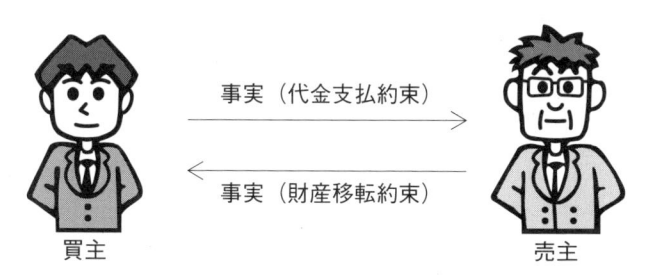

```
買主  事実（代金支払約束） →  売主
      ← 事実（財産移転約束）
```

保証する旨の意思表示の合致と書面の作成によって保証契約が成立する（民法446条）。

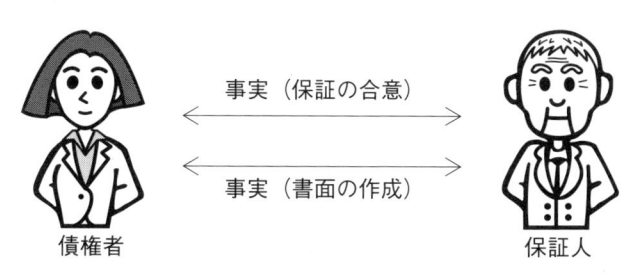

```
債権者  ← 事実（保証の合意） →  保証人
        ← 事実（書面の作成） ←
```

2 法律要件とは

契約は，権利・義務を発生させる原因となる事実（これを**法律要件**または**法律事実**という）の１つである。

```
          ┌─ 法律行為……契約，単独行為，合同行為
法律要件 ──┼─ 準法律行為…意思の通知（民法20条等），観念の通知（民法
          │             147条3号等），事務管理（民法697条）等
          └─ その他………違法行為（不法行為等）
```

(1) 法律要件は，法律行為，準法律行為，その他に分けることができる。**法律行為**とは，意思表示を要素とする行為である。**意思表示**とは，一定の法的効果の獲得に向けられた当事者の意思の表明のことである。

法律行為には，契約，単独行為（遺言など），合同行為（会社設立行為）がある。契約は，少なくとも，互いに対立する２個以上の**意思表示（申込みの意思表示と承諾の意思表示）の合致（合意）**によって成立する法律行為である。単独行為は１個の意思表示によって成立する。

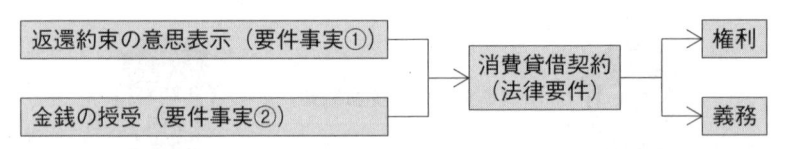

```
返還約束の意思表示（要件事実①）┐    消費貸借契約    ┌→ 権利
                              ├──→ （法律要件）  ──┤
金銭の授受（要件事実②）        ┘                    └→ 義務
```

(2) 法律要件を構成する事実を**要件事実（成立要件）**という。たとえば，消費貸借契約という法律要件の要件事実は，①返還約束の意思表示と②金銭の授受である（民法587条）。貸主乙の借主甲に対する1,000万円の「貸金返還請求権」の発生という法律効果を生じさせるための法律要件は，甲乙間の金銭消費貸借契約である。

金銭消費貸借契約の要件事実に該当する具体的な事実は，①甲が1,000万円を返還する旨の意思表示をして，借入を申し込み，乙がそれを承諾したこと（甲乙間の意思の合致），②甲が乙から1,000万円を受け取ったことである。

2 意思表示とはなにか

1 意思表示の分析

意思表示は、法律行為を構成する要素であり、一定の法律効果の発生を意図してなされる意思の表明である。これをさらに分析する。

借主甲の返還約束の意思表示を伴う金銭の借入の申込みがあり（返還約束の意思表示）、貸主乙がこれを承諾する意思表示をする（消費貸借契約を締結する旨の意思表示の合意）。さらに、金銭の交付があると、消費貸借契約が成立する。

借主甲は、借入金を返還するために、所有する不動産Aを丙に売りたい旨の意思表示をした。この「売る」という意思表示を分解してみる。

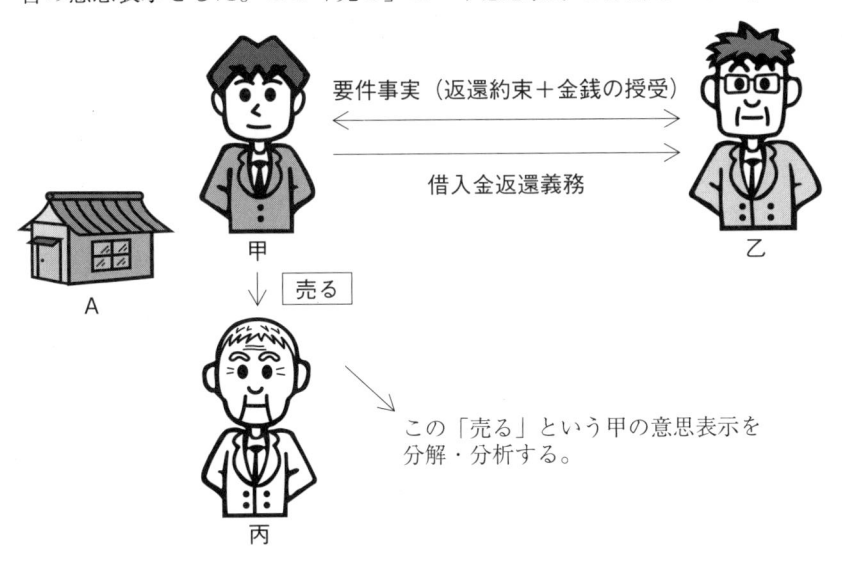

要件事実（返還約束＋金銭の授受）

借入金返還義務

甲　　乙

A　↓ 売る

丙

この「売る」という甲の意思表示を分解・分析する。

2 意思表示の成立

意思表示は，ある「**動機**」によって導かれ，「**効果意思**」(法律効果を発生させようという意思)，「**表示意思**」(効果意思を外部に発表しようという意思)，「**表示行為**」(効果意思の外部的表明。言語のほか，身振りなどの動作も含む) によって成立する。

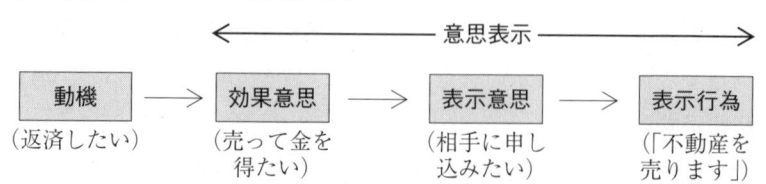

⟵──────── 意思表示 ────────⟶

動機	→	効果意思	→	表示意思	→	表示行為
(返済したい)		(売って金を得たい)		(相手に申し込みたい)		(「不動産を売ります」)

たとえば，甲の「売る」という意思表示は，「乙に借入金を返済しようという動機」に導かれ，「自己所有の不動産Aを売って，代金請求権の取得という法律効果を取得しようという効果意思」，「売りたいという効果意思を買主丙に口頭または書面で伝えようという表示意思」，そして，「丙に実際に売りたいという効果意思を表明する表示行為」によって成立する。

3 意思表示の効力の発生

意思表示は，相手方に到達した時からその効力を生ずる(**到達主義**＊16)（民法97条1項)。

甲の「売る」という申込みの意思表示は，丙に到達した時からその効力を生ずる。丙が承諾する場合は，甲に対して承諾の通知をする。承諾の意思表示は，丙が発信したときにその効力を生ずる(**発信主義**)（民法526条1項)。

甲がその真意に基づき申込みの意思を表示し(発信)，丙に到達すると申込みの意思表示が効力を生じ，丙がその真意に基づき承諾の意思を表示する(発信)と，承諾の意思表示の効力が生じ，合意が成立して，売買契

＊16 **到達主義**とは，現に対話している対話者ではなく，直ちに意思表示が到達しない地(遠隔地)にいる者(隔地者)に対する意思表示は，その通知が相手に到達した時から効力を生ずるとすること(民法97条1項)。到達は，意思表示が「相手の支配圏内に入る」ことであり(最判昭36.4.20民集15－4－774)，必ずしも相手方が了知したことを要しない。

約が成立する。

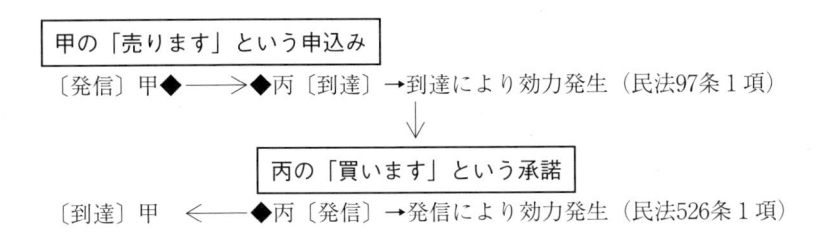

```
            甲の「売ります」という申込み
〔発信〕甲◆――――→◆丙〔到達〕→到達により効力発生（民法97条1項）
                    ↓
            丙の「買います」という承諾
〔到達〕甲◆←――――◆丙〔発信〕→発信により効力発生（民法526条1項）
```

4　行方が知れない者に対する意思表示

意思表示の相手方を知ることができないとき，または相手方の所在を知ることができないときは，**公示の方法**によって，意思表示の効力を発生させることができる（民法98条）。公示の方法による意思表示の送達を公示送達という*17。公示送達は，裁判所書記官に対する申立によって行う（民訴法110条）。表意者が相手方を知らないことまたはその所在を知らないことについて過失があったときは，公示による意思表示は到達の効力を生じない（民法98条3項ただし書）*18。

債務者が行方不明などの場合に公示送達の申立を行うときは，相手方の所在についての**調査報告書等**を裁判所書記官に提出する必要がある。

5　意思表示に瑕疵がある場合の問題

意思表示は，ある動機により，自ら効果意思を形成し，その効果意思どおりの内容を相手に表示し，相手方に到達した時に，有効に成立する（民法97条1項）。

---

*17　送達とは，訴訟上の書類を当事者その他の利害関係人に了知させる目的で行う行為をいう。送達に関する事務は裁判所書記官が行い（民訴法98条2項），送達の実施は，原則として郵便または執行官によって行う（民訴法99条1項）。公示送達とは，送達すべき書類を裁判所構内に掲示し，その後2週間が経過すれば送達の効果が生じる送達方法をいう（民訴法110条・111条）。

*18　表意者が相手方を知ることができず，またはその所在を知ることができないときに，民訴法の「公示送達」に関する規定（民訴法110条以下）に従って行う意思表示を**公示による**意思表示という（民法98条）。

しかし，意思表示に「**瑕疵**」(かし)（=疵(きず)）がある場合，意思表示の効力は瑕疵による影響を受ける。たとえば，甲がなした「不動産を売ります」という表示（言葉，文書等なんらかの相手方に対する表示）に対応する効果意思が欠けていた場合は，甲の「売る」という意思表示は，**錯誤により無効**である（民法95条）。

また，表示行為に対応する効果意思はあるがそれが不完全な場合，たとえば相手方の**強迫**によって甲が「売る」という意思を表示した場合は，「売る」という意思表示は**取消可能**とされている（民法96条）。甲が相手方の強迫を理由として「売る」という意思表示を取り消した場合，「売る」という意思表示は，表示した時点にさかのぼって無効となる。

意思表示が無効になれば，意思表示を構成要素とする法律行為も無効となる。

6　意思表示の解釈

どのような内容の意思表示が成立しているかを確定するためには，**意思表示の解釈**が必要である。

たとえば，甲が「不動産Aを売ります」という文面の書面を丙に送付した場合，その表示行為から，甲は「不動産Aを売る」という効果意思をもっていたことが推測される。

しかし，甲の効果意思（真意）が「不動産Bを売る」というものであった場合，上記の表示行為から推測される効果意思（不動産Aを売る）と真意（不動産Bを売る）との食い違いとして，錯誤[19]が認められれば無効となる。

---

[19] **錯誤**(さくご)とは，法律行為の要素に錯誤，すなわち表示と真意に食い違いがあり，それを表意者が知らない場合をいう。法律行為の要素とは法律行為の重要な部分である。その重要な部分について錯誤がなかったら，当事者はもちろん，表意者の立場に立った通常人もその意思表示をしなかったといえる場合に，「法律行為の要素に錯誤があった」といえる。要素の錯誤による意思表示は無効である（民法95条本文）。ただし，表意者に重大な過失があった場合には，表意者から無効を主張することはできない（民法95条ただし書）。本書82頁。

しかし，不動産Aを売るという表示行為をしながら，甲の真意が必ずしも明確でないという場合は，甲の真意はやはり不動産Aを売るというものであったと解釈することも可能である。丙は，甲によって表示された外観を信頼する。取引上この信頼は保護されるべきである。そこで，表意者の真意に重きをおく考え方（**意思主義**）と表示された外観に重きをおく考え方（**表示主義**）とを調整しながら，どのような内容の意思表示であったかを**解釈**することになる。

なお，契約の成立要件事実（意思表示や物の授受など）があったかなかったかについても解釈することになる。

たとえば，先に挙げた貯金業務の事例（本書12頁）の場合，表示主義の立場から，「分かりました」と述べたという外観をもって，「受け取る」に該当する事実があったという解釈（法律行為の解釈）をすることもありうる。

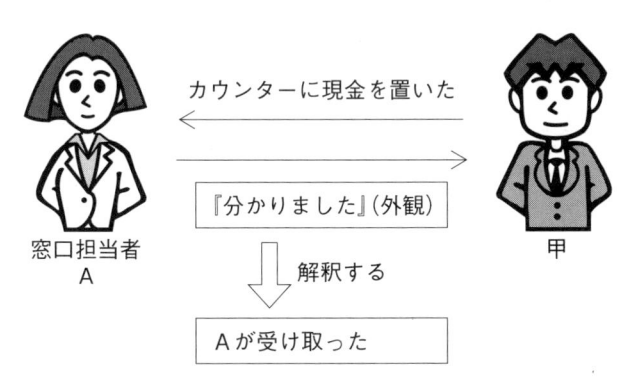

3 契約の効力

1．契約の効力を左右する事情

> **Point**
> 契約が成立したのに契約が無効となって権利を行使できないのは，どのような場合か。なぜ，無効という制度があるのか。

1 契約の効力とはなにか

契約は，法律の定める要件事実に該当する具体的事実があれば，成立する。しかし，成立した契約に無効ないし取消をもたらす事情があれば，契約の成立を前提とする権利を行使することはできない。その意味で，無効ないし取消をもたらす事情がある契約は，完全な効力を生じているとはいえない。

ある事情によって契約成立当初から無効である場合，あるいは取消によって初めにさかのぼって無効となる場合，そのような事情がなければ権利を有効に行使できるはずの者がその権利を行使しても，法（＝裁判所）は権利の実現を認めない。このような場合，法は，権利の行使は相当性を欠くものとして，権利としての効力を認めないのである。

では，どのような事情が契約の無効ないし取消をもたらすのか。

2 無効ないし取消をもたらす事情

無効ないし取消をもたらす事情は，契約の主体にかかわるもの，契約の

内容等にかかわるもの，意思表示にかかわるものに分けることができる。

契約の主体にかかわるものとしては，意思能力*1のない者の行為が無効とされる場合，行為能力を制限された者の行為を取り消すことができるとされている場合（民法5条・9条等），他人（代理人）の行為の効果が自分（本人）に帰属するかどうかが問題となる場合（民法99条以下）がある。

契約の内容等にかかわるものとしては，強行規定違反（民法90条等），信義誠実原則*2違反や権利濫用（民法1条）がある。

意思表示にかかわるものとしては，心裡留保*3（民法93条），虚偽表示（民法94条），錯誤（民法95条），詐欺・強迫（民法96条）等がある。

3 無効・取消とはなにか

1 無効

(1) **無効とは，公権力（裁判所）に対し権利（私権）の実現を求める効力が無いこと**である。消費貸借契約という法律行為が成立すると，貸主は借主に対し貸金返還請求権を取得する。しかし，消費貸借契約が成立しても，その効力が無いとされると，貸金返還請求権の実現を公権力（裁判所）に求めることができない。求めても棄却される。

(2) 無効には，契約などの法律行為自体が無効とされる場合と法律行為

---

*1 **意思能力**とは，法律関係を発生・変更させる意思を形成し，それを外部に発表し，その結果を判断・予測できる知的能力をいう。一般に，幼児には意思能力はなく，6，7歳から10歳程度で備わるといわれる。意思能力のない者の行為は，無効であり，なんらの法的責任も生じない。

*2 **信義誠実の原則**とは，特定の権利・義務関係における私権の行使・義務の履行に際して，相手方の信頼と期待を裏切ってはならないという原則である。

*3 **心裡留保**とは，表意者が真意（内心的意思）との食い違いを知りつつ（心の裡に食い違いを知っていることを留保しつつ），真意（内心的意思）とは異なる表示をなすことをいう。このような意思表示は，表示を信頼する相手方を保護するため，原則として有効である（民法93条本文）。ただし，相手方が表意者の真意を知っていた場合，あるいは知ることが可能であった場合は，無効となる（民法93条ただし書）。

を構成する意思表示が無効とされる場合がある。

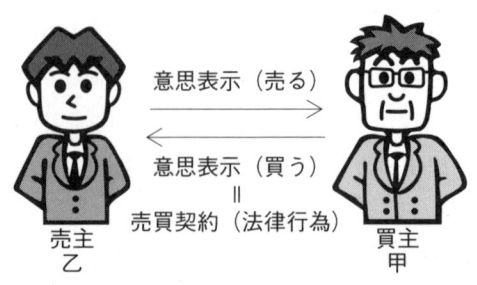

乙の「売る」という意思表示（財産権移転の約束）と甲の「買う」という意思表示（代金支払いの約束）の合致があれば，売買契約それ自体は成立する（民法555条）。

しかし，たとえば，売買契約（法律行為）の目的が「公の秩序又は善良の風俗に反する事項を目的とする」（公序良俗に反する）場合は，**その売買契約は無効**である（民法90条）＊4。また，**意思表示が錯誤などによって無効**となる場合＊5もある。

2 取消

(1) 取消にも，法律行為自体を取り消す場合と法律行為を構成する意思表示を取り消す場合がある。

たとえば，甲がすでに保佐開始の審判を受けていて，被保佐人になっている場合に，甲が保佐人の同意を得ないで，不動産その他重要な

＊4　民法90条により売買契約が無効とされた例。最判昭39.1.23民集18-1-37は，アラレの製造販売業者が，硼砂（硼酸ナトリウムの結晶。防腐剤等に用いる有毒性物質）を含むアラレの製造販売が食品衛生法により禁止されていることを知りながら，あえてこれを製造しその販売業者に継続的に売り渡したという事例において，その取引（売買契約）は民法90条により無効である旨判示した。

＊5　錯誤によって意思表示が無効とされた例。最判昭37.11.27判時321-17は，造林事業をするために山林を買い受ける際，買主が，その山林の北側山麓に開さく道路が開通し造林事業にきわめて有利であるとの売主の説明を信じ，当初の買受希望価額を大幅に上回る代金で売買契約を締結した場合，道路の存在は売買契約の要素をなすものである旨判示した。買主の代金支払いの意思表示は，民法95条の錯誤に基づくものであるから無効となる。

財産を買った場合は，甲または甲の保佐人は**売買契約（法律行為）を取り消す**ことができる（民法13条1項3号・4項・120条）。

また，仮に，甲が乙から欺されて「買う」という意思表示をした場合は，甲は，詐欺を理由として，**「買う」という意思表示を取り消す**ことができる（民法96条1項）。

(2) 無効と取消の基本的な違いは，無効の場合は法律行為の成立時あるいは意思表示の成立時から効力がないのに対し，取消の場合は「取り消す」という行為があって初めて法律行為の成立時あるいは意思表示の成立時にさかのぼって無効となることである（民法121条本文）。

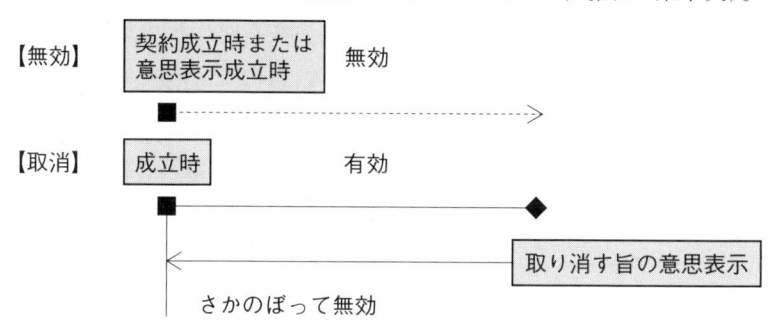

【無効】 契約成立時または意思表示成立時 — 無効

【取消】 成立時 — 有効 — 取り消す旨の意思表示　←　さかのぼって無効

(3) 取り消すことができる行為については，**取消権者の追認**によって，確定的に有効とすることができる（民法122条）。取り消すことができる行為は，取り消すまでは有効な行為であるから，その追認は，「取消権の放棄」を意味する。

相手方の信頼，取引安全の保護の観点から，取り消すことができる行為について，履行や請求などの一定の行為がなされた場合には，追認がなされたものとみなされる（民法125条）。

(4) 取消権の行使期間

法律行為がいつまでも取り消すことができる状態にあると，法律関係を不安定にする。このため，**「追認をすることができる時から5年間」**取消権を行使しない場合は，取消権は消滅する。また，取り消す

ことができる「**行為の時から20年**」が経過した場合にも，取消権は消滅する（民法126条）＊6。

(5) 取消の効果

取り消された法律行為は，**初めから無効**であるものとみなされる（**遡及効**，民法121条本文）。

いったん生じた債権・債務は初めから発生しなかったこととなり，すでに履行されたときは，受領者はそれを不当利得として返還しなければならない（民法703条・704条）。ただし，制限行為能力者＊7の保護の観点から，制限行為能力者の返還義務の範囲は，「**現に利益を受けている限度**」に縮減される（民法121条ただし書）。

取消の効果は，原則としてすべての人に対して主張でき，遡及効の結果，取消前に利害関係に入ってきた第三者に対しても主張できる。しかし，取引安全の保護の観点から，詐欺による取消の効果は，取消前の「**善意の第三者**」に対しては主張できない（民法96条3項）＊8。

＊6　**期間**とは，ある時点から別のある時点までの時間の継続のこと。民法138条以下に従って計算する。

＊7　**制限行為能力者**とは，法律によって行為能力を制限されている者をいう。単独では完全に有効な法律行為をする資格がない者である。未成年者，成年被後見人，被保佐人，被補助人がこれにあたる。本書59頁参照。

＊8　**善意・悪意・過失**　善意とは，法律上，ある事柄について「知らないこと」。悪意とは「知っていること」。過失とは不注意または注意義務違反のこと（注意していれば知ることができたのに，注意しなかったため知ることができなかった場合）。なお，離婚原因となる「悪意の遺棄」の「悪意」とは「知っていること」ではなく，倫理的な意味合いであり，「故意」と同じである（民法770条1項2号）。

2．契約の主体にかかわる効力の問題

> **Point**
> だれの，どのような状態のもとにおける意思表示や法律行為が無効となるのか。契約が有効であるためには，だれの，どのような能力・権限が必要か。

1 契約の主体と客体

1 契約の主体

　契約は，人の意思表示によって締結される。契約を締結する人を**契約の主体**という。契約の締結によって契約の一方当事者は権利を取得し，相手方当事者は義務を負担する。権利を取得し義務を負担する権能を**権利能力**という＊9。権利能力を有する資格を**法人格**という。

　契約を締結する主体となるものは原則として法人格を有するものであり，民法は，法人格を有する自然人を「人」，法人格を有する一定の団体を「**法人**」とする。

　法人は，民法その他の法律の規定によってのみ成立する（民法33条1項）。法律の規定によらない団体（社団あるいは財団）であっても，一定の場合には**権利能力なき社団（法人格なき社団）**＊10として，権利・義務を有する場合がある。

＊9 　**権利能力**とは，私法上の権利および義務の帰属主体となることができる資格のことをいう。現代にあってはすべての人間に権利能力が認められる。自然人以外に権利能力を認める法技術が法人の制度である。

＊10 　いわゆる**権利能力なき社団**といえるためには，団体としての組織を備え，多数決の原則が行われ，構成員の変更にかかわらず団体が存続し，財産の管理等団体としての主要な点が確定していることを要する（最判昭39.10.15民集18－8－1671）。

2　契約の客体

　契約は，なんらかの目的物を対象とする場合がある。契約の目的物となるものが**契約の客体**である。売買契約の客体は，通常，物（動産，不動産*11）である。権利，情報（無体財産権）等も権利の客体となる。

【土地・建物】

土地の定着物（建物，石垣，庭石等）＝不動産（民法86条1項）
土地＝不動産（民法86条1項）

【立木】

立木（7種を超えない種類で組成される樹木の集団で所有権保存の登記*12を受けたもの）＝不動産（立木ニ関スル法律）
1本の樹木が権利の客体になるのではなく，樹木の集団が権利の客体になる。登記は立木登記規則による。

一筆の土地

---

*11　**不動産**とは，土地及びその定着物をいう（民法86条1項）。**動産**とは，不動産以外の「物」をいう（民法86条2項）。「物」とは「有体物」をいう（民法85条）。無記名債権は有体物ではないが，動産とみなされる（民法86条3項）。有体物は，空間の一部を占め，有形的な存在をいう。電気・熱・光等は物ではない。未分離の果実は樹木や植物の一部をなし，通常それ自体「動産」とはいえないが，未分離のままでも，取引が行われる蜜柑，桑葉，稲立毛（刈り入れ前の稲穂）などは，未分離のまま動産と同じ扱いをされることがある（大判大5．9．20民録22－1440〔収穫期の近い温州蜜柑〕，大判大9．5．5民録26－622〔桑葉〕，大判昭13．9．28民集17－1927〔稲立毛〕）。

*12　**登記・登記簿**　一定の事項を広く社会に公示するために公開される公簿に記録することを一般に登記という。記録された公簿を登記簿という。登記制度として，不動産登記，法人登記，立木登記，動産譲渡登記，債権譲渡登記などがある。

3　契約の効力

【農業用動産】

JA乙は、甲に対する貸付債権の担保として甲所有のトラクター等個々の動産の集合である「農業用動産」に対して抵当権を取得する。

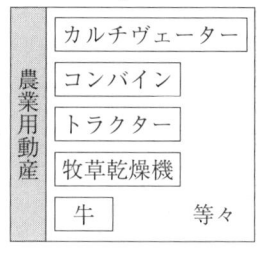

貸付債権
抵当権
JA乙
甲
所有権（甲はトラクター等個々の動産につき所有権を有する）

農業用動産：カルチヴェーター／コンバイン／トラクター／牧草乾燥機／牛　等々

農業用動産＝トラクター等個々の動産の集合（農業動産信用法）

2　自然人

1　自然人の権利能力

人（自然人）は、出生によって権利能力を取得し、死亡によって権利能力を失う（民法3条1項・882条）。人は出生から死亡まで、権利を取得し、義務を負担する権能を有する。胎児には権利・義務はなく、死者にも権利・義務はない、のが原則である。

出生とは、胎児が母体から出てきてその身体を全部外部に露出することである。胎児は、この時、「人」となる（全部露出説・出生完了時説[13]）。

人は、①自発的呼吸の停止、②心停止、③瞳孔散大という3つの徴候がみられたとき、「**死亡**」と判定される[14]。

---

[13]　刑事事件では母体から一部でも露出した時をもって「人」となるとする（大判大8.12.13刑録25－1367）。

[14]　「脳死」を「人の死」とみる特別法もある（臓器の移植に関する法律）。

2　胎児の例外

　民法は，例外として出生前の胎児も，不法行為による損害賠償請求（民法721条），相続（民法886条），遺贈（民法965条）については**生まれたものと擬制**する。すなわち，不法行為の時点，相続の時点あるいは遺贈の時点で生まれていなかったが，法律上生まれていたとして扱う。

3　死亡時の例外（同時死亡の特則）

　死亡の時期は客観的に定まる。しかし，航空機や船舶の事故などによって，夫婦・親子など互いに相続する関係にある者がともに死亡したとき，どちらが時間的に先に死亡したかを確定できないことがある。死亡の時期の前後を確定できなければ相続関係も確定できない。そこで，民法32条の2は，「数人の者が死亡した場合において，そのうちの一人が他の者の死亡後になお生存していたことが明らかでないときは，これらの者は，同時に死亡したものと推定する」とした。これにより，同時に死亡したと推定される者相互の間では相続は発生しないことになる。

4　死亡の特例（失踪宣告*15）

　失踪宣告とは，不在者の生死不明が一定の期間（失踪期間）続いた場合に，一定の条件の下でその不在者を死亡したものとみなす制度をいう。

〔普通失踪〕（民法30条1項・31条，家審法9条1項甲類4号）

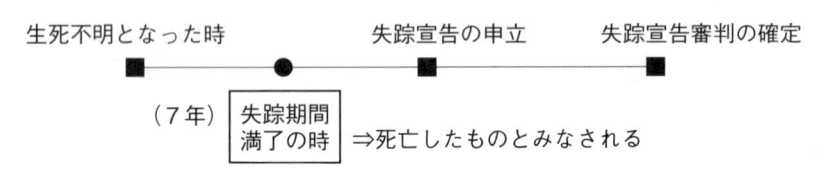

```
生死不明となった時          失踪宣告の申立        失踪宣告審判の確定
    ■————————●——————————————■————————————————■
       （7年）  失踪期間
              満了の時  ⇒死亡したものとみなされる
```

---

*15　普通失踪の場合（民法30条1項）は，不在者が生存していると知られた最後の時（最後の音信の時）から7年間を経過した時に死亡したとみなされ，特別失踪ないし危難失踪の場合（民法30条2項）は，危難が去った時に死亡したとみなされる（民法31条）。

〔特別失踪〕（民法30条2項・31条，家審法9条1項甲類4号）

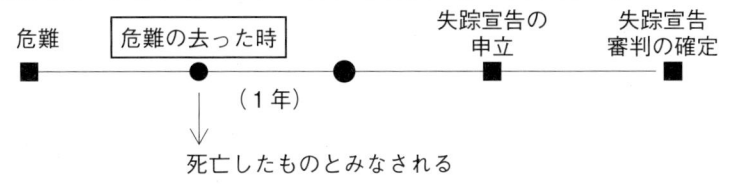

```
危難    危難の去った時           失踪宣告の    失踪宣告
 ■──────●──────────●──申立 ■──審判の確定 ■
              (1年)↓
         死亡したものとみなされる
```

5　自然人の同一性

　自然人の同一性，すなわち，ある人が甲なら甲であることを，どのような手段で確認するかは契約を締結するうえできわめて重要である。

　日本国籍を有する人は，出生証明書を添えた出生届に基づいて，戸籍に登録される（戸籍法49条・52条）＊16。また，住所等の居住関係は転入届・転出届等により住民基本台帳に登録される（住民基本台帳法21条以下）。外国籍を有する人は，外国人登録がされる（外国人登録法3条）＊17。

　この結果，**戸籍抄本，住民票，**あるいは**外国人登録証明書**＊18などによって人の同一性を確証することができる。ただし，偽造された場合はこれらによっては同一性を確証できない。

　他方，重要な取引に際して，実印を押捺してもらい，その印鑑（印影）が実印であることを証明する**印鑑登録証明書**を提出してもらう慣行がある。**自然人の印鑑登録制度**は，市町村の自治事務であり，各自治体が印鑑条例

＊16　**戸籍・戸籍謄本・戸籍全部事項証明書**　戸籍とは，出生から死亡までの人の重要な身分関係の変動を記載した記録をいう。戸籍の記載は，電子化された戸籍の場合は全部事項証明書により，電子化されていない戸籍の場合は戸籍謄本，除籍謄本により確認することができる（戸籍法）。

＊17　2009年の通常国会で，「出入国管理及び難民認定法及び日本国との平和条約に基づき日本の国籍を離脱した者等の出入国管理に関する特例法の一部を改正する等の法律」が可決・成立し，2009年7月15日に公布された。この改正法によって，交付から3年以内に，外国人登録制度に代わる，新たな在留管理制度（在留カードを交付して常時携帯を義務付ける）や外国人住民票制度（市町村において外国人住民票が作成される）が導入される予定である。

＊18　改正法によって，外国人登録証明書は廃止され，在留カードと外国人住民票によることとなる予定である。

を定めて取り扱っている。各自治体は、印鑑登録証明書の提出を求めるときは、発行後3か月以内のものを求めている。また、不動産登記令は登記申請の際には**作成後3か月以内**の印鑑登録証明書を添付しなければならないとしている（不登令16条・18条）。

電子媒体に電子的形態で存在する文書を**電子文書**という。電子文書には署名押印ができない。そこで、署名押印にかわり、だれが作成者であるかを証明し、かつ改ざんされない仕組みが必要となる。**電子署名法**（電子署名及び認証業務に関する法律）は、電子文書の作成者と内容の同一性の確保を目的としている。

③ 代理

1 代理とはなにか

代理とは、代理権を有する代理人が、本人のために意思表示をなしまたはこれを受けることによって、**その法律効果が全面的に本人に帰属すること**を認める制度である。

相手方
JA乙

Aの代理行為による法律効果が本人甲に帰属するか

本人
甲

代理行為

代理人
A

代理関係⇒代理権がAに授与されたか、その範囲はどうか。

代理には，本人から信任を受けて代理人になる**任意代理人**と，法律の規定によって選任される**法定代理人**がある。不在者財産管理人（民法27条・28条）＊19，親権者（民法824条）＊20，後見人（民法859条）＊21等は法定代理人である。

代理における法律関係は，まず，代理行為が成立しているかどうかを考える（代理行為の成立要件に該当する事実があるか）。次に，代理行為によって生ずる法律効果が本人に帰属するかどうかを考える（代理人が代理権を有しているか，あるいは代理権の範囲内の権限で代理行為をしていたか）。

2 代理行為の成立要件

代理行為が成立するためには，①代理人Ａが本人甲のためにすることを示して（**顕名**），②相手方ＪＡ乙に**意思表示**をなすことが必要である（民法99条1項）。代理人が顕名をしなくても，「相手方が，代理人が本人のためにすることを知り，又は知ることを得べかりしとき」は代理による行為が成立する（民法100条ただし書）。**商行為の代理**では顕名がなくても，本人に効果が及ぶのが原則である（商法504条）。

＊19 **不在者・不在者財産管理人** 不在者とは，従来の住所または居所を去ったまま容易に帰来する見込みのない者。不在者財産管理人とは，不在者が管理人を置かず，また法定代理人もいないとき，一定の者の請求により家庭裁判所が選任し，不在者の財産を管理する者のこと（民法25条）。

＊20 **親権** 父母が未成年の子を養育，監護，教育し，子の財産を管理する権利と義務の総称（民法818条以下）。親権を行う者は，子の財産を管理し，かつ，その財産に関する法律行為についてその子を代表する（民法824条）。親権を行う父または母とその子との利益が相反する行為については，親権を行う者は，その子のために特別代理人を選任することを家庭裁判所に請求しなければならない（民法826条1項）。

＊21 **後見** 制限行為能力者の保護のための制度。未成年者に親権者がない場合などに，その未成年者を監護，教育し，またはその財産を管理する未成年後見（民法838条1号）と，後見開始の審判があったときに成年被後見人の生活，療養監護及び財産の管理に関する事務を行う成年後見（民法838条2号）の2つがある。後見の事務を行う者を**後見人**という。

代理人Aが，本人甲のためにすることを示して，ＪＡ乙に対して，甲所有不動産に抵当権を設定する旨の意思表示をなし，ＪＡ乙がこれを承諾して，意思の合致があると，本人甲所有の不動産について抵当権設定契約の代理行為は成立する。

3 代理行為の有効要件

代理行為が成立しても，代理人の意思表示になんらかの問題（瑕疵）があれば，代理行為としての効力が生じないことがある。民法101条1項は，意思表示の効力が意思の不存在，詐欺，強迫またはある事情を知っていたこともしくは知らなかったことにつき過失があったことによって影響を受けるべき場合は，その事実の有無は，代理人について決するとしている。

なお，**行為能力***22が制限されている者でも，代理人として有効に代理行為をすることができる（民法102条）。

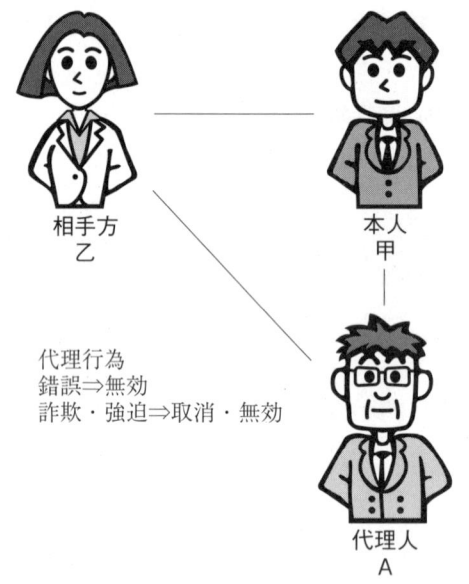

相手方 乙

本人 甲

代理行為
錯誤⇒無効
詐欺・強迫⇒取消・無効

代理人 A

Aに意思の不存在（錯誤），意思表示の瑕疵（欺された，強迫された），悪意または善意無過失の事実

---

*22 **行為能力** 法律行為を単独で有効に行うことができる法律上の資格。本書58頁参照。

代理行為が無効の場合，代理行為の効果は本人甲に有効に帰属しない。

Aがある事情を知っていた（**悪意**）もしくは知らなかったことにつき**過失**があった場合（**善意有過失**），相手方乙は，本人甲が悪意もしくは善意有過失であると主張することができる。

ただし，代理人Aの代理行為が，本人甲の指図に基づくときは，代理人がある事情を知らなくても，本人甲が自ら知っていたかあるいは過失によって知らなかったときは，相手方乙は，本人甲に対し，悪意もしくは善意有過失を主張することができる（民法101条2項）。

4 法律効果の帰属要件

代理人Aが**代理権**を有している範囲で，相手方乙との間で有効に代理行為を成立させると，その効果は，本人甲に直接帰属する（民法99条）。

代理権がない者による代理行為（**無権代理**）の効果は本人に帰属しない（民法113条）。ただし，**表見代理**＊23が成立する場合は，代理行為の効果は本人に帰属する。

表見代理には，**授権表示**によるもの（民法109条）と**権限踰越**（民法110条）と**代理権消滅後**のもの（民法112条）とがある。

5 代理権の範囲

代理権の範囲は，法定代理にあっては法律に定められている（民法824条・859条・28条，地方自治法147条等）。

任意代理にあっては代理権授与行為によって決まる。代理権授与行為によって代理権の範囲を明らかにできないときは，最小限度の権限として代理人には保存行為，利用行為，改良行為をなす権限が認められている（民法103条）。

＊23　**表見代理**は，無権代理行為につき，代理権があると信頼した相手方を保護するため，その無権代理行為を代理権のある行為として取り扱い，本人への効果帰属を拒否できないとする制度である（民法109条・110条・112条）。取引の安全を保護する制度として重要な機能を営んでいる。

【法定代理人の代理権】（※条文略記　例：843①→「民法843条1項」）

本　人	法定代理人	代理権
未成年者	親権者（818），後見人（838以下）	824・859
成年被後見人	後見人（8・843①）	859
被保佐人	保佐人（876の4①）	876の4①
被補助人	補助人（876の9①）	876の9①
不在者	管理人（25以下）	28
相続財産	管理人（918③）	918③
相続財産法人	管理人（952①）	952①
夫または妻	妻または夫（日常家事債務）（761）	761

6　代理権の消滅

代理権は，本人の死亡によって消滅する（民法111条1項1号）。ただし，商行為の場合は，本人が死亡しても代理権は消滅しない（商法506条）。

代理権は，代理人の死亡，破産手続開始決定，後見開始の審判により消滅する（民法111条1項2号）。

任意代理の場合は委任の終了（民法111条2項）により，したがって，本人（委任者）の破産手続開始決定（民法653条2号），代理権授与に際して定めた消滅事由の発生によっても代理権が消滅する。

7　無権代理

(1)　代理権がない者による行為，あるいは代理権の範囲を超える行為の法律効果は本人にも，代理人にも帰属しない。

自己契約または**双方代理**[24]による行為は，当事者の間で利益が相反する**利益相反行為**であり，その法律効果は本人にも，代理人にも帰属しない（民法108条本文）。ただし，債務を履行するための自己契約や双方代理は有効であり，また本人があらかじめ許諾していた行為も有効である（民法108条ただし書）。ＪＡにおいて，理事は，理事会な

---

[24]　**自己契約**とは，同一の法律行為について当事者の一方が他方当事者の代理人となることをいい，**双方代理**とは，同一の法律行為について当事者双方の代理人となることをいう。このような代理は原則として禁止される（民法108条本文）。

どの承認を受けた場合に限り，組合と契約することができ，この場合，民法108条の規定は適用されない（農協法35条の2第2項）。

その他利益相反行為に関する規定として，会社における取締役の利益相反取引の制限の規定（会社法356条・365条）や，ＪＡが，利用者または顧客の利益が不当に害されることのないよう，貯金業務等に関する情報を適正に管理し，かつ，当該業務等の実施状況を適切に監視するための体制の整備その他必要な措置を講じなければならないとする規定（農協法11条の5の2）などが置かれている。

【自己契約】　　　　　　【双方代理】

相手方乙 ― 契約 ― 本人甲　　相手方乙 ― 契約 ― 本人甲
　　　　　　　　　　｜代理　　　　　　　　　　｜
　　　　　　　　　　　行為
　　　　　　　　乙代理人甲　　乙代理人丙 ―代理行為― 甲代理人丙

(2) 無権代理の場合でも，前記のとおり表見代理が成立する場合は本人に効果が帰属する。また，無権代理あるいは自己契約・双方代理の場合でも，本人が追認（ついにん）すれば法律効果は本人に帰属する（民法113条）。

相手方は，本人に追認するかどうかの確答を促すことができ，確答がないときは，追認拒絶が擬制される（民法114条）。

相手方は，本人の追認前に，代理行為を取り消すことができる。ただし，無権代理であることを知っていたときは取り消すことができな

い（民法115条）。

　相手方は，無権代理であることを知らず，そのことに過失がない限り，無権代理人の責任（履行または損害賠償）を追及することができる。ただし，無権代理人が制限能力者である場合には，責任追及をすることができない（民法117条1項・2項）。

8　無権代理と相続

(1)　子が親の財産を代理人として勝手に処分した後，親（本人）が追認しないうちに死亡して，子（無権代理人）がその地位を相続した場合，子（無権代理人）は，親（本人）から相続した**追認拒絶権**を行使することができるか。

　単独相続の場合，無権代理人（子）は無権代理行為であることを主張することはできず，信義則上追認を拒絶することはできないとされた（最判昭40.6.18民集19－4－986）。

　共同相続の場合は，本人の有していた追認権・追認拒絶権は共同相続人間に不可分的に帰属し，全員がこれを共同行使する必要がある（最判平5.1.21金判973－3）。したがって，共同相続人のうちの1人でも追認に反対している限り，無権代理行為が有効になることはない。

(2)　本人が無権代理人を相続した場合，本人は追認を拒絶できるか。

　本人（親）が，本人の地位に基づいて拒絶することは信義則に反しないから，追認を拒絶できる（最判昭37.4.20民集16－4－955）。本人は無権代理人（子）から承継した民法117条の責任を負担することになる（最判昭48.7.3金判379－7）。

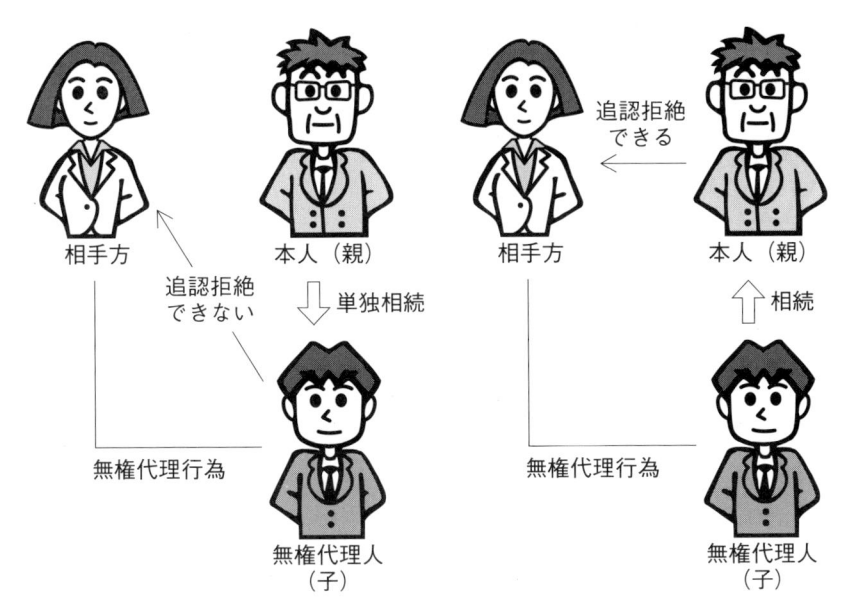

9 表見代理

(1) 3つの類型及びそれらの競合

　　表見代理は，無権代理行為を例外的に有権代理と同じに扱い，本人に無権代理行為の効果を帰属させる制度である。

　　表見代理には，①代理権授与の表示による表見代理（民法109条，**授権表示**），②権限外の行為の表見代理（民法110条，**権限踰越**），③代理権消滅後の表見代理（民法112条）の3つの類型がある。これらが競合する表見代理が認められる場合もある。

(2) **代理権授与の通知による表見代理**が成立するための要件（民法109条）

① 本人が，無権代理人に代理権を与えた旨を相手方に表示したこと
② 無権代理人が表示された代理権の範囲内で無権代理行為をしたこと
③ 相手方が無権代理であることにつき善意無過失であること

① 甲が，乙に対し，丙に代理権を授与したとの通知（実際には代理権を授与していない）。
または，甲が白紙委任状を丙に交付（実際には代理権を授与していない）。
② 丙が，甲の代理人として，乙と代理行為。

```
相手方乙 ← ① 本人甲
              ↓ ①
        ②    無権代理人丙
```

> **事例**
>
> 代理人と称する者丙が本人甲の白紙委任状，印鑑証明書および取引の目的とする不動産の登記済権利証を所持している場合，表見代理の適用があるか。

ある判例（最判昭53．5．25金判552－22）は，代理人と称する者丙に当該本人甲を代理して法律行為をする権限の有無について**疑念を生じさせるに足りる事情**が存する場合には，相手方乙が代理権の有無につき調査を怠りその者に代理権があると信じても，そのように信じたことに過失がないとはいえない，とした。

上記判例からすると，乙が，丙から甲作成名義の白紙委任状等を示され，丙が甲の代理人である可能性が高いと考えたとしても，丙が甲の代理人であることにつき「疑念を生ぜしめるに足りる事情」がある場合（上記判例の事案には，乙からの借入金を本人甲ではなく代理人と称する丙自身の用途に充てられるものであることを乙が知ったという事情がある），乙は，

本人である甲に対し，丙に代理権を授与したかどうか，その範囲はどこまでかを問い合わせて確認すべきであり，そのような調査をしなければ，表見代理は成立しないということになる。

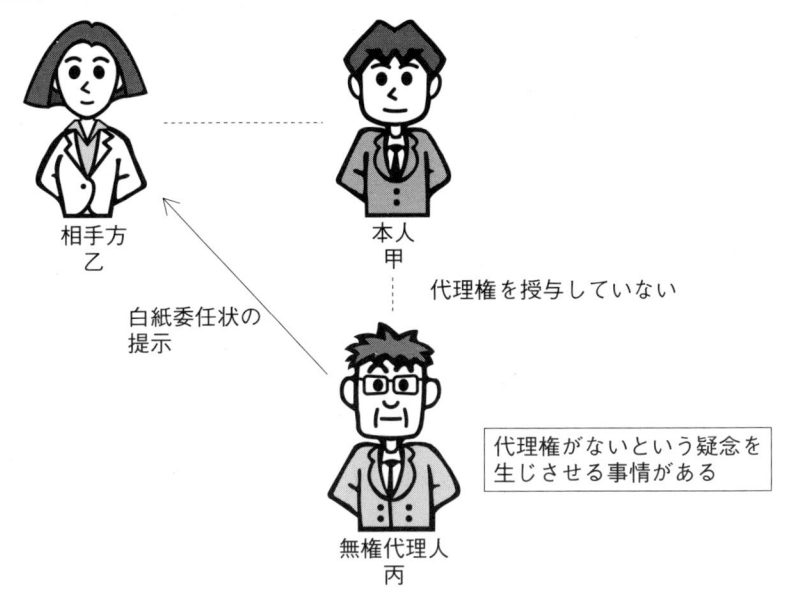

[図：相手方乙、本人甲、無権代理人丙の関係図。甲から丙へ「代理権を授与していない」。乙から丙へ「白紙委任状の提示」。丙について「代理権がないという疑念を生じさせる事情がある」]

(3) **越権代理の表見代理**が成立するための要件（民法110条）
① 本人が無権代理人に基本代理権を授与したこと
② 無権代理人が基本代理権の範囲を超えて無権代理行為をしたこと
③ 相手方に無権代理人に基本代理権を超える代理権があると信ずべき正当な理由があること

相手方 乙　　本人甲

① 甲が，丙に代理権を授与
② 丙が，乙と代理権限を超える無権代理行為。

② 〔越権〕

無権代理人丙

(4) **代理権消滅後の表見代理**が成立するための要件（民法112条）
① 本人が無権代理人に代理権を授与した後，それが消滅したこと
② 無権代理人が授与されていた代理権の範囲内で無権代理行為をしたこと
③ 相手方が代理権消滅について善意無過失であること

事例

　法人の代表者につき退任登記があったことを知らず，退任した代表者を契約の時点でも代表者であると思って契約を締結した場合，民法112条の適用はあるか。

　ある判例（最判平6.4.19金判948-3）は，交通・通信の途絶，登記簿の滅失など登記簿の閲覧につき客観的な障害があり，第三者が登記簿を閲覧することが不可能ないし著しく困難であるような特段の事情があった場合を除いて，民法112条の規定を適用ないし類推適用する余地はない，とした。

　この判例によれば，相手方乙としては，契約を締結する直前の登記

によって社会福祉法人甲の代表者がだれであるかを確認する必要がある。

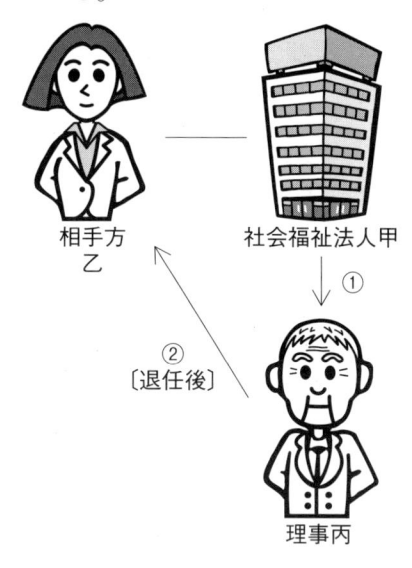

① 丙を理事に選任、その後退任。退任登記。
② 丙、退任8か月経過後、甲の理事として乙と取引。

4 行為能力の制限

1 意思能力

民法は「行為能力」という制度を設けている。その前提として「意思能力」という概念がある。

意思能力とは、法律関係を発生・変更させる意思を形成し、それを外部に発表し、その法的な結果（権利の発生・変動・消滅）を認識し、判断・予測できる知的能力をいう。「事理弁識能力」ともいう（民法7条等）。

意思能力の考え方は、人が権利を有し、義務を負担するのは、その人の意思に基づくからであるという近代個人主義、自由主義に基づく。「意思」がないところには、権利も義務もない。したがって、**意思能力がない者がなした行為は無効である**。行為を行った者もその相手方も第三者からも無効を主張できる。

第2章　金融法務の基礎知識

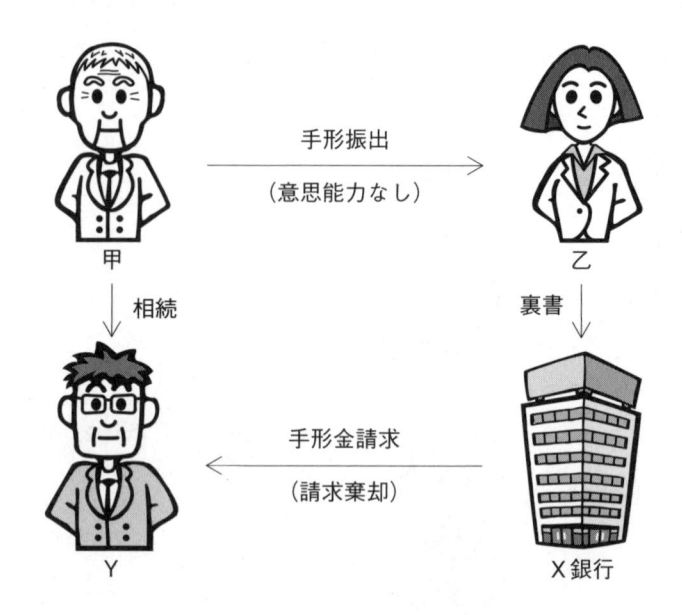

```
甲 ──手形振出──▶ 乙
   （意思能力なし）
│                │
│相続            │裏書
▼                ▼
Y ◀──手形金請求── X銀行
      （請求棄却）
```

　ある判例によれば，「手形振出人（甲）がその振出の当時意思能力を有せざるにおいては，たとえその手形は外観的要件を具備し形式上手形として有効なるも，実質上その振出行為の無効たるべきは毫末の疑を容れざる所」である（大判明38.5.11民録11-706），とされる。X銀行の請求棄却。

　上記の事案において，乙から手形を受け取るX銀行の担当者は，通常当該手形の振出人甲が意思能力を有していたかどうかを知ることはできない。有効なものと思って受け取った手形があとで無効であると判断されることになる。これでは，**安心して手形を受け取ることができない（安心して取引＝契約をすることができない）**。

　そこで，安心して取引ができるための一般的な制度として**行為能力の制度**を設けた。

2　行為能力と制限行為能力者制度
(1)　**行為能力**とは，法律行為を単独で有効に行うことができる法律上の資格をいう。行為能力のない者による法律行為は取り消しうる，とさ

58

れる（民法120条）。

　民法は，行為能力のない者や行為能力を制限される者を定型化して，それらの者の財産の散逸を防ぎ，他方，取引の相手方を保護している（行為能力の制度＝制限行為能力者制度）*25。

(2) 行為能力を制限する制度には，未成年者制度と広義の成年後見制度がある。行為能力を制限される者（**制限行為能力者**または単に**制限能力者**という）は，未成年者，成年被後見人，被保佐人，被補助人の4種である。

(3) 広義の成年後見制度は，精神上の障害により判断能力が不十分であるため契約等の法律行為における意思決定が困難な者について，後見人等の機関がその判断能力を補う制度である。本人の意思や自己決定権の尊重，障害のある人も家庭や地域で通常の生活をすることができるような社会をつくるとのノーマライゼーションの理念に基づいている。

(4) 後見制度には，任意後見と法定後見とがある。**任意後見**(にんいこうけん)は任意後見契約に関する法律に基づくものである。本人の判断能力がしっかりしている間に自分の意思で，だれに，どの範囲で代理権を与えるかということを決めた上，公証人の作成する公正証書によって「任意後見契約」を結び，その後，本人の判断能力が不十分になったときに，任意後見人に療養看護や財産管理等を行ってもらうという制度である。

　法定後見(ほうていこうけん)は法律による後見の制度であり，未成年者後見と成年後見がある。成年後見には狭義の成年後見，保佐，補助の3つの類型がある。

(5) 成年後見と任意後見は**後見登記等ファイル**に登記される（後見登記法4条・5条）。

---

*25　意思能力の有無は，行為者ごとに個別に，具体的な場面で判断する必要があるが，行為能力の有無については，法律が一律に決め，行為能力が制限された者（制限行為能力者）の行為は取り消しうるとされている。

成年後見人を選任する審判の効力が生じたとき，裁判所書記官は成年後見登記の登記嘱託を行う（家審規21条の4第2項）。本人，本人の配偶者，4親等内の親族は，登記官に対し，登記事項証明書の交付を請求できる（後見登記法10条）。

未成年後見人は，遺言による指定（民法839条）または審判（民法840条，家審法9条甲類1項14号）によって選任される。選任された未成年後見人は，その就職の日（遺言の場合は遺言者死亡の日または遺言書発見後現実に就職した日，審判の場合は後見人が審判を告知された日〔家審法13条〕）から10日以内に戸籍事務管掌者に届け出なければならない（戸籍法81条・83条）。また，未成年後見人を選任する審判が効力を生じたときは，裁判所書記官は遅滞なく未成年被後見人の本籍地及び未成年後見人の住所地の戸籍事務管掌者にその旨を通知しなければならない（家審規85条）。戸籍謄本等は戸籍法10条・10条の2によって交付を請求することができる。

3　未成年者

(1) 満20歳に達しない者（民法4条）は，**未成年者**とされる。ただし，未成年者が婚姻をしたときは，成年に達したものとみなされる（民法753条）。

(2) 未成年者が法定代理人の同意を得ないで法律行為をした場合，これを取り消すことができる（民法5条2項）。

(3) 未成年者の法定代理人は通常は**親権者**（民法818条・819条）であり，親権者がいないときは**未成年後見人**である（民法839条・840条）。

(4) 例外として，未成年者は以下の行為を単独で行うことができる。

① 単に権利を得，または義務を免れる法律行為（民法5条1項ただし書）

② 法定代理人が目的を定めて処分を許した財産（自由財産）（民法5条3項）

③ 一種または数種の営業を許された未成年者の営業に関する行為（民

法6条1項，商法5条，商業登記法6条2号・35条）

4　狭義の成年後見
(1)　意義

　　狭義の**成年後見**は，精神上の障害により事理を弁識する能力を欠く常況にある者について，一定の者の請求により家庭裁判所が後見開始の審判を行うものである。

　　後見開始の審判を受けた者を，**成年被後見人**（せいねんひこうけんにん）という（民法7条・8条）。「事理を弁識する能力を欠く常況にある」とは，時々は回復して意思能力をもつ状態に戻るが，大体において意思能力のない状態をいう。成年被後見人には**成年後見人**（せいねんこうけんにん）が付される（民法8条・843条以下）。

(2)　成年後見人の権限と義務

① 　本人の財産に関する包括的な代理権と財産管理権（民法859条1項）
② 　本人が行った法律行為に関する取消権（民法9条・120条1項）
③ 　身上配慮義務（民法858条）。成年被後見人の意思を尊重し，その心身の状態及び生活の状況に配慮して，療養看護，財産管理に関する事務を行わなければならない。

5　保佐
(1)　意義

　　保佐は，精神上の障害により事理を弁識する能力が著しく不十分である者について，一定の者の請求により家庭裁判所が保佐開始の審判を行うものである。

　　保佐開始の審判を受けた者を，**被保佐人**（ひほさにん）という（民法11条・12条）。被保佐人には**保佐人**（ほさにん）が付される（民法12条・876条以下）。

(2)　保佐人の権限と義務

① 　民法13条1項各号に定める行為に関する同意権・取消権（民法120条1項）
② 　家庭裁判所の審判により定められた行為（民法13条1項各号以外の行為）に関する同意権・取消権（民法13条2項・120条1項）

③　家庭裁判所の審判により定められた特定の法律行為に関する代理権（民法876条の4第1項）及びこれに付随する財産管理権
④　身上配慮義務（民法876条の5第1項）。被保佐人の意思を尊重し，その心身の状態及び生活の状況に配慮して，保佐の事務を行わなければならない。

6　補助

(1)　意義

　補助は，精神上の障害により事理を弁識する能力が不十分である者について，一定の者の請求により家庭裁判所が補助開始の審判を行うものである。

　補助開始の審判を受けた者を**被補助人**という（民法15条・16条）。被補助人には**補助人**が付される（民法16条・876条の6以下）。

(2)　補助人の権限と義務

①　特定の法律行為に関する代理権（民法876条の9第1項）及びこれに付随する財産管理権
②　特定の法律行為に関する同意権・取消権（民法17条1項・4項・120条1項）
③　身上配慮義務（民法876条の10第1項・876条の5第1項）。被補助人の意思を尊重し，その心身の状態及び生活の状況に配慮して，補助の事務を行わなければならない。

7　成年後見制度の利用状況[*26]

(1)　申立件数と終局区分について

　2008年1月から12月までの申立件数は，合計26,459件である。うち後見開始の審判の申立件数22,532件，保佐開始の審判の申立件数2,539件，補助開始の審判の申立件数947件，任意後見監督人選任の審判の申立件数441件であった。前年（2007年1月から12月）の申立件数よ

[*26]　最高裁判所ＨＰ，最高裁判所事務総局家庭局「成年後見関係事件の概況（平成20年1月～12月）」に基づく。

り増加した。

　2008年1月から12月までに終結した成年後見関係事件のうち約90.8％が認容で終結した。

(2) 審理期間について

　終結した成年後見関係事件のうち，申立から2か月以内に終結したものが全体の約64％，4か月以内に終結したものが全体の約88.7％である。審理期間は短縮する方向にある。

(3) 鑑定について

　終結した成年後見関係事件のうち，鑑定を実施したものは，全体の約27.3％である。

　鑑定費用は，5万円以下のものが全体の約62％，全体の約98.4％が10万円以下である。

(4) 成年後見人等と本人との関係について

　成年後見人等（成年後見人，保佐人，補助人）に選任されたもののうち約68.5％が，配偶者，子，親，兄弟姉妹，その他親族である。

　上記以外の第三者が成年後見人等に選任されたものは全体の約31.5％である。弁護士が2,265件，司法書士が2,837件，社会福祉士が1,639件，法人が487件であった。

8　制限行為能力者との契約

　未成年者または成年後見制度の適用を受けている者（成年被後見人，被保佐人，被補助人）と契約を結ぶ場合は，以下の点に留意すべきである。

① 戸籍謄本または後見登記等ファイルの登記事項証明書の提出を求める。

② 口頭で確認する。本人が法定後見の開始の審判を受けていない旨虚偽を述べるなどして，能力者であると信じさせたときは，民法21条の「**詐術**」にあたり，取消権を行使することができない。したがって，制限行為能力者であるかどうか疑いがある者については，必要に応じ適切な質問等でその旨を確認するのが望ましい。

③　任意後見の場合，登記事項証明書に「任意後見人」とあれば代理権を有し，「任意後見受任者」とあれば代理権を有しない（任意後見法2条4号・3号，後見登記法5条）。

9　制限行為能力者であることを理由とする取消の効果及び取消の制限

　行為能力の制限によって取り消された行為は，初めから無効であったものとみなされる（民法121条本文，**取消の遡及効**）。

　取り消すことができる行為は**追認**することもできる（民法122条）。取消権は，追認をすることができる時（民法124条）から5年間行使しないときは，時効にかかる。行為の時から20年経過したときも取り消すことができない（民法126条）。

　取り消した場合は，制限行為能力者は不当利得返還義務を負うが（民法703条・704条），返還義務の範囲は「**現に利益を受けている限度（現存利益）**」である（民法121条ただし書）。制限行為能力者を保護する趣旨である。

　制限行為能力者が相手方から受領した金銭をもって他者に対し債務を弁済した場合や，必要な生活費に充てた場合は，なお現存利益はあるものとされる（大判昭7.10.26民集11－1920）。

3　契約の効力

		補助開始の審判	保佐開始の審判	後見開始の審判
要件（対象者の「精神上の障害*27により事理を弁識する能力」の程度）		不十分（民法15条）	著しく不十分（民法11条）	欠く常況（民法7条）
開始の手続	申立権者	本人，配偶者，4親等内の親族，検察官，任意後見受任者，任意後見人，任意後見監督人，市町村長（老人福祉法32条，知的障害者福祉法28条，精神保健及び精神障害者福祉に関する法律51条の11の2）など		
	本人の同意	必要	不要	不要
機関の名称	本　人	被補助人	被保佐人	成年被後見人
	保護者	補助人	保佐人	成年後見人
	監督人	補助監督人	保佐監督人	成年後見監督人
同意権・取消権	付与の対象	家庭裁判所が定める特定の法律行為*28（民法17条1項）	民法13条1項所定の行為〔家庭裁判所が定める特定の行為（民法13条2項）〕	日常生活に関する行為以外の行為（民法9条，取消権についてのみ*29）
	付与の手続	補助開始の審判＋同意権付与の審判＋本人の同意（民法17条2項）	保佐開始の審判〔＋同意権付与の審判（民法13条2項）〕	後見開始の審判
	取消権者	本人・補助人	本人・保佐人	本人・成年後見人
代理権	付与の対象	家庭裁判所が定める特定の法律行為（民法876条の9）	家庭裁判所が定める特定の法律行為（民法876条の4）	財産に関するすべての法律行為（民法859条）
	付与の手続	補助開始の審判＋代理権付与の審判＋本人の同意	保佐開始の審判＋代理権付与の審判＋本人の同意	後見開始の審判

*27　認知症，知的障害，精神障害など。
*28　申立の範囲内で家庭裁判所が同意権付与の審判をするが，民法13条1項に規定する行為の一部に限られる（民法17条1項ただし書）。
*29　成年後見人に同意権はない。

5 高齢者と金融機関の取引

1 署名代行事件

① X銀行副支店長らがA宅を訪問。A，終始無言。
② AのYがAの署名を代行。
③ Yは「本人病気の為筆記不能に付借入意志（意思）確認の上代筆しました」と署名押印した書面を副支店長に交付（確認書交付）

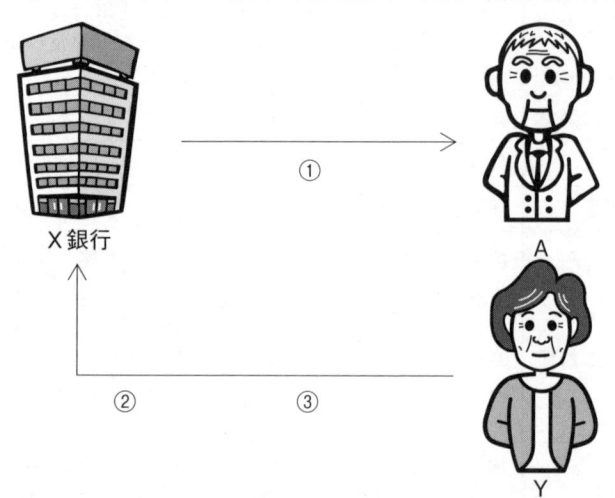

> **事例**
>
> 上記事案において，融資金はA名義の口座に振り込まれた。間もなく全額が何者かによって引き出された。Yはこの動きは全く知らなかった。A死亡後，X銀行は，Yに対して貸金返還請求。控訴審において，Yに対する予備的請求として不法行為に基づく損害賠償請求を追加。Xの請求は認容されるか。

(1) 一審判決（東京地判平12.7.28）は，取引当時のAには意思能力がなく，X・A間の消費貸借契約は無効であるとし，X銀行の請求を棄却した。

(2) 二審判決（東京高判平14.3.28判時1793-85）は，Yの不法行為責

任を認めた。その理由は以下のとおりである。

① X側の事情

「借主である亡Aの判断力の程度は，本来，貸主であるXにおいて確認すべきものであり，これに疑問を持つこと自体はできたのであるから，**X担当者は，Yに対し亡Aの判断力について積極的に確認を求めようとすれば，これが容易な状況にあった。**」

② Y側の事情

「これに対して，Yは，本件各消費貸借契約の締結の要否，内容の決定について実質的な関与をしていない上，夫婦間の署名の代行は世上よくみられることを考慮すると，X担当者から，亡Aの判断力について，特に確認を求められていないにもかかわらず，自ら，これが幼児程度のものでしかない旨を明らかにする義務があるとまではいえない。」

「しかしながら，Yとしても，亡Aの判断力について，積極的に自らの認識と異なる旨をXに明らかにすることは許されず，そのような虚偽の内容を積極的に明らかにした場合には，それは，Xに対する違法な行為というべきである。」

③ Y側の違法性

結論として，Yの署名代行行為については違法性を否定，Yの確認書作成・交付については「自らの認識と異なり，積極的に亡Aの判断力が存在するとの虚偽の内容を明らかにしたもの」であるから違法であるとした。

④ X側の過失

他方，「**X担当者らの亡Aの意思確認は極めて杜撰**であり，多少とも慎重に対応していれば，T支店貸付分にかかる金員支出という損害は回避された可能性がある」などの事情があるとして，Xの損害に関してはその7割が**過失相殺**された（民法722条）。

2 実務の対応

署名代行事件判決からすると，金融機関が主として本人以外の者を相手として契約締結行為を行った場合は，金融機関側が本人の意思確認を行う

ことが必要である、ということになる。

では、前記判決の事案において、X銀行担当者は、Aの借入意思をどのように確認することができたか。これは容易なことではない。

Aの借入意思を確認できない以上、Aとの取引を拒否すべきか。これも、従前の取引の経過からみて、実際のところ困難である場合が少なくない。

では、意思能力（事理弁識能力）があるとの医師の診断を受けてもらう、あるいは後見人をつけてもらうことが可能か。これも、強いて要求できない。

いずれにしても、近親者等から意思能力の存否についての書面（確認書、念書等）の交付を受けただけでは、契約が無効となったり、過失相殺を受けたりする場合があるということである。

意思能力に疑問が生じた場合には、医師の立会いを求める、法定後見に関する登記事項証明書の交付を受けるなどのことを検討する必要がある。

6 法人

1 法人とはなにか

法人とは、自然人と並んで契約の主体となるもの、すなわち権利能力を有し、法人格をもつものである。法人とは、法が社会的有用性があるとして、ある団体（人の集まり＝**社団**、財産の集まり＝**財団**）に、独立の権利能力を認めた「法人格」すなわち「人」である。

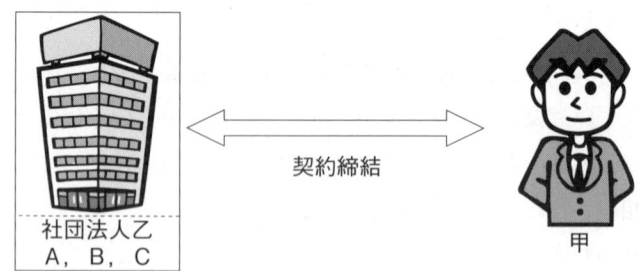

法人乙は、自然人A、B、Cによって構成されるが、A、B、Cとは独立の権利能力を有する法人格である。法人乙は、構成員であるA、B、C

とは独立に権利を有し，義務を負い，また，乙の名で甲と契約を締結することができる。なお，法人も法人の構成員となることができる。

2　法人の種類

法人には，国，公共団体などの**公法人**と，会社，私立学校などの**私法人**がある。また，人の団体である**社団法人**と特定目的のための財産である**財団法人**がある。

法人の分類で重要なのは，営利法人，公益法人，その他の法人の区別である（民法33条）。**営利法人**は，営利事業を営むことを目的とする社団である。営利法人については会社法が扱っている（会社法5条参照）。

公益法人は，学術，技芸，慈善その他の公益に関する事業であって不特定かつ多数の者の利益の増進に寄与するものを行うことを主な目的とする法人である（公益法人法2条・5条）。営利も公益も目的としないものが**その他の法人**である。

「その他の法人」であるが，特に法律によって法人格を付与された法人は一般に**中間法人**と呼ばれていた。農協[*30]や生協はそれぞれの根拠法律によって成立した中間法人である。また，旧中間法人法に基づく法人も中間法人と呼ばれていたが，一般法人法の施行によって中間法人制度は廃止され，一般社団法人に移行した。

3　法人の行為

法人乙が，代表機関丙を選任。丙が，乙の代表機関として甲との間で行った代表行為の効果は，本人である法人乙に帰属する。代理関係と同様の法律関係である（次頁上段図表参照）。

4　一般法人法

一般法人法（一般社団法人及び一般財団法人に関する法律）が2008年12月1日に施行された。これによって，民法上の公益法人は一般法人法上の

[*30] 農協法8条は，「組合は，その行う事業によってその組合員及び会員のために最大の奉仕をすることを目的とし，営利を目的としてその事業を行ってはならない」として，営利目的の行為を禁止している。

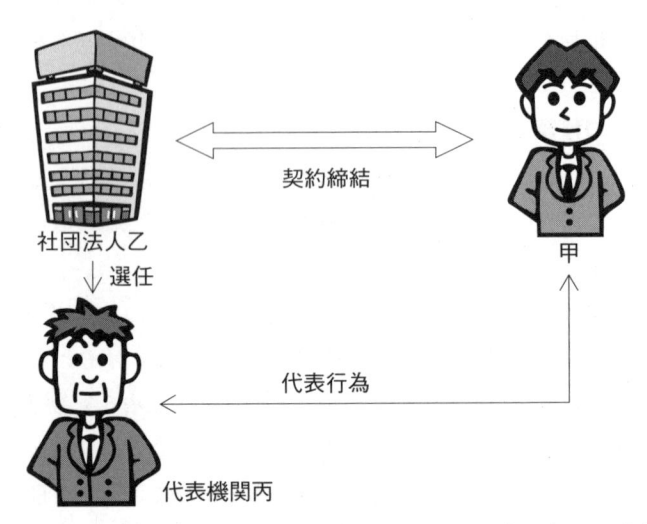

一般社団法人・一般財団法人となり（一般法人整備法40条・41条），また，中間法人法上の中間法人も一般法人法上の一般社団法人として存続することになった（一般法人整備法2条・24条）＊31。

民法上の公益法人は，一般法人法施行日（2008年12月1日）から5年の期間内に，**公益法人認定法**に基づき，公益社団法人・公益財団法人への移行の認可を受けるか，通常の一般社団法人・一般財団法人への移行の認可申請をすることができる（一般法人整備法44条・45条）。それまでの間は，**特例民法法人**として，従前の主務官庁の監督を受ける。

5 法人の具体例

公益法人としては，公益社団法人，公益財団法人，宗教法人，学校法人，社会福祉法人等がある。その他の法人であるが公益法人に準ずるものとしては，医療法人，日本弁護士連合会等がある。

その他の法人としては，農業協同組合，生活協同組合，労働組合，職員

＊31 **一般社団法人**とは一般法人法（2008年12月1日施行）によって法人格を取得した社団法人をいう。かつて法人化が困難であった非営利の中間的団体が一般法人法によって法人格を取得する道が開かれた。**一般財団法人**とは一般法人法によって法人格を取得した財団法人をいう。

団体等がある。特殊の法人として，相続財産法人（民法951条）や地縁による団体（地方自治法260条の2第1項）等がある。営利法人としては，会社法に基づく株式会社，合名会社，合資会社，合同会社がある。

【法人の種類】

	一般法人法（＝非営利法人）		特別法（非営利）		営利法人
社団法人	公益社団法人	一般社団法人	公益	非公益	株式会社等
財団法人	公益財団法人	一般財団法人	公益	非公益	×

6 一般社団法人の設立と運営〔以下，一般法人法を『法』とする〕

(1) 設立

社員になろうとする2人以上の者が定款を共同して作成して署名または記名・押印する（法10条1項）。

公証人の**定款認証**を受け（法13条），**設立登記**をする（法22条）。登記は従来対抗要件とされていたが，一般法人法では成立要件となった。

定款には，保有資産に関する事項を記載する必要がない。一般法人法は，資金拠出がなくても社団法人の設立を可能とした。ただし「基金制度」を採用することも可能である（法131条）。

(2) 組織・運営

一般社団法人の構成員は**社員**と呼ばれ，社員名簿が作成される（法31条）。一般社団法人には，**社員総会**と**理事**が置かれることを要する。定款で**理事会，監事**または**会計監査人**を設置することができる（法35条・60条）。大規模一般社団法人では，会計監査人が必要的設置機関とされる（法62条）。一般社団法人は，会計帳簿を作成して，10年間保存しなければならない（法120条）。

7 一般財団法人の設立と運営

(1) 設立

設立者が「定款」（従来の「寄附行為」）を作成し，設立者全員が署名または記名・押印する（法152条1項）。

公証人の**定款認証**を受け（法155条），**財産（300万円以上）を拠出**

し（法157条・153条2項），**設立の登記**をする（法163条）。登記によって一般財団法人が成立する。純資産額が300万円以上であることが存続要件である（法202条2項）。

(2) 組織・運営

一般財団法人には，**評議員**，**評議員会**，**理事**，**理事会**及び**監事**が置かれる（法170条1項）。定款の定めによって，**会計監査人**を置くことができる（法170条2項）。財団法人は，社団法人と異なり，社員や社員総会がないため，業務執行機関である理事・理事会等を監視する機関として評議員等が置かれる。

8 公益法人の認定

(1) 一般社団法人または一般財団法人が，公益法人認定法によって**公益認定**（こうえきにんてい）を受けると，公益社団法人，公益財団法人となる。

主として公益事業を行う法人は，行政庁（内閣総理大臣または都道府県知事）に「公益認定」を申請する。

行政庁は，当該法人が欠格事由に該当するか否かを審査したうえで，民間有識者からなる合議制の機関（公益認定等委員会）に，公益認定の基準を満たすかどうかを諮問する（公益法人法5条・32条・35条・43条）。

(2) 公益認定を受けると，**公益社団法人**，**公益財団法人**という名称を用いることができる（公益法人法9条）。

公益法人ならびにこれに対する寄附を行う個人や法人に関する税制上の優遇措置を受けることができる（公益法人法58条）。

公益法人は，事業，財務，情報開示等について，一定の事項を遵守すべき義務を負う。

9 法人の同一性

法人は原則として登記によって成立する（一般法人法22条・163条，会社法49条・579条，農協法63条1項等）。

法人は成立によって権利能力を取得し，独立の契約の主体となる。そこ

で法人の同一性は，一般社団法人登記簿（一般法人法316条），株式会社登記簿（商業登記法6条）等の**登記事項証明書**によって確証することになる。

なお，株式会社等の登記を申請する際には，登記所に印鑑を提出しなければならない（商業登記法20条）。提出した印鑑について発行される**印鑑証明書**も法人の同一性の確証の手段となる（商業登記法12条）。商業登記法はその他の団体の根拠法によって準用されている。

3．契約の内容等にかかわる効力の問題

> **Point**
>
> 成立した契約の目的がどんな内容であっても，有効といえるだろうか。たとえば，籾（まだ脱穀していない，籾がらの付いたままの米）の貸借に際し，年24割の利籾の合意をした場合，このような籾貸借契約（消費貸借）は有効といえるか*32。

1 強行法規違反・公序良俗違反

1 契約自由の原則

個人は生来自由である。自由な個人は，自らの意思もしくは自らが属する国民の自由な一般意思の発現としての法に基づいてのみ他者に対する義務を負う。これが**私的自治の理念**である。

自己の意思に基づいて自由に法律関係を形成することができるという私的自治の理念からすると，契約を締結するか否か，誰と契約するか，どの

---

*32 金銭の消費貸借における高率の利息の合意のうち利息制限法の制限利率を超える部分は無効である。籾の貸借も，返還する際は「種類，品質及び数量の同じ籾」を返還する義務を負うから，消費貸借契約である（民法587条）。金銭の消費貸借と同じように，籾の消費貸借の場合も，高率の場合は無効になるのではないかが問題となる。大判大7．1．28民録24－67は，金銭以外の代替物の消費貸借には，利息制限法の適用がないとして，年24割の利籾契約を有効であるとした。このような考え方が現在でも通用するかはきわめて疑問である。

ような内容の契約をするか，どのような方式で契約するかは自由である。これが**契約自由の原則**である。

2 契約自由の制限

契約を完全に自由にするとどうなるか。多くの不都合な事態が生ずる。妾契約や愛人契約は妾や愛人となる者の個人の尊厳を損なう（民法2条）。経済的窮迫に乗じて貸金額の数倍の価格の不動産を代物弁済とする約束は債務者をますます困窮に追いやってしまう。

無制限な自由は，弱肉強食を容認し，格差を極限にまですすめる。それは，個人の尊厳や個人の尊重を基調とする社会の安定を損なう。

そこで，民法は，「**公の秩序に関する規定**」を**強行規定**とし，強行規定に反する法律行為を無効とする（民法90条）。他方，「**公の秩序に関しない規定（民法91条）**」すなわち**任意規定**は，当事者の合意の欠如を補充する機能をもつ。

一般に，物権に関する法，組織に関する法，身分に関する法には，強行規定が多い。

3 公序良俗

(1) 「公の秩序（公序）」は，主として社会一般の利益，特に国家秩序や政治的秩序を擁護するための規範である。「善良な風俗（良俗）」は，主として一般的道徳規範，特に性風俗，家族的秩序を意味する[*33]。

民法は，公序良俗に反する法律行為を無効とする（民法90条）。明文がない場合でも，公序良俗に反すると判断された法律行為は無効となる。

(2) 公序良俗違反の類型

① 人倫に反する行為，たとえば健全な家族秩序や性秩序をみだす行為や人格の尊厳を損なう行為は，無効とされる。

② 犯罪に関する行為，たとえば汚職，入札談合にかかわる行為は無効

[*33] **公序良俗**とは社会的妥当性のことをいう。なにが社会的に妥当であり妥当でないかは，一義的には決まらない。

3　契約の効力

とされる。

③　行政上の**取締規定**に違反する行為は，行為の内容による。たとえば有毒性物質の混入したアラレを販売する行為は，人の健康を害するから無効である。しかし，**歩積両建預金**は，独禁法に違反する可能性はあるが，私法上無効といえないとされた（最判昭52.6.20民集31-4-449）。行政上の取締規定に反する行為は，社会的な非難や被害の内容等によって私法上無効とされるかどうかが決定される。

④　相手の経済的窮迫や無知に乗じて不当な利益を得る行為は「**暴利行為**」として無効となる。

2　信義誠実原則違反

1　信義則とは

民法1条2項は，「権利の行使及び義務の履行は，信義に従い誠実に行わなければならない」と定めている。これを**信義誠実の原則**または**信義則**という。

2　信義則の適用場面

信義則は，通常は義務の履行の場面で問題となる。たとえば，「債務者が，いつ，どこで，どのように債務内容を実現すべきか」について詳細な合意がないことがある。このような場合，債務者は，債権者に対し信義則上問い合わせる義務があるとされた例がある*34。

3　信義則とコンプライアンス

信義則は，権利の行使及び義務の履行は，権利者と義務者との協力によって達成されるとの考え方にたっている。この考え方は，コンプライアン

---

*34　〔大豆粕深川渡事件－大判大14.12.3民集4-685〕動産の引渡場所を「深川渡し」（深川は東京の地名。深川といっても広い）とする売買契約において，売主はその場所で物品を用意して待っていた。買主はその場所を確認する問合せをせず，契約を解除した。判決は，買主は売主に対して一片の問合せをすれば履行場所を確認できるはずであったとして，買主の解除は信義則に反するとした。

ス（法令遵守）にも妥当する*35。

3 権利濫用

民法1条3項は，「**権利の濫用**は，これを許さない」と定めている。加害の目的をもってなされる権利の行使（これを**シカーネ**という）は許されない。

権利濫用法理は，所有権等の物権や個人の生存や人格を脅かす権利の行使の場面に適用される*36。

4．意思表示にかかわる効力の問題

> **Point**
>
> 自分の大事な物を売りたくないのに，強迫されて「売る」という意思表示をした。この場合でも，「売る」という意思表示をした者は，強迫した相手方に対して，その物を移転する義務を負うのだろうか。

---

*35 **コンプライアンス（compliance）**とは，法令などを守ること（法令遵守）をいう。法令は当然遵守されなければならない。これに加えて，公序良俗に反する行為をしてはならず，社会的規範に違反してもならない。これらを総称してコンプライアンスという。

*36 〔宇奈月温泉事件－大判昭10.10.5民集14－1965〕K電鉄が宇奈月温泉経営のため泉源から温泉引湯の木管を設置した。たまたまその木管が他人所有の山腹を通っていた（木管が通っている部分は約2坪）。これを知ってこの土地（全体で112坪）を買い受けた者Xが，K電鉄に対し，不法占拠を理由に木管の撤去を迫り，さもなくば周辺の荒蕪地と合わせて合計3,000坪の土地を総額2万余円で買い取るよう要求した。K電鉄が応じなかったので，Xは，所有権に基づく妨害排除を求めて提訴した。判決は，損害がそれほどでもなく，木管を除去することが困難で，たとえ除去できるとしても莫大な費用がかかる場合において，不当な利得を図るため，土地を取得し，妨害排除請求することは，権利の濫用にあたり，許されないとした。

1 心裡留保

1 心裡留保とは

心裡留保とは，表意者（意思表示をする者）が真意（本心）ではないことを，それと知ったうえで行う意思表示のことである。

2 心裡留保による意思表示の効力

心裡留保による意思表示は，**原則として有効**である（民法93条本文）。表示どおりの効果が発生する点で，民法93条本文は，表示主義の考え方となじむ規定である。

ただし，意思表示の相手方が表意者の真意（表示が本心によらないこと）を知っていたか（悪意），知ることができた（善意有過失）場合には，意思表示は**無効**となる（民法93条ただし書）。これは，相手方が表意者の真意を知っていたかあるいは知ることができた場合において，真意によらない意思表示をした**表意者を保護**するための規定である。表示よりも表意者の真意を重視する点で，民法93条ただし書は，意思主義の考え方となじむ規定である。

たとえば，甲が乙に，真意は贈与する意思がないのに，冗談で「この時計をあげるよ」と言った場合であっても，甲のこの贈与の意思表示は，原則として有効である。

ただし，乙が，普段から甲が時計を大事にしていてだれにも贈与する気がないことを知っている場合など，乙が甲の本心（本当は時計を贈与するつもりではないこと）を知っていたか知ることができた場合には，甲の意思表示は無効となる。

意思表示は，通常，動機の形成，効果意思の形成，表示意思の形成，表示行為（行為の表示）の順をたどるが，心裡留保の場合，動機，効果意思を欠き，表示意思と表示行為があるだけである。

効果意思 ──→ 表示意思 ──→ 表示行為

【通常の意思表示】（贈る意思あり）（贈ると言おう）「この時計をあげるよ」
【心裡留保の場合】 贈る意思なし （贈ると言おう）「この時計をあげるよ」

3　適用範囲

心裡留保の規定は，主として財産行為に適用される。婚姻や養子縁組など当事者の真意の確保が重要となる身分行為には適用されない（最判昭23.12.23民集2－14－493）。その結果，真意に基づかない身分行為は常に無効となる。

2　虚偽表示

1　虚偽表示とは

虚偽表示とは，相手方と通じてする虚偽の意思表示をいい，この場合の意思表示は**無効**である（民法94条1項）。通謀虚偽表示ともいう。

たとえば，甲が，債権者からの差押えを免れるために，普段から仲の良い乙に依頼して，乙に不動産を売却したかのように仮装し，登記を乙に移転しておくような場合の，甲の「不動産を売る」という意思表示が虚偽表示である。また，乙の「不動産を買う」という意思表示も虚偽表示である。

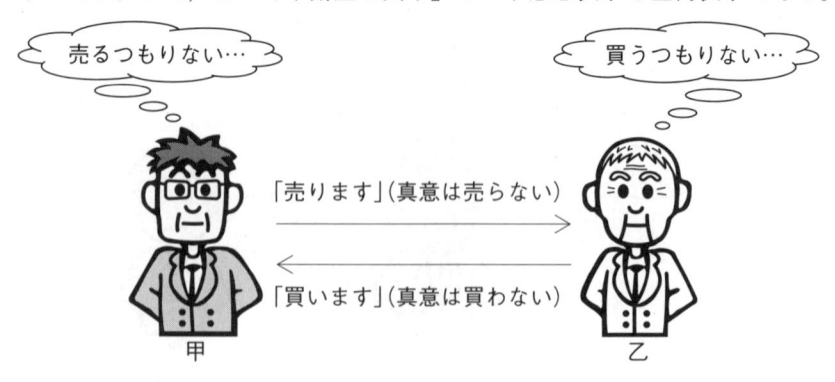

通常の意思表示と異なり，通謀虚偽表示の場合，心裡留保と同様，動機，効果意思を欠き，表示意思と表示行為があるだけである。

表意者自身（甲）が，真意でないことを認識しつつ表示している点では，心裡留保と同じであるが，意思表示の相手方（乙）の事前の了解のもとで（「甲と乙が通じて」），意思表示がなされている点で心裡留保と異なる。

	効果意思 →	表示意思 →	表示行為
【通常の意思表示】	（売る意思あり）	（売ると言おう）	「売ります」
【虚偽表示の場合】	売る意思なし	（売ると言おう）	「売ります」
【相手方】	買う意思なし	（買うと言おう）	「買います」

2　虚偽表示による意思表示の効力

(1) 相手方と通じてした虚偽の意思表示（通謀虚偽表示）は，効果意思を欠くため無効である（民法94条1項）。

表示はあるものの意思（真意）を重視して，虚偽表示による意思表示を無効とする点で，民法94条1項は，意思主義の考え方になじむ規定である。

たとえば，前で挙げた事例（甲が債権者からの差押えを免れるために乙に不動産を売ることを乙と通じて仮装した場合）では，甲の意思表示及び乙の意思表示は，無効である。

そうすると，物権変動の原因となるべき有効な意思表示が存在しないから，甲の不動産の所有権は乙に移転しない（民法176条参照）。わが国では，登記は必ずしも実体的権利を反映しないから（「**登記には公信力がない**」といわれる），たとえ乙に所有権登記が移っても，不動産所有権は依然として甲にとどまったままとなる。甲の債権者も，原則として，甲乙間の売買の無効を主張して登記を甲に戻させたうえ，差押え，強制執行をすることが可能である。

(2) 第三者の保護

通謀虚偽表示は無効である。しかし，**「善意の第三者」に対しては，無効を対抗できない**（民法94条2項）。表示どおりの効果が発生した

と同様の結果をもたらす点で，民法94条2項は，表示主義になじむ規定である。

たとえば，乙が甲を裏切って不動産を丙に転売した場合，民法94条1項だけでは，甲乙の売買は無効であり，甲が依然所有権を有することとなるため，丙は不動産所有権を取得することができない*37。しかし，民法94条2項により，甲は，甲乙の売買が無効であることを「善意の第三者」である丙に対して対抗できない。

民法94条2項の適用により，本件不動産の所有権は，丙との関係では，甲から乙，乙から丙に移転した*38こととなり，丙は甲からの返還請求等に応じる必要はないこととなる。その結果，反射的に甲は，

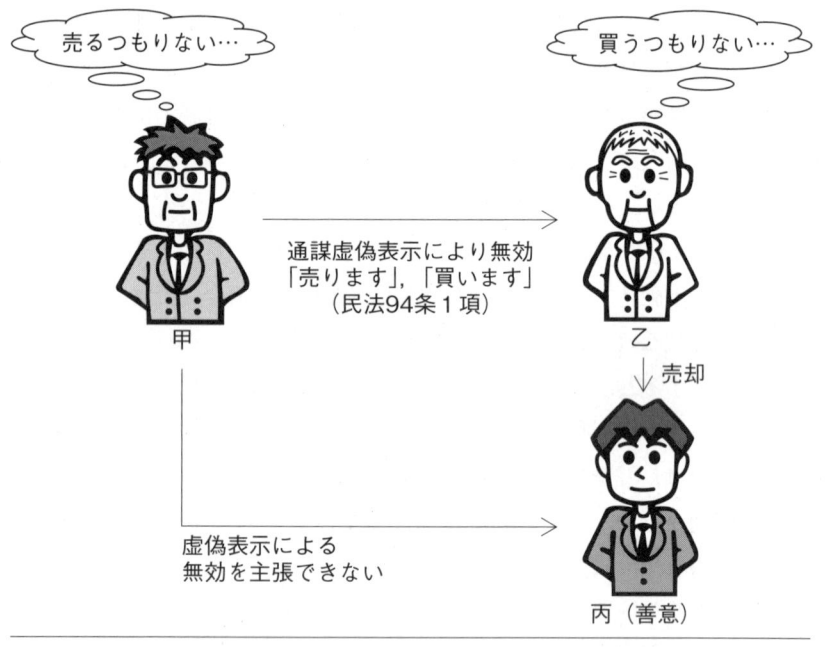

- 売るつもりない…（甲）
- 買うつもりない…（乙）
- 通謀虚偽表示により無効 「売ります」，「買います」（民法94条1項）
- 売却 → 丙（善意）
- 虚偽表示による無効を主張できない

*37 厳密には，乙丙間の売買契約は「他人物の売買」（民法560条参照）として有効であり，丙は乙に対して，売買契約の履行請求として，甲から本件不動産を取得したうえ自分に渡せといえる。しかし，甲が積極的に乙の履行に協力しない限り，丙は保護されない。丙は民法94条2項によって保護される。

*38 民法94条2項によって，権利は甲から丙に直接移転するという考え方もある。

3　契約の効力

本件不動産の所有権を失う（最判昭28.10.1民集7－10－1019）。

(3)　「善意の第三者」の意味

　　民法94条2項の「第三者」とは，当該法律関係に新たに利害関係を有するに至った者で，当事者及びその包括承継人*39以外の者をいう。

　　たとえば，不動産の仮装売買の買主を所有者と信じて，当該不動産を仮装売買の買主から購入した転得者や，その不動産の上に抵当権の設定を受けた抵当権者などが「第三者」にあたる。

　　「**善意**」とは，通謀虚偽表示であったことを「知らない」ということである。「善意」かどうかの基準時は，当該第三者が利害関係を有するに至った時点である（最判昭55.9.11金判608－3参照）。

　　前記の事例で，丙は，まず，虚偽表示による契約（甲乙の売買）の当事者（甲乙）以外の者である。さらに丙は，乙から甲乙の売買の目的物である不動産を購入した者であり，甲乙の売買が有効か無効かという点について利害関係を持っている。そこで，丙は，「第三者」にあたる。また，丙は，乙丙売買のときに甲乙の売買が虚偽表示によるものであることを知らなかったので，「善意」の第三者にあたる。

(4)　民法94条2項の趣旨

　　前記のとおり，民法94条1項しかないとすると，乙が甲を裏切って丙に本件不動産を転売した場合，丙は不動産所有権を取得することができない。

　　しかし，丙は，乙が所有権を取得しているかのような外観を信頼して新たに乙と取引関係に入った（乙丙売買に基づき乙に売買代金を支払った）にもかかわらず，不動産所有権を取得することができないとすると，丙は安心して取引を行うことができず，取引の安全が著しく害される。

　　また，新たに取引関係に入った事情の知らない丙の犠牲の上に，自

---

*39　**包括承継人**とは，他人の権利・義務を一括して承継する者をいう。たとえば，相続により被相続人の権利・義務を一括して承継する相続人が，これにあたる。

81

ら通謀虚偽表示をして虚偽の外観を作り出した甲の利益を保護すべき合理的な理由はない。

そこで、第三者の保護・取引の安全を図るために、民法94条2項が設けられ、虚偽表示の無効は「善意の第三者」に対抗できないものとされた。すなわち、「善意の第三者」との関係では、虚偽表示にかかる意思表示は有効になされていたと同様に扱うべきものとされる。

この「第三者の保護」や「取引安全の保護」といった考え方は、権利外観法理と同様の考え方であり、民法の基本的な考え方の1つである。

権利外観法理とは、ある者が権利者らしい外観を呈している場合に、その外観を信頼した者を保護する法理であり、「第三者の保護」、「取引安全の保護」、あるいは「動的安全の保護」、「信頼の保護」と表現されることもある。これらは、真の権利者の利益（静的安全）と取引の安全（動的安全）をどのように調整するかの問題である。

3　適用範囲

主として財産行為に適用される。心裡留保の規定と同様、身分行為には虚偽表示に関する民法94条の適用がない（養子縁組について大判明44．6．6民録17－362、離婚について大判大11．2．25民集1－69）。

③　錯誤

1　錯誤とは

錯誤とは、表示行為から推測される意思（表示上の意思）と表意者の真の意図（内心的効果意思）が一致しない意思表示であって、その不一致を、

表意者自身が認識せずになした場合をいう。

　たとえば，絵画を2枚（ゴッホとシャガール）所有している甲が，ゴッホの絵画を乙に売ろうと考えていたにもかかわらず，乙に「シャガールの絵画を売ります」と言ってしまった。この場合の，甲の意思表示は，錯誤による意思表示である。

　通常の意思表示と異なり，錯誤による意思表示の場合，表示行為はあるものの，これに伴う表意者の効果意思が伴っていない。

　　　　　　動機　→　効果意思　→　表示意思　→　表示行為
【通常の意思表示】（ゴッホを売ろう）（ゴッホを売ると言おう）「ゴッホの絵画を売ります」
【錯誤の場合】　　（ゴッホを売ろう）（ゴッホを売ると言おう）　シャガールの絵画を売ります

2　錯誤による意思表示の効力

　些細な錯誤による意思表示についてまですべて無効にして，表示を受け取る相手方の信頼を覆すことは適当ではない。そこで，「**法律行為の要素の錯誤があったとき**」に限り，当該意思表示は**無効**となる（民法95条本文）。

　要素の錯誤とは，意思表示の重要な部分であって，その部分についての錯誤がなかったとすれば，当事者はもとより，表意者の立場に立った通常人もその意思表示をしなかったであろうと考えられる重要な点についての錯誤をいう。そのような重要な部分に関する錯誤があった場合にのみ，当該意思表示は無効とされる。

　表示はあるものの表意者の意思（真意）を重視して，錯誤による意思表示を無効とする点で，民法95条本文は，意思主義の考え方になじむ規定である。

　ただし，要素の錯誤がある場合でも，表意者に重大な過失があったときにまで，当該意思表示を無効として相手方の信頼を覆すことは適当でない。そこで，表意者に**重大な過失**があったときは，表意者は意思表示が無効であることを主張することができない（民法95条ただし書）。

　表示どおりの効果が発生するのと同様の結果をもたらす点で，民法95条ただし書は，表示主義になじむ規定である。

3　錯誤の種類

(1) 表示上の錯誤

　表示上の錯誤とは，言い間違い，書き間違い，キーの押し間違いのように，表示行為をする際にうっかり表示意思と表示の間に食い違いを生じてしまった場合をいう。

　前記の，甲の「シャガールの絵画を売ります」との表示行為も，ゴッホの絵画を売ろうと思っていた（表示意思）にもかかわらず，表示の段階でうっかり「シャガールの絵画を売ります」と言い間違ってしまった点で，表示上の錯誤にあたる。

(2) 人についての錯誤

　人についての錯誤には，人の同一性の錯誤（人違いの場合）や人の属性の錯誤（相手方の財産状態や身分等に錯誤がある場合）がある。

　人の同一性の錯誤がある場合，財産取引においては，必ずしも常に要素の錯誤があるとはいえない（大判明40．2．2民録13－167）。具体的な事情により判断すべきである。相手方の個性に特に着目したような取引では，要素の錯誤となりうる。

(3) 目的についての錯誤

　目的についての錯誤には，目的物の同一性について錯誤がある場合，目的物の品質・性質・状態などについて錯誤がある場合，目的物の数量・範囲・価格について錯誤がある場合がある。

　たとえば，A地をB地と誤認している場合（目的物の同一性の錯誤），1坪を4㎡と誤解している場合（目的物の数量・範囲・価格に関する錯誤）などが，これにあたる。

(4) 法律状態についての錯誤

　法律状態についての錯誤とは，一定の法律状態を前提として法律行為をしたところ，法律状態の存否・性質等について錯誤があった場合をいう。

　たとえば，建築制限のある農地を，建築制限がない宅地であると誤

解した場合が，これにあたる。
(5) 動機の錯誤

> **Point**
> 他に連帯保証人がいると思って保証契約を締結したのに，実際には連帯保証人はいなかったという場合，保証人は，債権者との間の保証契約を，錯誤により無効であると主張できるだろうか。

　動機の錯誤とは，意思表示そのものではなく，意思を形成する過程としての動機に錯誤がある場合をいう。
　たとえば，息子が大学に受かったと思いお祝いで時計をプレゼントしようと考え，時計屋で「時計をください」と意思表示をしたが，実は息子は不合格であった場合が，これにあたる。
　動機に錯誤があっても，動機は相手方にとっては関知しないから，原則として当該意思表示は無効とならない。
　上記の例でも，「時計をください」との意思表示は無効とならない。息子が合格したかどうかは，時計屋にとって関知しないことだからである。
　ただし，動機が相手方に表示された場合には，動機が意思表示の内容となって意思表示の錯誤となりうる。動機の錯誤には，以下のようなものがある。

㋐　**主観的理由の錯誤（目的物に関連しない錯誤）**
　たとえば，東京に転勤になると誤解して東京でアパートを借りる契約（賃貸借契約）をした場合など，賃貸借契約の内容そのものに関する誤解・誤信ではなく，契約をするに至った主観的理由や前提事情の点で誤解があった場合がこれにあたる。このような場合，原則として，契約の無効を主張することはできない。
　ただし，東京転勤を契約の条件として相手方（家主）に明示した場合には，錯誤無効を主張しうる。

⑦ 性状の錯誤（目的物に関連する錯誤）

たとえば，模造品を本物の真珠と誤認して購入する契約（売買契約）をした場合など，意思表示の対象である物の性状に関する錯誤がこれにあたる。

表意者が動機に属する事由を明示的または黙示的に意思表示の内容とした場合には，動機の錯誤も，意思表示の錯誤となりうる*40。

 ⑨ 前提事情に関する錯誤

契約の外の周辺的事情（前提事情）に錯誤がある場合がこれにあたる。

たとえば，協議離婚に際して財産分与をしても税金はかからないと考えていたのに，実際には土地を財産分与した者に多額の譲渡所得税が課せられた場合，課税されないという前提事情に誤解があった点で，これにあたる*41。

4 電子消費者契約における特則

電子消費者契約とは，「消費者と事業者との間で電磁的方法により電子計算機の映像面を介して締結される契約であって，事業者又はその委託を受けた者が当該映像面に表示する手続に従って消費者がその使用する電子計算機を用いて送信することによってその申込み又はその承諾の意思表示を行うもの」（電子消費者契約法2条1項）をいう。

たとえば，ネット通販など，消費者がコンピュータ画面上の操作等をすることによって行われる取引が，電子消費者契約である。

---

*40 意思表示が，「この馬を買う」というものではなく，「この受胎している馬を買う」というものであると判断できる場合には，実際にその馬が受胎していなければ意思表示の錯誤がある（大判大6．2.24民録23−284）。

*41 協議離婚における財産分与についての意思表示の事案においては，税金はかからないとの動機は黙示的に表示されていた（最判平元．9.14判時1336−93）。要素の錯誤があるので，財産分与についての意思表示は，錯誤により無効となる（差戻審東京高判平3．3.14判時1387−62）。

コンピュータの画像を介して行われる操作は単純なために，表意者が画像内のボタンを押し間違える（表示上の錯誤となる）危険が大きい。単純な操作だけに表意者の「重大な過失」となる可能性があるが，誤操作のリスクを一方的に経験の乏しい消費者に負担させることは，結果の重大性を考えると必ずしも適当でない。

そこで，電子消費者契約法は，事業者と消費者との電子消費者契約において，消費者が行った契約の申込みまたは承諾の意思表示が真意に反していたときは，民法95条ただし書を適用することなく，消費者からの錯誤無効の主張を認めることとした（電子消費者契約法3条）。

5 適用範囲

婚姻・養子縁組などの身分行為における人違い等の錯誤に関しては民法に特則があり（民法742条1号・802条1号），民法95条の適用はない。

婚姻や養子縁組といった身分行為については，真意によることが絶対に必要とされるので，民法95条ただし書が適用されず，重大な過失のある表意者も錯誤を主張できる。

4 詐欺

1 詐欺とは

詐欺とは，故意に（わざと）一定の事情について他人を欺くことによって誤った認識に基づく判断をさせ，その結果，誤った認識に基づく意思表示をさせる行為をいう。

たとえば，甲が，乙に対して「近々この近くに地下鉄の駅ができるから絶対に値上がりする」と欺して，乙に二束三文の土地を「買う」旨の意思表示をさせる行為がこれにあたる。

詐欺は，違法な欺罔行為により表意者が錯誤に陥り，錯誤に基づいて意思表示をした場合で，かつ，欺罔行為が原因で意思表示をしたといえる場合に成立する。

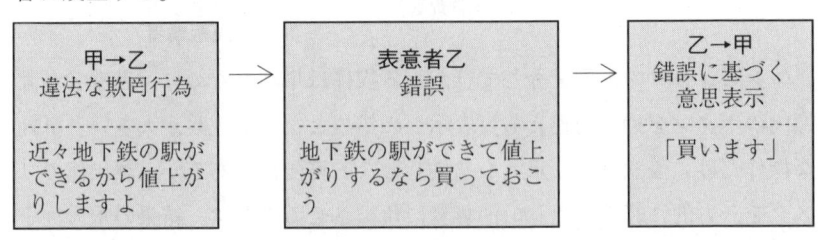

甲→乙 違法な欺罔行為	→	表意者乙 錯誤	→	乙→甲 錯誤に基づく 意思表示
近々地下鉄の駅ができるから値上がりしますよ		地下鉄の駅ができて値上がりするなら買っておこう		「買います」

通常の意思表示と異なり，詐欺による意思表示の場合，表示と内心の効果意思は一致しているが，効果意思の形成過程に詐欺という外部作用が加えられたため，自由な意思決定が阻害されている。

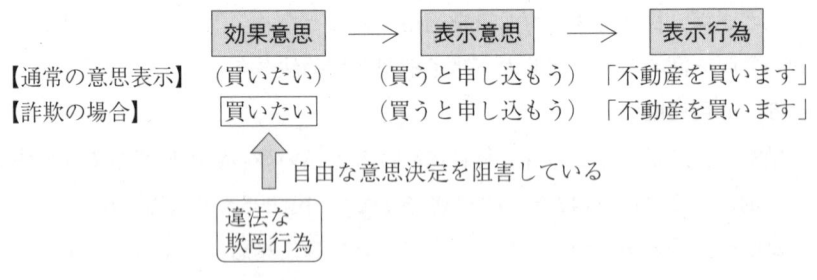

	効果意思	→	表示意思	→	表示行為
【通常の意思表示】	（買いたい）		（買うと申し込もう）		「不動産を買います」
【詐欺の場合】	買いたい		（買うと申し込もう）		「不動産を買います」

↑自由な意思決定を阻害している
違法な欺罔行為

2　詐欺による意思表示の効力

(1) 詐欺による意思表示は，**取り消すことができる**（民法96条1項）。取り消されるまでは浮動的ながら有効であり，取り消されることによって，さかのぼって初めから無効であったものとみなされる（民法121条，取消の遡及効）。

表示行為はあるものの，真意を重視し，詐欺による意思表示を取り消すことができるとする点で，詐欺の規定は意思主義になじむ規定である。

前記事例で,「地下鉄の駅ができるから値上がりする」と甲にだまされた乙は,甲に対してした「買います」という意思表示を民法96条1項により取り消すことができる。

(2) 詐欺取消の効果は,**「善意の第三者」に対抗することができない**(民法96条3項)。「善意の第三者」に対しては,取消しによって遡及的に無効になったことを主張できない。

「善意の第三者」とは,取消前に新たに利害関係を有するに至った本人及びその包括承継人以外の者で,利害関係を有するに至った時点で,詐欺があったことを知らなかった者をいう。たとえば,売主甲を欺して甲の不動産を買った乙から当該不動産を転得した丙がいたとする。甲は,乙との売買契約にかかる「売ります」という意思表示を取り消すことができる。しかし,甲は,甲乙間の売買契約が遡及的に無効になったことを善意の丙に主張できない。

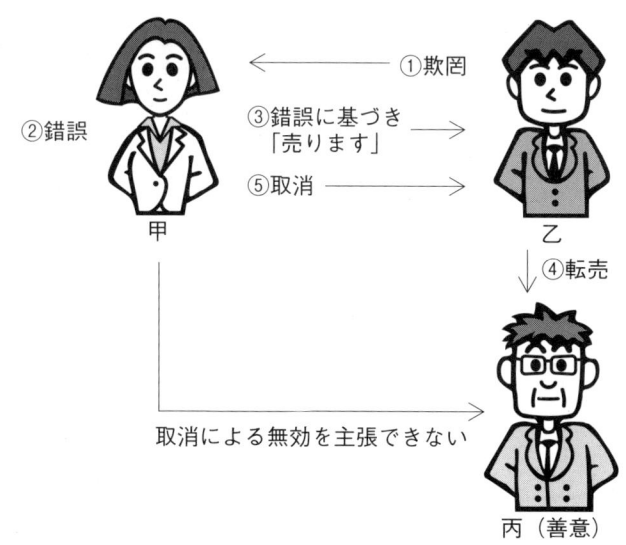

3 第三者詐欺（民法96条2項）

第三者が詐欺を行った場合は，**相手方がその詐欺の事実を知っていたときに限って意思表示を取り消すことができる**（民法96条2項）。

たとえば，主債務者丙に欺されて，甲が保証人となる契約を債権者乙と締結した場合（保証契約の当事者は甲乙であって，丙は当事者ではなく第三者である），相手方乙が丙の詐欺の事実を知っていたときに限って，甲は保証契約にかかる意思表示を取り消すことができる。

```
           ③錯誤に基づき
           「丙の債務を保証します」
    乙 ←─────────────────── 甲     ②錯誤
         ←──── ④取消 ────
   （債権者）                      ↑①欺罔
  〔①を知っていた〕
                                   丙
                                （主債務者）
```

5 強迫

1 強迫とは

強迫とは，害悪を告げることによって違法に相手方を畏怖させ，一定の意思表示をさせることをいう。たとえば，甲が，乙に対して「お前の土地を俺に売らないとお前の息子を殺すぞ」と脅して，乙に土地を「売る」旨の意思表示をさせる行為がこれにあたる。通常の意思表示と異なり，強迫による意思表示の場合，表示と内心の効果意思は一致しているが，効果意思の形成過程に強迫という外部作用が加えられたため，自由な意思決定が

阻害されている。

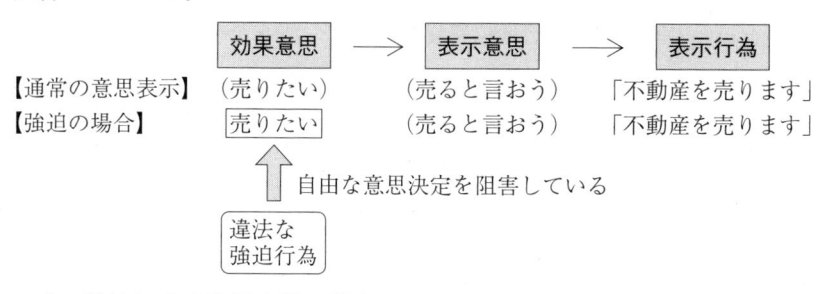

	効果意思 →	表示意思 →	表示行為
【通常の意思表示】	（売りたい）	（売ると言おう）	「不動産を売ります」
【強迫の場合】	売りたい	（売ると言おう）	「不動産を売ります」

↑ 自由な意思決定を阻害している

違法な強迫行為

2 強迫による意思表示の効力

(1) 強迫による意思表示は，詐欺と同様，**取り消すことができる**（民法96条1項）。取り消されるまでは浮動的ながら有効であり，取り消されることによって，さかのぼって初めから無効であったものとみなされる（民法121条，取消の遡及効）。

詐欺と同様，表示行為はあるものの，真意を重視して，強迫による意思表示を取り消すことができるとする点で，強迫の規定は意思主義になじむ規定である。

(2) 強迫の場合の取消には，詐欺と異なり，民法96条3項のような第三者を保護する規定がないので，善意の第三者にも無効を主張することができる。

6 消費者契約法による特則

1 消費者契約

消費者契約とは，「事業者」と「消費者」との間で締結される契約をいう（消費者契約法2条3項）。

消費者契約法では，「個人（事業として又は事業のために契約の当事者となる場合の個人を除く）」を「**消費者**」とし，「法人その他の団体及び事業として又は事業のために契約の当事者となる場合における個人」を「**事業者**」とする（消契法2条1項・2項）。

ＪＡは「事業者」である。組合員との取引においては，組合員の事業に

関連している場合と関連していない場合がある。組合員の事業と関連のない組合員との貯金契約や金銭消費貸借契約は，消費者契約にあたる。

2 消費者契約の締結段階における事業者の義務

① 「**透明性の要求**」（消契法3条1項前段）

消費者契約の条項を定めるにあたっては，消費者の権利・義務その他の消費者契約の内容が消費者にとって明確かつ平易なものになるよう配慮する。

② 「**必要な情報の提供**」（消契法3条1項後段，農協法11条の3参照）

消費者契約の締結について勧誘をするに際しては，消費者の理解を深めるために，消費者の権利・義務その他の消費者契約の内容についての必要な情報を提供しなければならない。

3 民法の意思表示に関する規定の特則

(1) 不実告知または断定的判断の提供による誤認に基づく意思表示の取消

　事業者が契約締結に際して，「**重要事項**」について事実と異なることを告げ（**不実告知**），それによって**消費者が誤認**して当該消費者契約の申込みまたはその承諾の意思表示をしたときは，その意思表示を取り消すことができる（消契法4条1項1号，農協法11条の2の3第1号参照）。

　たとえば，事実は過去に事故を起こした車であるのに，事業者乙が「事故車ではない」旨を誤ってチラシに記載して，消費者甲が事故車ではない旨誤認して，当該車の売買契約を乙と締結した場合，甲は乙との売買契約を取り消すことができる。

　乙に故意がなければ民法上の詐欺は成立しないし，甲に重大な過失があれば錯誤無効の主張をすることはできない。しかし，乙に故意がなくても甲は消費者契約法4条1項1号により，乙との売買契約を取り消すことができるのである。

　将来における価額の変動が不確実な事項につき**断定的な判断を提供**

し，それによって消費者が当該判断の内容が確実であると**誤認**した場合も同様である（消契法4条1項2号，農協法11条の2の3第2号参照）。

(2) 不利益事実の不告知による誤認に基づく意思表示の取消

事業者が消費者に，**「重要事項」について消費者の利益となる旨を告げ，かつ，その「重要事項」について不利益になることを故意に告げなかったこと**により，消費者が**誤認**して当該消費者契約の申込みまたはその承諾の意思表示をした場合には，消費者は，当該意思表示を取り消すことができる（消契法4条2項）。

(3) 困惑に基づく意思表示の取消

事業者が勧誘に際し，消費者の要求に反して**「不退去」**または消費者の**「退去を妨害」**して，消費者を**「困惑」**させて申込みまたはその承諾の意思表示をさせた場合，消費者は，当該意思表示を取り消すことができる（消契法4条3項）。

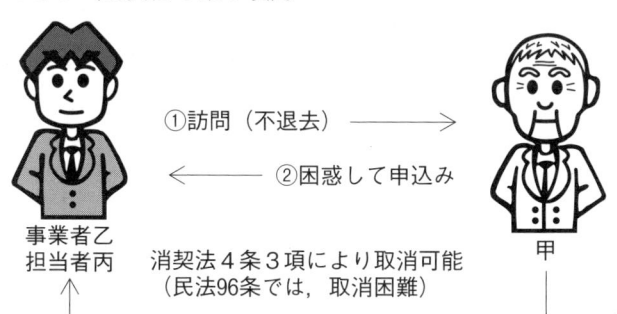

事業者乙
担当者丙

①訪問（不退去）→
←②困惑して申込み

消契法4条3項により取消可能
（民法96条では，取消困難）

甲

4 不当条項の規制

(1) 契約条項の全部無効

事業者の債務不履行[42]による責任や不法行為による責任を，全部または一部免除するとする条項等は，無効とする（消契法8条1項各号）。

---

*42 **債務不履行**（さいむふりこう）　債務者が債務の本旨に従った履行をしないこと（民法415条）。債務不履行には履行遅滞，履行不能，不完全履行の3つの態様がある。

たとえば，有料の駐車場で「万一，事故があっても損害賠償には一切応じません」というような事業者の債務不履行責任・不法行為責任を全部免除する旨の規定は，無効となる。

(2) 契約条項の一部無効

損害賠償額の予定や違約金の定めがある場合に，それが「平均的な損害額」を超える過大な賠償額の予定ないし違約金であるときは，その過大な部分を無効とする（消契法9条1項）。

(3) 信義則違反

「公の秩序に関しない規定の適用による場合に比し，消費者の権利を制限し，又は消費者の義務を加重する消費者契約の条項」であって，「民法第1条第2項に規定する基本原則に反して消費者の利益を一方的に害するもの」は，無効とする（消契法10条）。

4 権利の行使

> **Point**
> 契約が有効に成立し，権利が発生した場合は，いつでもその権利を行使できるか。権利が発生しているが，その権利を行使できない場合があるか。

1. 条　件

1　条件とは
　条件とは，法律行為の効力の発生や消滅を，成否未定の将来の一定事実の発生や不発生によるとすることである。その一定事実そのものを条件と呼ぶ場合もある。

2　停止条件
　条件が成就することによって，法律行為の効力が発生するものを「**停止条件**」という（民法127条1項）。たとえば，甲が受験生の乙に学費を支給（贈与）するという贈与契約を締結した（民法549条）。ただし，「大学に合格したら」という条件が付いていた。「大学合格」は，将来の成否未定の事実である。「大学合格」という事実が発生すると，贈与契約という法律行為の効力が生ずる。乙は甲に学費の支給を求めることができる。「大学合格」という事実が発生するまでは，贈与契約の効力が停止されており，乙は甲に学費の支給を求めることはできない。

第2章　金融法務の基礎知識

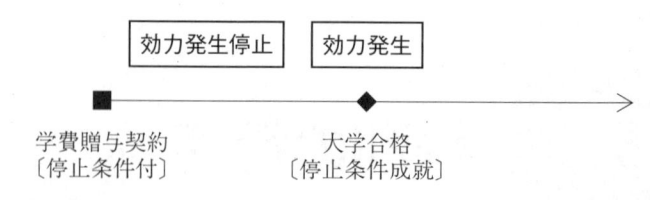

```
        ┌効力発生停止┐   ┌効力発生┐
        ■─────────────◆──────────────→
      学費贈与契約         大学合格
      〔停止条件付〕      〔停止条件成就〕
```

3　解除条件

条件が成就することによって，すでに効力が生じていた法律行為の効力が消滅するものを「**解除条件**」という（民法127条2項）。たとえば，甲が大学生の乙に大学の学費を贈与する契約を締結した。ただし，「留年」したら学費の支給を停止するという場合の「留年」は解除条件である。

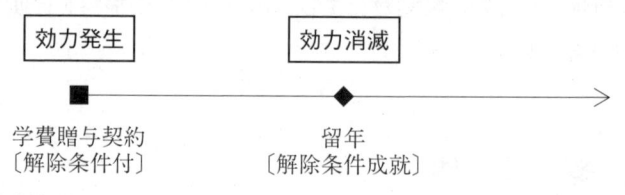

```
        ┌効力発生┐       ┌効力消滅┐
        ■─────────────◆──────────────→
      学費贈与契約           留年
      〔解除条件付〕     〔解除条件成就〕
```

4　法定条件

有効に成立した法律行為が本来の効果を発生させるために法が要求する条件を「**法定条件**」という。農地の売買における農業委員会または知事の許可（農地法3条）は法定条件である。条件は，当事者が意思表示の内容として法律行為に付加した付款であるが，法定条件は法律が規定している条件であるから，民法127条以下の「条件」とは異なる。

2．期　　限

1　期限とは

期限とは，法律行為の効力の発生や消滅を，将来発生し到来することが確実な事実によるとすることである。

到来する時期が確定しているものを**確定期限**といい（「2045年8月15日」など），到来することは確実だがその時期が不定のものを**不確定期限**という（「今年の稲刈りが終わった時」など）。

2 始期と終期

期限まで法律行為の効力の発生を停止するものを**始期**，その期限到来によって効力が消滅するものを**終期**という。

たとえば，3月15日に賃貸借契約を締結し，その使用開始時期を4月1日とした場合，4月1日が始期であり，契約の終了を翌年3月31日とした場合，3月31日が終期である。

```
         効力停止    始期 効力発生              終期 効力消滅
    ◆─────────────◆──────────────────◆──────────→
  賃貸借契約      使用開始日            使用終了日
  〔3月15日〕     〔4月1日〕            〔3月31日〕
```

3 期限の利益

(1) 債務そのものは成立しているが，債務の履行が期限まで猶予されている場合，その**期限を履行期限**といい，履行すべき時期を**履行期日**という。

履行期限まで債務の履行を猶予されることによって受ける利益を，**期限の利益**という。期限の利益は債務者のために定めたものと推定される（民法136条1項）。期限の利益は放棄することができる。

(2) 一定の事実が発生した場合，債務者は期限の利益を主張できなくなる。これを**期限の利益の喪失**という。期限の利益を喪失させる事実を**期限の利益喪失事由**という。

4 期限の利益喪失事由

(1) 民法137条は，次の3つを期限の利益喪失事由とする。
① 債務者が破産手続開始の決定（破産法30条1項）を受けたとき
② 債務者が担保を減失させ，損傷させ，または減少させたとき
③ 債務者が担保を供する義務を負う場合において，これを供しないとき

(2) 期限の利益喪失約款が定める期限の利益喪失事由

期限の利益は，当事者間の合意によって喪失させることができる。

所定の事実が生ずることによって当然に期限の利益が喪失するもの（**当然喪失型**）と，所定の事実が発生したとき債権者の意思表示によって期限の利益を喪失させるもの（**請求喪失型**）がある。

当事者間の合意内容として，あらかじめ期限の利益喪失事由を定めているものとしては，銀行取引約定書や農協取引約定書等がある。

(3) 農協取引約定書例5条

農協取引約定書例5条が掲げる期限の利益喪失事由は次のとおりである。

〔当然喪失条項〕（5条1項）

① **債務者またはその保証人の貯金その他農協に対する債権について仮差押，保全差押または差押の命令，通知が発送されたとき**[*1]。

なお，保証人の農協に対する債権の差押等については，農協の承認する担保を差し入れる旨を債務者が遅滞なく農協に書面にて通知したことにより，農協が従来どおり期限の利益を認める場合には，農協は書面にてその旨を債務者に通知するものとします。ただし，期限の利益を喪失したことに基づき既になされた農協の行為については，その効力を妨げないものとします。

② **行方不明となり，農協から債務者に宛てた通知が届出の住所に到達しなくなったとき。**

〔請求喪失条項〕（5条2項）

① **破産手続開始，民事再生手続開始，会社更生手続開始もしくは特別清算開始の申立があったとき**[*2]。

[*1] 差押命令等は，裁判所が債務者及び第三債務者に宛てて発送し，それが債務者等に到達した時に効力を生ずる。「発送されたとき」とは裁判所が差押命令等を債務者等に宛てて「発送したとき」をいう。

[*2] 破産手続は，申立人が破産手続開始の申立をし，裁判所が破産手続開始決定をすることによって進行する。「申立があったとき」とは申立人が裁判所に対し破産手続開始の申立をしたときをいう。

②　手形交換所の**取引停止処分**を受けたとき。
③　前2号のほか，債務者が債務整理に関して裁判所の関与する手続を申立てたとき，あるいは自ら営業の廃止を表明したときなど，**支払を停止したと認められる事実**が発生したとき。
④　債務者が農協に対する債務の一部でも**履行を遅滞**したとき。
⑤　**担保の目的物について差押，または競売手続の開始があったとき。**
⑥　債務者が農協との取引約定に違反したとき。なお第14条に基づく農協へ提出する財務状況を示す書類または農協への報告に重大な虚偽の内容がある等の事由が生じたときを含む。
⑦　債務者の保証人が前項第2号または本項各号の一つにでも該当したとき。
⑧　前各号に準じるような債権保全を必要とする相当の事由が生じたとき。

〔喪失請求通知のみなし到達〕（5条3項）

　前項の場合において，債務者が住所変更の届出を怠る，あるいは債務者が農協からの請求を受領しないなど債務者の責めに帰すべき事由により，請求が延着しまたは到達しなかった場合は，通常到達すべき時に期限の利益が失われたものとします。

3．消滅時効

Point

　有効に成立した契約により権利が発生し，かつその権利を行使できるにもかかわらず，一定の期間権利行使を怠った場合，その権利を行使できなくなる場合があるか。

1 時効制度

1 時効とは

時効は，**一定の事実状態が一定の期間（時効期間）継続したこと**を要件として，その事実状態が真実の権利関係に合致するかどうかを問わず，権利の取得もしくは消滅をもたらす，とする制度である。

権利の取得をもたらすものを「**取得時効**」，権利の消滅をもたらすものを「**消滅時効**」という。

取得時効は，主として①長期間継続した事実状態を維持・尊重することが社会秩序の安定，取引の安全に資するということ，②過去の権利関係について立証することの困難を回避する必要があるということ，また消滅時効は，主として①権利の上に眠る者は保護するに値しないこと，②過去の権利関係について立証することの困難を回避する必要があるということ，がその存在理由である。

2 時効の遡及効

時効期間が経過し，時効によって利益を受ける者が時効を援用すると，その効力は起算日にさかのぼる（民法144条・145条・166条）。

取得時効では，「**占有*3の開始の時**」に権利を取得していたことになり（民法162条），消滅では，「**権利を行使することができる時**」に権利が消滅していたことになる（民法166条）。

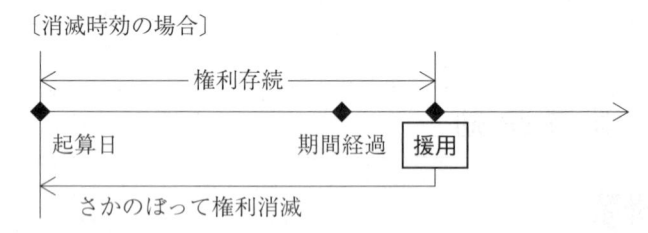

〔消滅時効の場合〕

```
|←―――――権利存続―――――→|
◆――――――――◆――――――┏━━┓――――→
起算日      期間経過    ┃援用┃
                       ┗━━┛
   |←――さかのぼって権利消滅――|
```

---

*3 **占有・占有権**　占有とは，自己のためにする意思をもって物を所持している事実状態をいう。この事実状態を要件として占有権が認められる（民法180条）。

2 時効の中断

1 時効の中断とは

時効の基礎である事実状態と相容れない事実が発生すると、それまで経過した時効期間が無意味となる。これを**時効の中断**という*4。

中断した時効は、その中断の事由が終了した時から、新たにその進行を始める（民法157条）。たとえば、債務者が債務の承認をすると消滅時効は中断するが、その承認の時から再び消滅時効が進行を始める。

2 時効の中断事由

民法147条は、時効の中断事由を、「請求」、「差押え・仮差押え・仮処分」及び「承認」の3つのグループに分けている。

請求には、①裁判上の請求（149条）、②支払督促（150条）*5、③和解及び調停の申立（151条）、④破産手続参加（152条）、⑤催告（153条）の5つの方法がある。

(1) 請求

① **裁判上の請求**（民法149条、民訴法147条）

訴え提起をした場合にはその時（訴状提出の時）、応訴の場合には答弁書等で自分の権利を主張した時に時効が中断する。

```
訴状提出 〔時効中断効〕        本案判決
   ●─────────────────────●
   
   ←─────────────────  ┌ 訴え却下判決
        時効中断効生ぜず   └ 訴え取下げ
```

---

*4 時効の中断に対して、**時効の停止**（じこうていし）とは、天災事変など時効完成間際に中断行為をすることが困難な事情がある場合に、時効期間の延長を認めて、一定期間、時効の完成を猶予することをいう（民法158条〜161条）。

*5 **支払督促**とは、金銭その他の代替物または有価証券の一定数量の給付を目的とする請求につき、裁判所書記官が、債務者に対して支払いを命じる行為をいう（民訴法382条）。債務者を審尋しないで（債務者の言い分を聞かないで）、直ちに発せられる（民訴法386条1項）。

101

② **支払督促**(民法150条,民訴法382条)

　金銭その他の代替物または有価証券の一定数量の給付を目的とする請求について,債権者の申立によって裁判所が支払督促を発したときは,申立の時に時効が中断する。

　支払督促の申立においては,弁護士でない者,たとえば金融機関の職員も裁判所の許可により申立代理人になることができる(民訴法54条1項ただし書)。

③ **和解等の申立**(民法151条,民訴法275条,民事調停法2条)

　和解を申し立てて和解調書が作成されたとき,民事調停を申し立てて調停調書が作成されたとき,家事調停を申し立てて調停調書が作成されたときは,それぞれ申立があった時に時効が中断する。

　相手方が出頭しない場合や,調停が不成立となった場合も,1か月以内に訴えを提起すれば,それぞれの申立の時に時効中断の効力が生ずる。

④ **破産手続参加**(民法152条,破産法111条)

　債権者が破産裁判所に自分の債権の届出をし,債権表に記載されると,中断の効力を生ずる。

⑤ **催告**(民法153条)

　催告とは,権利者が裁判外で請求することである。通常**内容証明郵便**＊6で行う。**催告後6か月以内に他の中断事由の手続をとると**,催告の時点で時効中断の効力が生ずる。

＊6　内容証明郵便は,郵便法48条による郵便物の特殊取扱制度の1つである。同条は「内容証明の取扱いにおいては,会社(郵便事業株式会社のこと)において,当該郵便物の内容である文書の内容を証明する」,「前項の取扱いにおいては,郵便認証司による第58条第1号の認証を受けるものとする」と規定している。また58条1号は,郵便認証司は認証事務を行うことを職務とし,その職務の1つとして「内容証明の取扱いに係る認証(総務省令で定めるところにより,当該取扱いをする郵便物の内容である文書の内容を証明するために必要な手続が適正に行われたことを確認し,当該郵便物の内容である文書に当該郵便物が差し出された年月日を記載することをいう。)をすること」を挙げている。

留置物返還請求訴訟において，被告が原告に対して有する債権に基づき留置権の抗弁を提出した場合，その留置権の抗弁は，催告として訴訟係属中および訴訟終結後6か月間時効中断の効力を生ずる。ただし，裁判上の請求に準ずる時効中断の効力はない（最大判昭38．10．30民集17－9－1252）。

(2) **差押え・仮差押え・仮処分**

① 民事執行法による差押え，民事保全法による仮差押え・仮処分は権利の具体的な行使であるから，時効を中断する。

② 差押えの時効中断効の発生時期

不動産の場合は，債権者が競売申立書を管轄裁判所に提出した時に，時効が中断する（大決昭13．6．27民集17－1324）。動産の場合は，債権者が執行官に対し動産執行の申立をした時に時効が中断する（最判昭59．4．24金判696－3）。

ただし，時効の中断効が発生するためには，差押えの効力が発生しなければならない。

③ 差押えの効力発生要件

主債務者が所有する不動産について競売申立をした場合，競売開始決定が債務者に送達された時，または差押えの登記がその開始決定の送達前にされた時に差押の効力が生ずる（民執法188条・46条）。

なお，第三者が所有する不動産について競売申立をした場合は，競売開始決定正本を主債務者に送達した時に，主債務者に対して中断の効力が生ずる（民執法45条2項，民法155条，最判平8．7．12金判1004－3）。

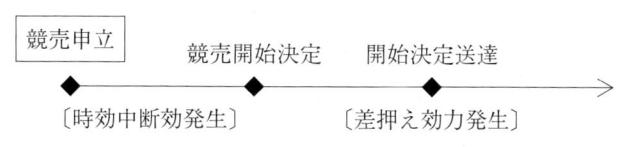

```
  競売申立      競売開始決定    開始決定送達
    ◆──────────◆──────────◆──────→
 〔時効中断効発生〕          〔差押え効力発生〕
```

④ 不動産競売申立を取り下げた場合

不動産競売申立を取り下げた場合，「差押え」による時効中断効は，

遡及的に失効する（民法154条）。

競売の申立及び進行は，被担保債権に関する裁判上の請求またはこれに準ずる事由にあたらず，または執行裁判所による債務者への競売開始決定正本の送達は催告にもあたらない（最判平8.9.27金判1007－3）。不動産競売を申し立て，いったんは時効中断効を生じさせたとしても，申立を取り下げると時効中断効は生じなかったことになる。

⑤　仮差押えによる時効中断

仮差押えによる時効中断の効力は，仮差押えの執行保全の効力が存続する間は継続する。仮差押えの被保全債権につき本案の勝訴判決が確定したとしても，仮差押えによる時効中断の効力が消滅するとはいえない（最判平10.11.24金判1058－13）。

⑥　担保権の実行としての競売（民執法181条以下）も，差押えに準じて中断の効力を有する（最判昭50.11.21金判488－13）。

競売手続でする配当要求は，差押えに準ずるものとして時効中断効が認められる（最判平11.4.27金判1068－17）。

(3)　承認

①　時効の利益を受ける者が，権利者に対して，その権利を認めるような行為をした場合，時効が中断する。債務の一部弁済，利息の支払い，手形の書替，支払猶予の要請は承認となる。

債務者たる銀行が銀行内の帳簿に預金利子の元金組入の記入をしたにとどまる場合には，預金債権者に対して承認の意思を表示したことにならない（大判大5.10.13民録22－1886）。

物上保証人が債権者に対して被担保債権の存在を承認した場合は，債務者による「承認」にならず，債務者との関係でも，物上保証人との関係でも時効中断の効力を生じない（最判昭62.9.3金判825－3）。

②　債務者が，消滅時効完成後に債権者に対し当該債務の承認をした場合には，時効完成の事実を知らなかったときでも，その後その時効の援用をすることは許されない（最大判昭41.4.20金判7－12）。

③　連帯保証人が，主債務の時効完成後の一部の支払いを約定して残部の免除を求めた場合，連帯保証人は主債務の時効消滅後に自己の保証債務を承認したとしても，改めて主債務の消滅時効を援用することができる（大阪高決平5.10.4金判942－9）。

3　消滅時効完成の要件

消滅時効が完成するためには，権利を行使できる時から一定期間を経過することが必要である。

(1)　起算日は**権利を行使することができる時**である（民法166条1項）。

普通預金は最終の受払日，通知預金は据置期間（7日）満了後の翌日（8日目），当座預金は契約終了時（大判昭10.2.19民集14－137），定期預金は満期日が，それぞれ起算日となる。

貸出金のうち一括払いのものは償還期日から時効期間が進行する。1回でも弁済を怠ると，将来の弁済分も含めて全額の返還を請求できる旨の特約（期限利益喪失約款）がついている分割払いの貸出金は，各期の返済分は当該弁済期から，また，債権者の全額の請求があったときは将来の弁済分につき請求の時から，時効期間が進行する（大判昭15.3.13民集19－544）。

(2)　民法上の消滅時効期間

一般の債権の時効期間は**10年**（民法167条1項），債権・所有権以外の財産権の時効期間は20年である（民法167条2項）。その他，短期消滅時効の定めがある（民法170条～174条）。

確定判決により確定した権利の時効期間は10年となる（民法174条の2第1項）。

(3)　商行為によって生じた債権の消滅時効期間

商法は，「手形その他の商業証券に関する行為」などを絶対的商行為（商法501条），「両替その他の銀行取引」などを営業的商行為（商法502条），「商人がその営業のためにする行為」を附属的商行為（商法503条）としている。

商法522条は、「**商行為によって生じた債権**」は、原則として「**5年間**」行使しないときは時効によって消滅するとしている。これを**商事消滅時効**という。そこで、商人ではない者、たとえば協同組合が取得した債権の消滅時効期間は10年か5年かという問題が生ずる。判例は、「当事者の一方のために商行為となる行為については、この法律をその双方に適用する」とする商法3条1項を適用する＊7。

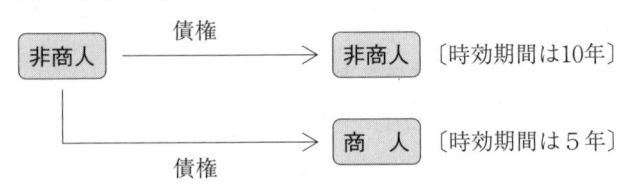

```
            債権
非商人 ─────────→ 非商人  〔時効期間は10年〕
  │
  └─────────→  商 人   〔時効期間は5年〕
            債権
```

農協（JA）は商人ではないし（商法4条、農協法8条）、またJAの行う資金の貸付や貯金の受入れの業務は、商法502条8号の「両替その他の銀行取引」でもない（名古屋高金沢支判昭36.6.14高民集14-6-353）。したがって、JAの貸付債権については、原則として商法522条の適用はない。ただし、JAの貸付がその相手方にとって商行為となるときは「一方的商行為」として商法522条が適用される場合がありうる（商法3条）。

(4) 手形債権の消滅時効期間

手形債権のうち、約束手形の振出人に対する請求権は満期の日から3年、手形所持人の前者（裏書人）に対する請求権（遡求権）は拒絶証書作成の日または満期の日から1年、償還義務を履行した裏書人等から前者に対する請求権（再遡求権）は手形の受戻日または訴訟提起

＊7 「中小企業等協同組合法に基づいて設立された信用協同組合は、今日、その事業の範囲はかなり拡張されてきているとはいえ、なお組合員の事業・家計の助成を図ることを目的とする共同組織であるとの性格に基本的な変更はないとみるべきであって、その業務は営利を目的とするものではないとみるべきであるから、商法上の商人には当たらない。しかし、同組合が商人である組合員に貸付をするときは、商法503条、3条1項により、522条が適用される」（最判昭48.10.5金判392-11）（最判平18.6.23金判1252-16）。

された日から6か月,で時効消滅する(手形法70条1項～3項・77条1項8号)。

3 時効の援用

1 時効の援用とは

消滅時効における**時効の援用**とは,時効期間が経過した債権を確定的に消滅させる債務者の行為である(民法145条)。時効の利益はあらかじめ放棄することができない(民法146条)。

2 援用権者

援用することができる者(**援用権者**)は,①債務者,②保証人,③物上保証人,④抵当不動産の第三取得者,⑤仮登記担保不動産の第三取得者,⑥売買予約に基づく所有権移転請求権保全の仮登記のついた不動産について所有権または抵当権を取得した者(予約完結権について),⑦詐害行為の受益者(詐害行為取消権*8を行使している債権者の債権について,最判平10.6.22金判1048-27)などである。

後順位抵当権者は,先順位抵当権者の被担保債権の消滅時効を援用することはできない(最判平11.10.21金判1084-33)。

4 保証人が存する場合の留意点

1 保証人の主債務の時効の援用(民法145条)

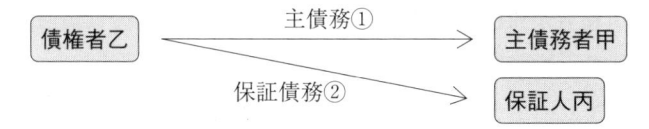

```
債権者乙 ──主債務①──→ 主債務者甲
         ──保証債務②──→ 保証人丙
```

(1) 主債務者が破産免責を受けた場合,保証人は主債務の消滅時効を援

---

*8 **詐害行為取消権(債権者取消権)**とは,債務者が債権者を害することを知ってした法律行為(詐害行為)の取消を裁判所に請求することができる債権者の権利をいう(民法424条)。農地を贈与する行為が詐害行為にあたる場合,その後,これに知事の許可があっても,債権者取消権を行使することができる(最判昭35.2.9民集14-1-96)。

用できるか。

　主債務者甲が破産免責を受けていない場合，保証人丙は，主債務①の消滅時効を援用することもできるし，保証債務②の消滅時効を援用することもできる。

　では，主債務者甲が破産免責を受けたあと，主債務①の本来の消滅時効期間が経過したとして，保証人丙は，主債務①の消滅時効を援用することができるか。

　判例（最判平11.11.9金判1081－57）は，この場合，主債務①については，訴えによって履行を請求し強制的実現を図ることができず，消滅時効の進行を観念することができない，したがって，保証人は主債務の消滅時効を援用することができない，とした。

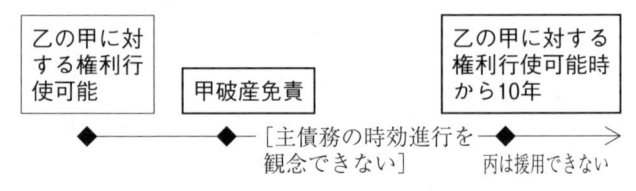

```
 乙の甲に対                        乙の甲に対
 する権利行                        する権利行使可能時
 使可能         甲破産免責           から10年
 ◆─────────◆──────────────◆──────→
              ［主債務の時効進行を    丙は援用できない
                観念できない］
```

　主債務について破産免責があった場合には，消滅時効の進行を観念できないから，主債務の時効完成ということもない。したがって，保証人丙は主債務の時効期間が経過したから主債務の消滅時効を援用するということができない。ただし，保証人丙は保証債務それ自体の時効期間が経過すると保証債務の消滅時効を援用することができる。

(2) 主債務者が死亡し，相続人が限定承認をした場合（民法922条）は，連帯保証人は主債務の消滅時効を援用できる。

　限定承認の場合，清算手続が終了しても，相続債務自体は消滅しない。新たに相続財産が見つかったときは，それに対し，相続債務の弁済を求めることができる。消滅時効の進行を観念できる。したがって，主債務者甲死亡後に主債務の時効期間が経過した場合，保証人丙は主債務の消滅時効を援用することができる。

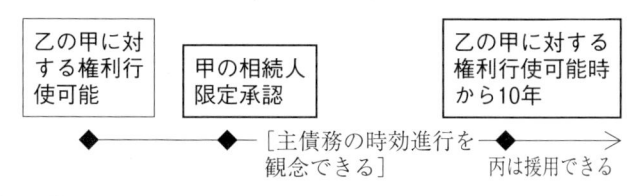

```
┌─────────┐      ┌─────────┐              ┌─────────┐
│乙の甲に対│      │甲の相続人│              │乙の甲に対する│
│する権利行│      │限定承認 │              │権利行使可能時│
│使可能   │      │         │              │から10年  │
└─────────┘      └─────────┘              └─────────┘
     ◆───────────────◆ [主債務の時効進行を ◆──────────→
                        観念できる]         丙は援用できる
```

2 保証債務それ自体の時効の援用

主債務について時効完成後に時効利益の放棄があっても、保証人は保証債務自体の時効の援用をすることができる。

3 連帯保証人に対する請求等

(1) 連帯保証人に対する請求は主債務の時効を中断する（民法458条・434条）。

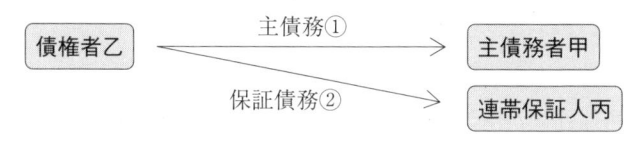

```
┌─────┐   主債務①      ┌──────┐
│債権者乙│─────────────→│主債務者甲│
│     │                └──────┘
│     │   保証債務②    ┌────────┐
└─────┘─────────────→│連帯保証人丙│
                        └────────┘
```

乙が、連帯保証人丙に対し訴えを提起すると、保証債務②の時効を中断し、さらに、主債務①の時効を中断する。

(2) 連帯保証人に対する請求は、上記のとおり主債務の時効を中断するが（民法458条・434条）、連帯保証人に対する保証履行請求権の消滅時効期間が確定判決によって10年になっても、主債務が商事債権の場合、その時効期間は5年のままである（東京地判平8.8.5金法1481－61）。

主債務の短期消滅時効期間が判決確定により10年に延長された場合には、保証債務の消滅時効期間も10年に延長される（最判昭43.10.17金判140－10）。

(3) 連帯保証人に対する債権が確定判決により10年になったが、主債務（商事債権）の時効期間が5年のままのとき、以下の点が問題となる。

時効期間の起算日は判決確定の時である（民法157条2項、民訴法116条1項・285条・313条）。したがって、確定判決から5年を経過した時点で、連帯保証人の保証債務の時効は完成していない。しかし、

主債務の時効は完成する。連帯保証人はこの主債務の時効を援用できる。

　主債務の時効を中断するために，再度，連帯保証人に対する訴えを提起することができるかが問題となる。その扱いは以下のとおり。

① 再度の訴えは原則として却下される（訴えの利益なし）。
② ただし，主債務の消滅時効を中断する必要があるなど，再度の訴えの提起によらなければその目的を達することができない特別の事情があれば，再度の訴えは訴えの利益を有する（大阪高判平12.6.30金判1104-40）。

(4) 連帯保証人に対する差押え・仮差押え・仮処分は主債務の時効を中断しない。

(5) 連帯保証人が主債務を承認しても主債務の時効を中断しない。

(6) 連帯保証人が内入弁済した場合，保証債務の時効は中断するが，主債務の時効は中断しない。したがって，主債務の時効が完成すると，内入弁済していた保証人も，主債務の時効について援用することが可能となる。保証人の内入弁済は保証債務の「承認」にはなるが，主債務の「承認」にはならない。主債務者行方不明によって期限の利益が当然喪失した時点から時効期間が経過すると，保証人は主債務の時効を援用することができる。

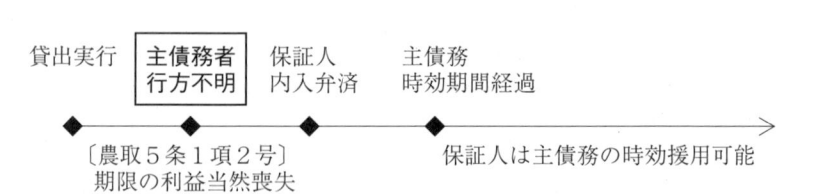

```
貸出実行   主債務者   保証人     主債務
          行方不明   内入弁済   時効期間経過
  ●────────●─────────●─────────●────────→
          〔農取5条1項2号〕        保証人は主債務の時効援用可能
          期限の利益当然喪失
```

5 権利・義務の発生・変動

> **Point**
> 権利・義務はどのような場合に発生，または，変動するか。

1．権利の発生と変動

1 権利が発生する場合（権利を取得する場合）

法律上，一定の**要件**があれば，権利・義務関係に発生（取得），変動，消滅という変化（これを「**効果**」という）が生ずる。

物権は，**原始取得**，**承継取得**，**設定的取得**によって取得する。債権は，契約など法律行為によって取得する場合と違法行為があったときに法律に基づいて取得する場合がある。

【物権を取得する場合】

原始取得	時効取得（民法162条），無主物先占（民法239条）等
承継取得	
特定承継	贈与（民法549条），売買（民法555条）等
包括承継	相続（民法896条），合併（会社法750条1項）等
設定的取得	地上権（民法265条），質権（民法342条），抵当権（民法369条）等 譲渡担保権（判例上の権利）＊1
法定の権利	留置権（民法295条），先取特権（民法303条）

＊1 **譲渡担保**とは，債権者が債務者に対して有する債権を担保するために，物の所有者または権利者が，物の所有権または権利を債権者に移転することをいう。抵当権などが民法が定める典型担保であるのに対し，譲渡担保は民法が定めていない非典型担保である。

111

【債権を取得する場合】

法律行為	保証契約による保証債務履行請求権（民法446条），消費貸借契約による貸金返還請求権（民法587条）等
法定の権利	債務不履行に基づく損害賠償請求権（民法415条）等
事実行為	不当利得返還請求権（民法703条），不法行為に基づく損害賠償請求権（民法709条）等

2　権利・義務が変動する場合

権利・義務は，その主体が変動する場合と内容が変動する場合がある。

主体の変動	特定承継，包括承継，債権譲渡（民法466条），代位（民法499条・500条），債務引受等。
内容の変動	物上代位（民法304条），代物弁済（民法482条）等

2．物権変動と債権譲渡

1　権利・義務の変動における意思主義と対抗問題

1　意思主義による物権変動・債権譲渡

民法176条は，「物権の設定及び移転は，当事者の意思表示のみによって，その効力を生ずる」としている*2。物権を変動させるためには，当事者の意思表示があれば十分であり，そのほかに特別の形式を要求していない。このような考え方を**意思主義**という。

民法466条1項本文は，「債権は，譲り渡すことができる」とする。債務者の関与なしに，また特別の形式をふまず，譲渡人（旧債権者）と譲受人（新債権者）の意思の合意だけで，債権は移転する。債権譲渡でも意思主義の考え方が採用されている。

＊2　**物権の設定及び移転**　物権の設定とは，所有権以外の物権を当事者の意思によって創設することをいう（抵当権の設定など）。物権の移転とは，所有権その他の物権を当事者の意思によって，その物権の帰属者から他の者に移すことをいう。物権の設定及び移転をあわせて**物権変動**という。

2 対抗問題（物権変動）

民法177条は，「不動産に関する物権の得喪及び変更は，不動産登記法その他の登記に関する法律の定めるところに従いその登記をしなければ，**第三者に対抗することができない**」としている。

たとえば，甲が，乙に対し，不動産Aを売却した（第1の売買）。これによって，不動産Aの所有権は乙に移転している（意思主義）。次に，甲は，不動産Aを丙にも売却した（第2の売買）。

この場合，乙がAの所有権を取得したとすると，丙はAの所有権を取得することはできない。反対に丙がAの所有権を取得したとすると，乙はAの所有権を取得することができない。

上記において，乙と丙は，不動産Aについて両立しない対立関係となっている。このような関係を**対抗関係**といい，対抗関係をどのように調整するかという問題を**対抗問題**という。

民法177条は，このような対抗関係にある乙丙間において，乙は，登記をしなければ，第三者（丙）に対し所有権取得を対抗できないとした。こ

の結果，丙が先に**登記**をすると，丙が不動産Aの所有権を取得し，乙は取得しないことになる。このように対抗問題を決着するもの（不動産の場合は登記）を**対抗要件**＊3という。

なお，動産に関する物権変動の対抗要件は，「引渡し」である（民法178条）。

3 対抗問題（債権譲渡）

(1) 甲が，乙に対する債権を，丙に譲渡した（意思主義によれば，甲丙間の意思の合意のみによって，債権は甲から丙に移転する）。

債権譲渡に関して，債務者乙は，関与しておらず，債権譲渡については「第三者」の立場にある。

(2) 債務者対抗要件

丙（新債権者）が，乙（債務者，第三者）に，債務の履行を請求する。

乙が，債権譲渡があったことを知らなかった場合には，旧債権者である甲に弁済してしまったあと，さらに新債権者である丙から二重に弁済請求される可能性がある。

あるいは，債権譲渡がなかったにもかかわらず，債権譲渡があったとして丙から請求を受けた乙が丙に弁済した後，さらに甲から二重に弁済請求されることもある。

そこで，丙が乙に対して，債務の履行を請求するためには，旧債権者甲から債務者乙へ通知するか，または，債務者乙から甲または丙に

＊3 **対抗要件**とは，法律関係を第三者に対して対抗するための要件をいう。不動産に関する物権の得喪及び変更の対抗要件は「登記」（民法177条），動産に関する物権の譲渡の対抗要件は「引渡し」（民法178条）である。債権譲渡の第三者に対する対抗要件は「確定日付のある証書による通知又は承諾」（民法467条2項）である。動産特例法の適用のある動産及び債権譲渡の対抗要件は「動産譲渡登記」，「債権譲渡登記」である。このほか，慣習によって認められた対抗要件として，明認方法がある。立木，蜜柑などの未分離の果実については，明認方法（樹木の樹皮を削って所有者名を墨書する，果樹園の周りに縄を張って未分離の果実の所有者名を表示するなど）による対抗が認められる。

承諾することが必要とされている（民法467条1項）。この**通知**または**承諾**を**債務者対抗要件**という。
(3) 第三者対抗要件

甲が，丙に債権譲渡した後，さらに丁に債権譲渡した。丙及び丁が乙に対し，債務の履行を請求する。丙と丁は，乙に対する債権をめぐって両立しない関係，すなわち対抗関係にある。この対抗問題を決着するものが「**確定日付のある証書**」[*4]によってなす通知または承諾である（民法467条2項）。これを**第三者対抗要件**という。

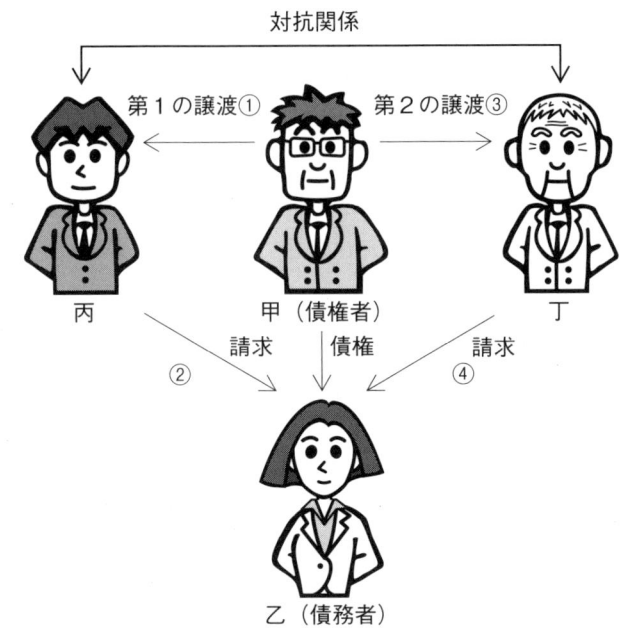

4 債権の二重譲渡における優劣関係
(1) 確定日付のある通知または承諾を得た譲受人（仮に丁）は，確定日

[*4] **確定日付**とは，当事者があとから変更することが不可能な，公に確定した日付のことである（旧注民（11）380頁〔明石三郎〕）。証書に確定日付があれば，その証書が作成された日について，第三者に対し完全な証拠力が与えられる（民法施行法4条）。

付のある通知または承諾を得ていない譲受人（仮に丙）に優先する（民法467条2項）。

(2) 確定日付のある通知書が先に債務者に到達した譲受人（仮に丁）は，確定日付のある通知書が後に債務者に到達した譲受人（仮に丙）に優先する（最判昭49.3.7金判410－2）。通知書の日付の先後ではなく，債務者への到達の先後によって決せられる。

(3) 丙への譲渡にかかる確定日付のある通知書と丁への譲渡にかかる確定日付のある通知書が同時に債務者乙に到達したときは，各譲受人（丙，丁）は，債務者乙に対して，債権全額の弁済を請求することができる。債務者乙は，他の譲受人に対する弁済その他の債務消滅事由が存在しない限り，弁済の責を免れることはできない（最判昭55.1.11金判595－3）。丁への弁済後であれば，丙からの請求を拒絶できる。

(4) 確定日付のある通知書の債務者への到達の先後が不明である場合，債務者は，債権者不確知を理由として，供託所に供託（民法494条）することができる。

② 電子記録債権法に基づく債権譲渡

1 電子記録債権法

(1) **電子記録債権法**（2008年12月1日施行）は，手形や売掛債権等を電子化することで，債権の流動化を促進し，事業者の資金調達の円滑化等を図ることを目的とする法律である。債権の発生または譲渡について電子記録を要件とする「電子記録債権」について定めるとともに，電子記録債権の記録業務を行う電子債権記録機関について規定している。

(2) 売主甲が買主乙と売買契約を締結し，甲が乙に対し，売掛債権または手形債権を取得したとする。甲は売掛債権または手形債権を，丙に有償で譲渡し，売掛債権または手形債権の支払期限が到来する前に事業資金を調達したい。丙は，乙に対して自分が債権者であることを主

張できる保証がなければ，甲から債権を譲り受け，甲にその代金（甲にとっての事業資金）を支払わない。

そこで，丙が乙に対して自分が債権者であることを主張するために（＝対抗するために）は，売掛債権の譲渡の場合には甲から乙に対する通知または乙の承諾が必要であり（民法467条1項），手形債権の場合は手形面に裏書をして手形を丙に交付することが必要である（手形法11条）。

さらに，乙に対する債権を甲から譲り受けたと主張する丁が登場する場合に備えて，丙は丁に対して自分が債権者であることを主張するために（＝対抗するために），上記通知または承諾は確定日付のある証書によってなすことを要する（民法467条2項）。

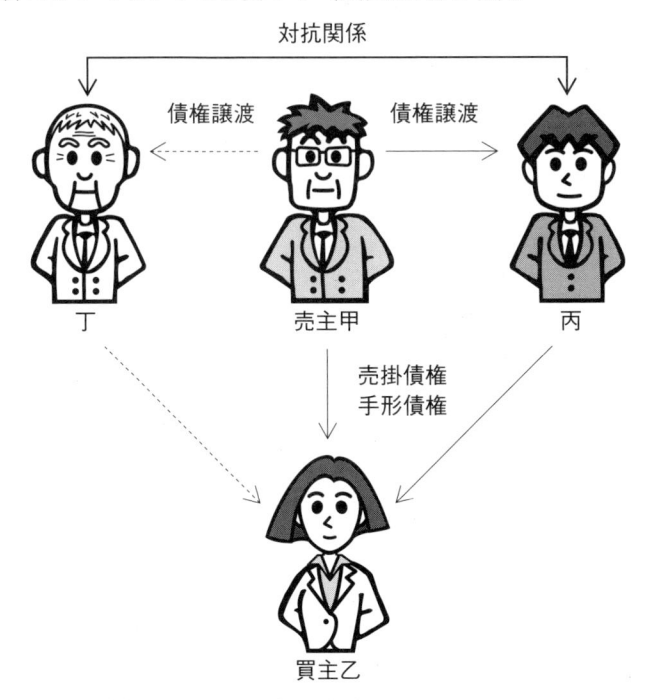

(3) 電子記録債権の発生・譲渡・消滅

電子記録債権法（以下この項において「法」という）は，通知ま

は承諾あるいは裏書のような紙ベースによる事務手続を省略し，債権を「**電子記録**」することによって「**電子記録債権**」を発生させ，かつ電子記録債権を「**譲渡記録**」することによって，電子記録債権を譲り受けた者は自分が債権者であることを主張できるようにした。

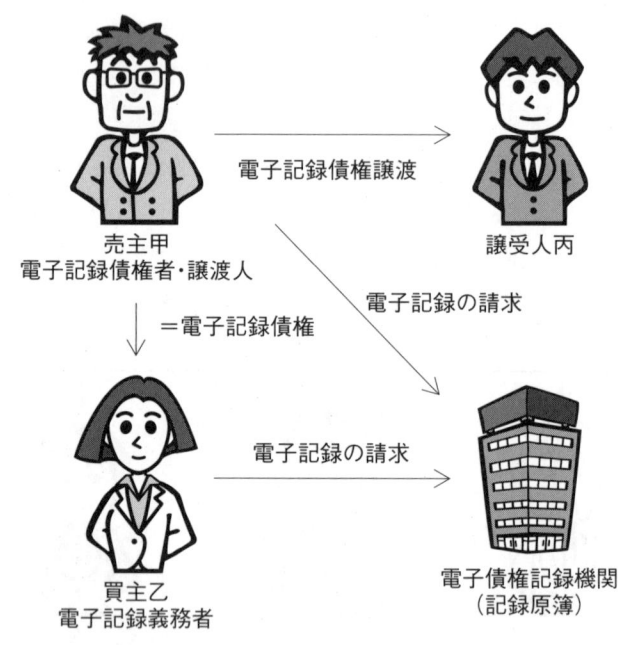

売主甲
電子記録債権者・譲渡人

＝電子記録債権

買主乙
電子記録義務者

電子記録債権譲渡

譲受人丙

電子記録の請求

電子記録の請求

電子債権記録機関
（記録原簿）

① 甲（電子記録債権者）と乙（電子記録義務者）双方が，電子債権記録機関に対し，電子記録の請求をする（法2条〜6条）。
② 電子債権記録機関は，請求があったときは，遅滞なく，記録原簿に，当該請求にかかる電子記録をする（法7条）。
③ 電子記録債権は，電子債権記録機関が，「債務者が一定の金額を支払う旨」，「支払期日」，「債権者の氏名又は名称及び住所」等の「**記録事項**」を「**発生記録**」することによって生ずる（法15条，16条）。〔電子記録債権の発生〕
④ 甲が，電子記録債権を丙に譲渡する場合は，甲及び乙双方が，電子債権記録機関に対し，電子記録の請求をし，電子債権記録機関が，記

録原簿に,「電子記録債権の譲渡をする旨」,「譲受人の氏名又は名称及び住所」等の「記録事項」を「**譲渡記録**」することによって効力を生ずる（法17条，18条）。〔電子記録債権の譲渡〕

⑤　丙が，甲の乙に対する電子記録債権を譲り受け，記録原簿上の債権記録に債権者として記録され,「**電子記録名義人**」になった場合，乙が，丙に対して，支払いをすると，電子記録債権は消滅する。

　　なお，電子記録債権は3年間行使しないときは，時効によって消滅する（法23条）。

2　対抗問題，善意取得，支払免責

(1)　電子記録債権の場合，民法上の指名債権＊5の譲渡の場合に必要となる通知または承諾の手続は不要となる。手形の場合における裏書のような手続も不要となる。すべて電子債権記録機関の記録原簿へ発生記録や譲渡記録をすることによって，対抗力のある債権譲渡が生ずる。

(2)　電子記録債権を譲り受けた者（丙）が，譲渡人（甲）に権利がないことを知らず（善意），かつ知らなかったことにつき重大な過失がなかったときは，電子記録債権を取得する（**善意取得**。法19条1項）。ただし，善意取得を適用しない旨の定めを発生記録において記録した場合などは善意取得しない（法19条2項）。

(3)　電子記録名義人（丙）に電子記録債権の支払いをした者（乙）が，電子記録名義人（丙）が支払いを受ける権利を有しないことを知らず（善意），かつ知らなかったことにつき重大な過失がなかったときは，丙に対する支払いも，効力を生ずる（**支払免責**。法21条）。

＊5　**指名債権**とは債権者が特定している債権をいい，**指図債権**とは債権者Aが債務者Bに対し，Cを新権利者として指図（指定）することによって譲渡できる債権をいう。手形，小切手等は法律上当然に指図債権である。

3 電子債権記録機関

一定の要件を備えた者は，申請により，主務大臣から**電子債権記録業**を営む者として指定される（法51条）。その指定を受けた者を「**電子債権記録機関**」という（法2条2項）。

電子記録債権者（甲）が，金融機関（丙）に，電子記録債権を譲渡して，丙から事業資金を調達し，丙は，支払期日に電子記録義務者（乙）から支払いを受けるというイメージが構想されている。

【債権譲渡の成立要件・対抗要件】

	成立要件	対債務者対抗要件	対第三者対抗要件
指名債権	譲渡人と譲受人との合意（意思表示の合致）	通知または承諾（民法467条1項）*6	確定日付のある証書による通知または承諾（民法467条2項）*7
手形債権	手形の裏書及び交付（手形法11条以下）*8	同左	同左
電子債権	譲渡記録（電子記録債権法17条・18条）	同左	同左

*6 法人が債権を譲渡する場合，債権譲渡登記制度を利用することができる。この場合，譲受人が債務者に対し自己が債権者であることを対抗するには，債権譲渡があったことと債権譲渡登記がされたことについて，登記事項証明書を交付して通知するか，または債務者が承諾しなければならない（動産債権譲渡特例法4条2項）。この通知は，譲渡人だけではなく，譲受人もすることができる。
*7 法人が債権を譲渡する場合，債権譲渡登記制度を利用して，譲受人との共同申請により債権譲渡登記をすることで，第三者に対する対抗要件を具備することができる（動産債権譲渡特例法4条1項）。
*8 手形上に「指図禁止」，「裏書禁止」またはこれと同一の意義を有する文言（指図禁止文句）が記載された指図禁止手形は，指名債権譲渡の方式及び効力をもって譲渡することができる（手形法11条2項）。具体的には，譲渡人と譲受人との合意（意思表示の合致）及び手形の交付によって譲渡の効力が生じ，民法467条の定める通知または承諾ならびに手形の交付が対抗要件となるとされる。

3. 債務引受

1 債務引受とは

債務引受とは，ある債務者の債務を債務自体の同一性を維持しつつ，他の者（引受人）が引き受けることをいう。民法には規定がないが，判例上認められている。

1 免責的債務引受

(1) **免責的債務引受**は，債務がその同一性を変えることなく，従来の債務者から新しい債務者（引受人）に移転し，従来の債務者が債権・債務関係から離脱するものである。

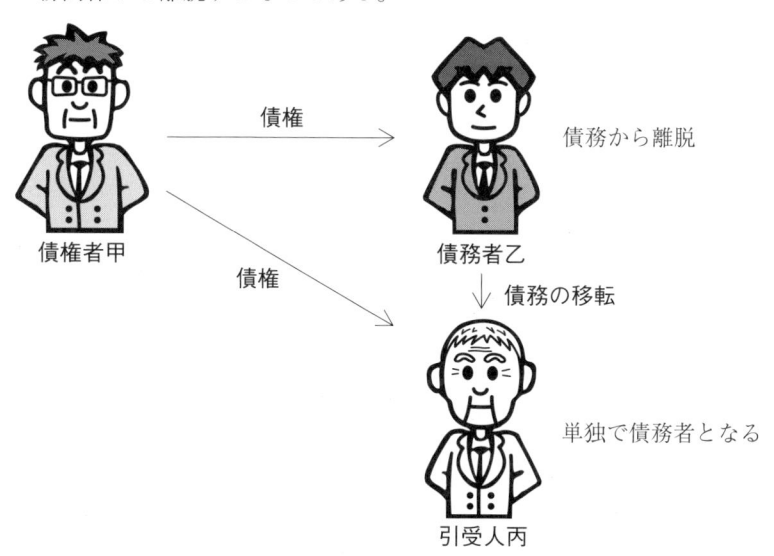

債権者甲 →債権→ 債務者乙 債務から離脱
債権者甲 →債権→ 引受人丙 単独で債務者となる
債務の移転

(2) 免責的債務引受の機能

免責的債務引受の主な機能は，それが債務の簡易な決済手段であることにある。

債務引受が成立すると，引受人が債務者の債務を肩代わりすることにより，債務者に対する引受人の債務を決済することが可能となる。

債務者乙所有の抵当不動産の譲受人丙が，その代金の支払いに代えて債務者乙の債務を引き受けることも想定される。この場合には，譲受人丙は抵当権の実行を回避しうるとともに，債権者甲としても，債務関係を簡易に決済できることとなる。

(3) 免責的債務引受の要件

従前の債務者が債務関係から離脱する免責的債務引受においては，債権者の関与が不可欠である。債権者の意思を無視して資力の十分でない者を引受人にすると，債権者に不測の損害を与えることになるからである。

そこで，①債権者・従前の債務者・引受人の三当事者で契約をする場合，②債権者と引受人との契約で行う場合に，免責的債務引受が成立する。

また，③従前の債務者と引受人との契約で行う場合には，債権者の承諾を要する。

(4) 免責的債務引受の効果

㋐ 抗弁権の移転

免責的債務引受が成立すると，従前の債務者は債務関係から離脱し，債務が同一性を失わずに引受人に移転（特定承継）する。

従前の債務者がその債務に関して有していた抗弁権（債務の不成立，取消・解除*9による債務の消滅，同時履行の抗弁権（民法533条）*10など）は，引受人に移転する。

これに対して，取消権及び解除権は，契約当事者が有すべきもので

---

*9 **解除**　民法540条は，契約による解除権（約定解除権）と法律の規定によって生じる解除権（法定解除権）とを定める。法定解除権は，一定の要件によって生ずる（民法541条～543条）。解除によって契約の効力は遡及的に消滅し，各当事者は原状回復義務を負う（民法545条1項）。

*10 **同時履行の抗弁**とは，双務契約（契約当事者の双方が互いに対価的な債務を負担する契約）の当事者間において，他方が契約上の債務を履行するまで，一方がその契約上の債務を履行しないことを主張できる権利をいう（民法533条）。

あるため，単なる債務引受によっては移転しない。

　債務の引受人は，従前の債務者が債権者に対して有していた反対債権をもって，引き受けた債務を相殺することはできない。また，すでに具体的に発生している利息債務は独立性を有するから，特約がない限り引受人に移転しない。

㋑　担保権の移転

　保証債務については，特に保証人が債務引受に同意しまたは引受人のために保証人となることを承諾した場合のほかは，免責的債務引受の成立によって保証債務が消滅する（大判大11.3.1民集1−80）。

　法定担保物権（留置権や先取特権など）は，特定の債権を保全するために法律が認めたものであるから，債務引受によって影響を受けず，そのまま存続する。

　これに対して，質権や抵当権などの約定担保物権のうち，第三者が債務者のために設定した担保物権は，保証債務と同様，設定者の同意がない限り引受人の債務を担保しない（最判昭37.7.20民集16−8−1605）。

　従前の債務者が自ら設定した担保物権は，引受人の債務を担保すると考えられている。ただし，後の紛争を避けるため，従前の債務者の同意を得ておくことが望ましい。

2　併存的債務引受

(1)　**併存的債務引受**（**重畳的債務引受**ともいう）とは，第三者（丙）が既存の債務関係に加入して新たに債務者となり，従前の債務者（乙）も引き続き債務を負担するものである。

(2)　併存的債務引受の機能

　併存的債務引受の主な機能は，債権の担保にある。

　併存的債務引受は，債権者からすると，自己の債権のための責任財産の増加を意味し，保証債務や連帯債務と同様の機能を有する。

(3)　併存的債務引受の要件

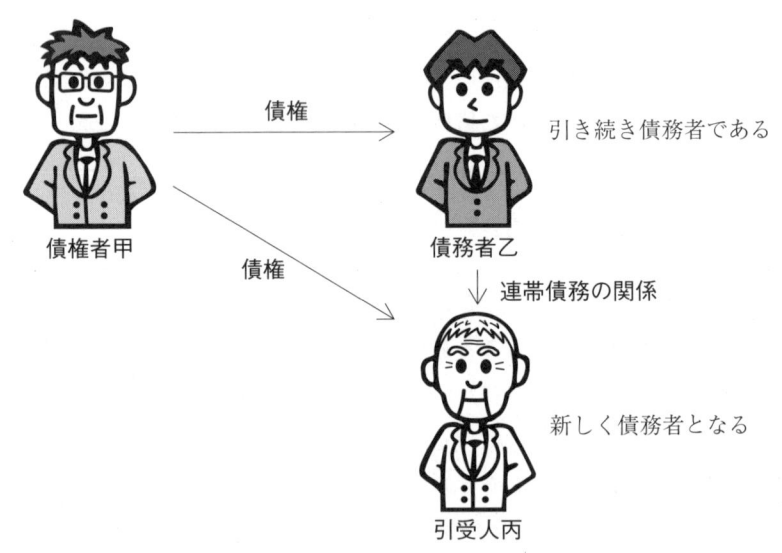

債権者甲 →債権→ 債務者乙　引き続き債務者である

債権者甲 →債権→ 引受人丙　新しく債務者となる

債務者乙 ↓ 連帯債務の関係 引受人丙

　併存的債務引受は，三当事者の契約でなしうる。また，債権者と引受人との間で契約することもできる。さらに，債務者と引受人とが，債権者を第三者とする「第三者のためにする契約」（民法537条１項）をすることにより行うこともできる。

(4) 併存的債務引受の効果

　併存的債務引受が成立しても旧債務者は契約関係から離脱しない。旧債務者は依然従来どおりの債務を負う。新債務者が新たに，旧債務者と併存して債務を負うこととなる。

　なお，旧債務者と新債務者とは連帯債務の関係に立つこととなる（最判昭41.12.20金判48－２）。

　引受人の債務は，債務者の債務と同一のものであるため，引受人は，債務者が有する抗弁権を主張することができる。また，従前の債務関係がそのまま存続するので，担保には何ら影響がなく，担保はそのまま存続する。

3　履行の引受

(1) **履行の引受**とは，引受人が債権者に対して履行すべき義務を負わず，

債務者に対してのみ，その者の負担する特定の債務を履行する義務を負う旨の契約である。

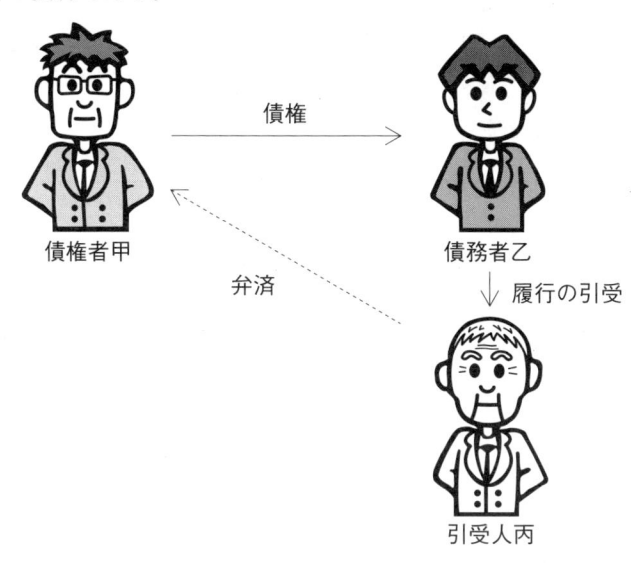

(2) 履行の引受の機能

履行の引受においては，引受人丙は債権者甲に対して直接に義務を負わない。履行の引受は，債務者乙と引受人丙との内部関係にとどまる。しかし，債務者乙と引受人丙との間で，特に債権者甲に直接の権利を取得させる旨の契約（第三者のためにする契約，民法537条1項）がなされれば，併存的債務引受となる。その意味で，履行の引受は，併存的債務引受の前段階としての機能を有することになる。

(3) 履行の引受の要件

履行の引受は，債務者と引受人との契約によって行われる。

(4) 履行の引受の効果

履行の引受がなされれば，引受人は，第三者として弁済すべき義務を債務者に対して負担する。引受人が履行しない場合には，債務者は，引受人に対し，債権者に弁済すべきことを請求することができる。

6 権利・義務の消滅

1．権利・義務はどのような原因で消滅するか

1　物権の消滅

物権（所有権，地上権，留置権，抵当権，質権等）は，以下の場合に消滅する。

【物権が消滅する場合】

目的物の滅失	物権の客体が滅失すれば，その物を支配する物権も消滅する。
放棄	物権を放棄する意思表示をすることによって，その物権は消滅する。ただし，放棄によって他人の権利を害するときは，放棄することができない（民法398条等）。
公用徴収	公共事業に供するため，所有権等の財産権を強制的にとりあげる場合，当該物権は消滅する。徴収者は物権を原始取得し，徴収された者は物権を失うことになる（憲法29条2項，農地法9条，土地収用法1条等）。
消滅時効	所有権以外の物権は，原則として20年で時効によって消滅する（民法167条2項）。所有権も，他人がこれを時効取得すると，反射的効果として，従前の所有者は所有権を失うことになる。
混同	相対立する2つの法律的地位が同一人に帰属し，2つの地位を併存しておく必要がない場合に，原則として，一方が他方を吸収し，他方の物権を消滅させる。これが物権の混同である（民法179条）。たとえば，甲が所有している不動産に乙が抵当権を有している場合に，乙が甲を相続すると，乙は所有権と抵当権を取得するが，抵当権は混同により消滅する。ただし，当該物権が第三者の権利の目的となっている場合（民法179条1項ただし書），自己の利益を保護する必要がある場合には，混同による物権の消滅はない。たとえば，土地に設定された地上権の地上権者が，地上権に抵当権を設定した後，土地の所有権を取得した場合，地上権は，混同によって消滅しない。抵当権の目的である地上権を存続させておく必要があるからである。

2　債権の消滅

債権が消滅する原因は，①その内容が実現して目的を達した場合，②その内容実現が不能となり目的不到達が確定した場合，③その内容を実現させる必要がなくなった場合，④権利一般の消滅原因による場合，に大別される。

民法は，債権総則の第5節「債権の消滅」において，弁済，代物弁済，供託，相殺，更改，免除及び混同の7種の債権消滅原因を定めている。

このうち代物弁済および相殺は，単に債権の消滅原因という意味を超えて，一定の担保的機能を果たす場面がある。

【債権が消滅する場合】

債権の内容が実現して目的を達した場合	
弁済	民法474条以下（→次の第2項）
代物弁済	民法482条。債務者が，債権者の承諾を得て，その負担した給付に代えて他の給付をすること。
供託	民法494条以下。弁済者が弁済の目的物を債権者のために供託所へ寄託して，債務を免れる制度。
強制的実現	担保権の実行や強制執行の結果，債権者が満足を得た場合。
債権の本来的内容の実現が不能となった場合	
債務者の責めに帰すべき事由によらない不能	双務契約上の債務が，債務者の責めに帰すべき事由によらずに不能となったときは，危険負担の問題となる（民法534条以下）。
債務者の責めに帰すべき事由による不能	債務者の責めに帰すべき事由による不能は，債務不履行の一態様としての履行不能（民法415条後段）であり，本来の債権は消滅するものの，損害賠償債権に転化して存続することとなる。
債権の内容を実現させる必要がなくなった場合	
相殺	民法505条以下。（→後の第3項）
更改	民法513条以下。旧債務を消滅させ，これに代えて新債務を成立させる契約。
免除	民法519条以下。債権を放棄する旨の債権者の一方的意思表示。
混同	民法520条。債権および債務が同一人に帰すること。

権利一般の消滅原因による場合	
消滅時効	債権について消滅時効が完成し、時効の援用があった場合。
取消・解除	債権発生の原因関係（たとえば契約）について取消や解除がなされた場合。
合意	債権の消滅を原因とする契約（たとえば合意解約）が結ばれた場合。

2．弁　済

1 弁済と弁済の提供

1　弁済とは

弁済とは、債務の内容である給付を実現させる行為である。たとえば、消費貸借契約の債務者は、債務の内容たる「借入金の返還」（給付）を履行しなければならない。そのために、たとえば、現金を債権者に持参して支払う。この支払行為が「弁済」である。

2　弁済の提供

(1) **弁済の提供**とは、債務の履行について債権者の受領という協力を必要とする場合において、債務者が給付の実現に必要な準備を完了し、債権者の受領を求めることである（民法492条以下）。

　　たとえば、借入金返還義務を負う債務者が、金銭を債権者に支払おうとしても、債権者が受領しなければ弁済したことにはならない。しかし、債権者が受領しなければ弁済が完了しないというのでは、債務者は、いつまでも債務から解放されない。

　　そこで、民法492条は、債務者としてなすべきことを尽くし、あとは債権者が受領するのを待つ段階に至れば、弁済の提供があったものとして、債務者の責任を免れさせることとした。

(2) 債務者がどのようなことを行えば弁済の提供を行ったといえるか

㋐ 原則として「**債務の本旨に従って現実に**」提供することが必要である（民法493条）。

何が債務の本旨に従った現実の提供にあたるかは，債務の性質により決定される。たとえば，郵便小為替の送付や振替貯金払出証書の送付は，支払いの確実性に照らして，現実の提供として認められる（大判大8．7．15民録25-1331，大判大9．2．28民録26-158）。これに対して，小切手は，不渡りの可能性があるので，特約または慣習がない限り現実の提供とならないが，銀行の自己宛振出小切手*1の送付は，原則的に提供となることが認められた（最判昭37．9．21金判529-121）。

小切手を提供
⇒原則として弁済の
　提供とはならない
自己宛小切手を提供
⇒弁済の提供となる

債権者　　　　　　　　　　　　　　債務者

　債権者があらかじめ受領を拒んだ場合や，債務の履行について債権者の行為を要する場合など，例外的に口頭の提供で足りる場合がある。
㋑　債権の目的が特定物の引渡しであるときは，**特定物の「現状」による引渡し**をしなければならない（民法483条）。
㋒　**弁済の場所**は，当事者の合意や取引慣行により定まることが多いが，民法は，補充的規定として，特定物の引渡しは債権発生の時にそのものが存在した場所において，また，その他の弁済は債権者の現在の住所において，それぞれ行うべきものとした（民法484条，**持参債務の原則**）。たとえば，貸金返還債務の場合，債務者は自己が負う債務の全額を示した上で，履行期に債権者の現在の住所まで持参しなければならない。

(3) 弁済の提供の効果

　債務者は，弁済の提供の時から，債務の不履行によって生ずべき一切の

---

*1　自己宛小切手とは，振出人が自己を支払人として振り出した小切手である。自己宛小切手は，取引上，金銭と同一視されている。

責任を免れる（民法492条）。具体的には，次のような効果が認められる。
① 債務者は，債務不履行を理由とする損害賠償を請求されたり，契約を解除されたり，また，違約金の請求を受けたりすることがない。債権者は，担保権の実行をすることができなくなる。
② 債務者は，弁済の提供の時から，遅延損害金の支払義務を免れる。
③ 弁済の提供により，債権者は，同時履行の抗弁権を失う。
④ 債務者は，供託ができるようになる（民法494条）。
⑤ 弁済の提供により，債務者の注意義務が軽減される。
⑥ 弁済の提供後の目的物の保存・管理等につき増加費用が生じたときは，債権者が負担する（民法485条ただし書）。
⑦ 目的物の滅失・損傷に関する危険は，弁済の提供の時から，債権者に移転する。

2　第三者の弁済

債務の弁済は，第三者もすることができる。

ただし，債務の性質がこれを許さないとき，または当事者が反対の意思を表示したときは，この限りではない（民法474条1項）。

また，利害関係を有しない第三者は，債務者の意思に反して弁済をすることはできない（民法474条2項）。

たとえば，物上保証人，担保不動産の第三取得者，同一不動産の後順位抵当権者等は，法律上の利害関係を有する者にあたる。したがって，これらの者は，債務者の意思に反しても第三者弁済をすることができる。

これに対して，単に債務者と親族関係にある者*2などは，利害関係を有しないので，債務者の意思に反して弁済することができない。

たとえば，親が子の借金を肩代わりして返済してやろうとしても，子がこれを拒む場合には，親は子に代わって弁済することができない。

3 弁済の受領者

1 弁済の相手方

弁済は，**正当な弁済受領権限を持つ者**に対してしなければならない。正当な受領権限を持たない者に対して弁済しても，債務は消滅しない。

弁済の受領権者は，原則として，債権者である。このほか，債権者の代理人，取立受任者，不在者の管理人（民法28条），債権質権者（民法366条），債権者代位権*3を行使する債権者（民法423条）等も，弁済の正当な受領権限を持つ。

他方，債権者であっても，①債権者が制限行為能力者である場合，②債権を差し押さえられた債権者である場合，③債権の上に質権を設定した場合，④債権者が破産した場合等は，正当な弁済受領権限を有しない。

2 弁済受領権限がない者に対する弁済

弁済を受領する権限を持たない者に対してした弁済は無効であって，弁済者は，真に受領権限を持つ者に対して改めて弁済しなければならない。

ただし，弁済受領権限を持たない者に対する弁済であるにもかかわらず，当該弁済が例外的に有効とされる場合として，①債権の準占有者に対する

---

*2 民法は，6親等内の血族，配偶者及び3親等内の姻族を**親族**とする（民法725条）。親等の計算は民法726条による。

*3 **債権者代位権**とは，債権者が，自己の債権（被保全債権）の弁済を確保するため，債務者が第三者に対して有する債権（被代位債権）を債務者に代わって行使することができる権利をいう（民法423条）。

弁済（民法478条）＊4と②受取証書の持参人に対する弁済（民法480条）がある。これらは，権利外観法理＊5に基づくものである。

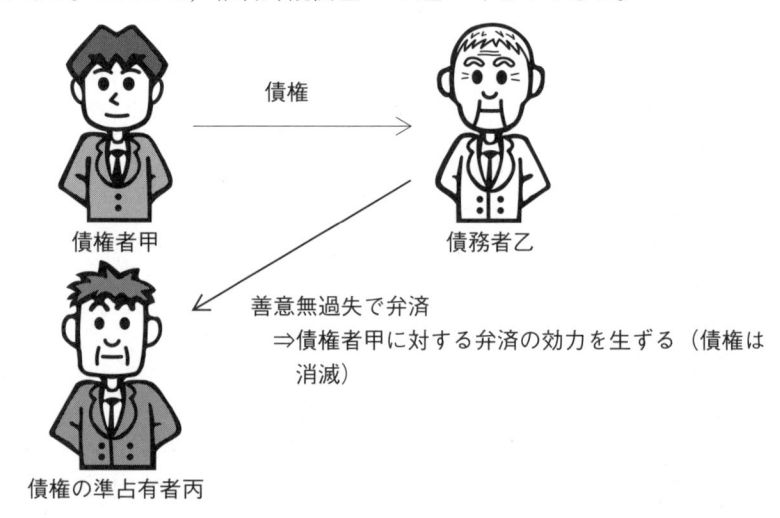

債権者甲 →債権→ 債務者乙

債権の準占有者丙 ←善意無過失で弁済
⇒債権者甲に対する弁済の効力を生ずる（債権は消滅）

4 弁済の充当

1 弁済の充当とは

債務者が同一の債権者に対して同種の目的を有する数個の債務（たとえば数個の金銭債務を負担する場合)，または，債務者が１個の債務の弁済として数個の給付をすべき場合(たとえば買掛金債務を分割で支払う場合)において，債務者等の弁済者が弁済のために提供した金銭が数個の債務の全部を消滅させることができない，または数個の給付の全部に充当できない場合に，提供した金銭を，どの債務の弁済として，またはどの給付の弁済として充てるかを決定しなければならない。この決定を「**弁済の充当**」という。

弁済の充当には，当事者の合意によって定まる「**合意充当**＊6」，合意

＊4 債権者でない者に弁済しても債権は消滅しない。しかし，誰が見ても債権者らしい者（債権の準占有者）に対する善意無過失の弁済は，その効力を有し，債権は消滅する（民法478条)。本書184頁参照。

＊5 権利外観法理とは，真実に反する外観を作出した者は，その外観を信頼してある行為をなした者に対し外観に基づく責任を負うべきであるという法理をいう。

がない場合の「**指定充当**」，合意も指定もない場合の「**法定充当**」がある。まず，合意充当による。合意がない場合に指定充当を行う。指定もないときに初めて法定充当による。

2 指定充当

(1) 第1指定権者

債務者が同一の債権者に対して同種の給付を目的とする数個の債務を負担する場合で，債務者がすべての債務を消滅させるのに足りない弁済をしたときは，**債務者（弁済者）は，給付（弁済）の時に，その弁済を充当すべき債務を指定することができる**（民法488条1項）。

債務者（弁済者）は，利率の高い債務，担保付きの債務などを優先して消滅させる弁済の充当をすることができる。ただし，原則として，費用，利息，元本の順序で充当しなければならない（民法491条）。

(2) 第2指定権者

債務者（弁済者）が充当の指定をしないときは，**債権者（弁済受領者）は，その受領の時に，その弁済を充当すべき債務を指定することができる**（民法488条2項本文）。

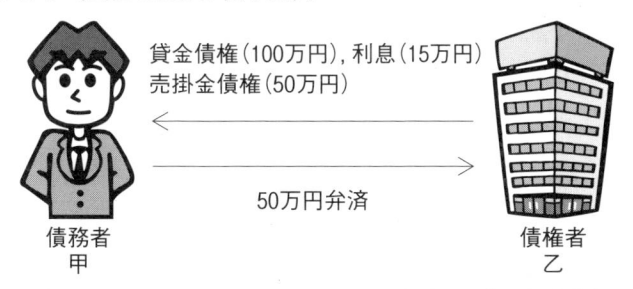

貸金債権(100万円), 利息(15万円)
売掛金債権(50万円)

50万円弁済

債務者 甲   債権者 乙

たとえば，乙に対して100万円の借入金債務（貸金債権）及びこれにかかる15万円の利息債務ならびに50万円の買掛金債務（売掛金債権）を負っている甲が，乙に50万円を給付した場合，給付した50万円を，借入金債務（貸金債権）あるいは買掛金債務（売掛金債権）のいずれの債務に充当すべきか，という問題がある。

＊6　農協取引約定書例10条・11条は充当に関する合意である。

甲と乙の間で充当について合意があれば、それによる。合意がない場合は、甲が指定する*7（民法488条1項）。甲が指定しないときは、乙が指定する（民法488条2項）。

3　法定充当

債務者（弁済者）も債権者も弁済の充当をしないときは、以下のとおり、民法489条に定めるところに従い、弁済を充当する。

① 債務の中に弁済期にあるものと弁済期にないものとがあるときは、弁済期にあるものに先に充当する（同条1号）。

② すべての債務が弁済期にあるとき、または弁済期にないときは、債務者のために弁済の利益が多いものに先に充当する（同条2号）。たとえば、利息付きの債務と無利息の債務がいずれも弁済期にあるときは、前者から先に充当する。

③ 債務者のために弁済の利益が相等しいときは、弁済期が先に到来したもの、または先に到来すべきものに先に充当する（同条3号）。

④ 2号においてすべての債務の弁済の利益が等しいとき、3号においてすべての債務の弁済期の到来が同じであるときは、各債務の額に応じて充当する（4号）。

4　元本，利息及び費用を支払うべき場合の充当

債務者が1個または数個の債務について、元本のほか利息及び費用を支払うべき場合、弁済する者がその債務のすべてを消滅させるに足りない給付をしたときは、これを順次、①費用、②利息、③元本に充当しなければならない（民法491条1項）。

たとえば、甲が乙に対する100万円の債務を負い、これにつき費用10万円、利息15万円が生じていた場合において、甲が50万円を弁済したとき、その50万円は、①費用の10万円、②利息の15万円に順次充当された上、残

---

*7　農協取引約定書例11条3項によって、甲が指定した場合でも、ＪＡ乙の債権保全上支障が生じるおそれがあるときは、ＪＡ乙は、ＪＡ乙の指定する順序方法により充当することができる旨合意している。

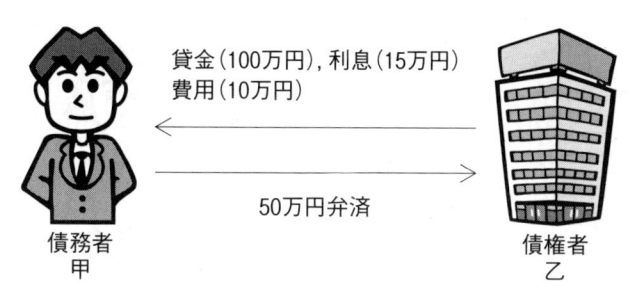

貸金(100万円),利息(15万円)
費用(10万円)

債務者 甲 ← 50万円弁済 → 債権者 乙

りの25万円が③元本に充当されて，75万円の元本が残ることになる。

これに反する弁済者または受領者の指定は無効である。ただし，合意による弁済充当は，民法491条にかかわらず認められる。

5 弁済による代位

1 弁済による代位とは

弁済による代位とは，債務者以外の者が弁済したときに，弁済者が債務者に対して取得する求償権を確保するために，必要な範囲において，弁済者が，債権者の地位に立ち，債権者に代わって，債権者が債務者に対して有していた権利を行使することができることである（民法499条〜504条）[8]。

保証人が弁済すると債務者に対する求償権を取得する（民法459条・462条）。受任者が委任者のために費用を支出した場合には，委任者に対し費用償還請求権を取得する（民法650条等）。これらの求償権等の実効性を確保するために認められるのが，弁済による代位である。

たとえば，甲に対して1,000万円の債務を負っている乙に代わって，保証人丙が甲に弁済した場合，丙は乙に対して求償権を取得する。

甲は，乙に対する債権を担保するため，不動産に抵当権の設定を受け（①），また，保証人丁とも保証契約を締結していた（②）。

---

[8] 民法は，債権の一部について代位弁済があったときは，代位者は，その弁済をした価額に応じて，債権者とともにその権利を行使するとしている（民法502条1項）。これを**一部弁済による代位**という。

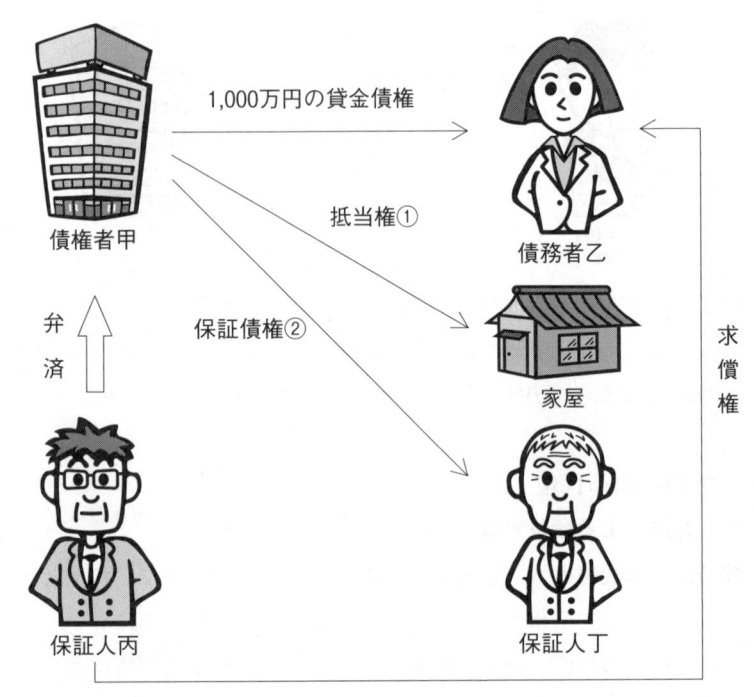

甲に弁済した丙は，甲に代位して，抵当権①を実行することができ，また丁に対し保証債権②の履行を求めることができる。

2　任意代位と法定代位

弁済による代位には，任意代位（民法499条）と法定代位（民法500条）がある。

任意代位とは，債務者のために弁済した者が，その弁済と同時に債権者の承諾を得て，債権者に代位する場合をいい，弁済による代位の原則的形態である。

法定代位とは，弁済をするについて正当な利益を有する者が，弁済によって当然に債権者に代位する場合をいう。法定代位の場合，債権者の承諾を要することなく法律上当然に代位が認められる。

3　弁済による代位の要件

弁済による代位の要件は，①弁済などにより債権者が満足を得たこと，

②弁済者が求償権を有すること，③債権者の承諾（任意代位の場合）または弁済者が弁済につき正当な利益を有すること（法定代位の場合）である。

4 弁済による代位の効果

(1) 代位者・債務者間

　　債権者を甲，債務者を乙，乙に代わって弁済をした者（代位者）を丙とする。丙は，乙に対して求償権を取得する。丙は，乙に対し求償することができる範囲内において，**甲が乙に対し有していた一切の権利を行使することができる**（民法501条前段）。

　　甲が債務名義（民執法22条参照）を有するときは，丙は，承継執行文の付与を受けて（民執法27条2項），この債務名義をそのまま利用することができる。

　　甲から丙に移転するのは「債権」であって，契約当事者たる地位が甲から丙に移転するわけではない。したがって，丙は，契約当事者としての甲の地位に伴う契約解除権や取消権を行使することはできない。

(2) 代位者相互間

　　代位者が複数いる場合，代位者相互間の法律関係が問題となる。

㋐ 保証人と担保不動産の第三取得者との間

　　債権者甲，債務者乙として，乙所有の不動産Aに，甲のための抵当権が設定されるとともに，甲は保証人丙と保証契約を締結していた。その後，丁が不動産Aを乙から譲り受けた後，丙が乙に代わって甲に弁済した。

　　乙に対する求償権を取得した丙は，甲に代位して，丁の所有となった不動産Aの抵当権を実行できるか。

　　また，丁が乙に代わって甲に弁済した場合，丁は，甲を代位して，丙に対して保証債務の履行を請求できるか。

　　代位弁済した保証人丙は，「あらかじめ」代位の付記登記（不登法84条）をしたときに限り，甲に代位して，第三取得者丁に対し抵当権を実行することができる（民法501条1号）。

第2章　金融法務の基礎知識

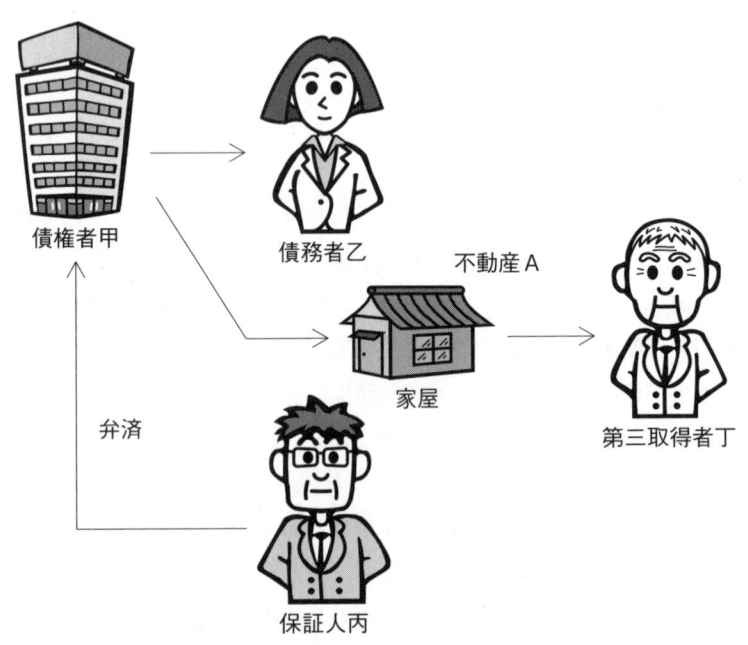

債権者甲　債務者乙　不動産A　家屋　第三取得者丁　弁済　保証人丙

　ここで「あらかじめ」とは，保証人丙の弁済後，第三取得者丁の出現前という意味である（最判昭41.11.18金判38－9）。保証人丙が弁済する前に第三取得者丁が出現した場合には，代位の付記登記は不要である。
　他方，第三取得者丁は，債権者甲に弁済しても，保証人丙に対しては甲を代位しない（民法501条2号）。
  ④　第三取得者相互間
　　債権者甲が債務者乙に対して3,000万円の債権を持ち，これを担保するために，乙所有の不動産A（価格4,000万円）と不動産B（価格1,000万円）に共同抵当*9の設定を受けた。その後，不動産Aが丙に，不動産Bが丁に譲渡された。
　　丙が甲に3,000万円を弁済したとき，丙は，乙に対し求償権を取得

＊9　**共同抵当**とは，同一の債権の担保として複数の不動産の上に設定された抵当権をいう。登記上は共同担保及び共同担保目録によって公示される（不登法83条2項）。後順位抵当権者との調整が図られている（民法392条）。

する。丙は，甲に代位して不動産Bについて抵当権を実行できるか。

```
                    3,000万円弁済
    ┌─────────────────────────────────┐
    ↓                                 │
 債権者甲  →3,000万円→  債務者乙
                                      不動産A
                          抵当権      (4,000万円)
                            ＼    家屋  →      第三取得者丙

                                      不動産B
                          抵当権      (1,000万円)
                            ＼    家屋  →      第三取得者丁
```

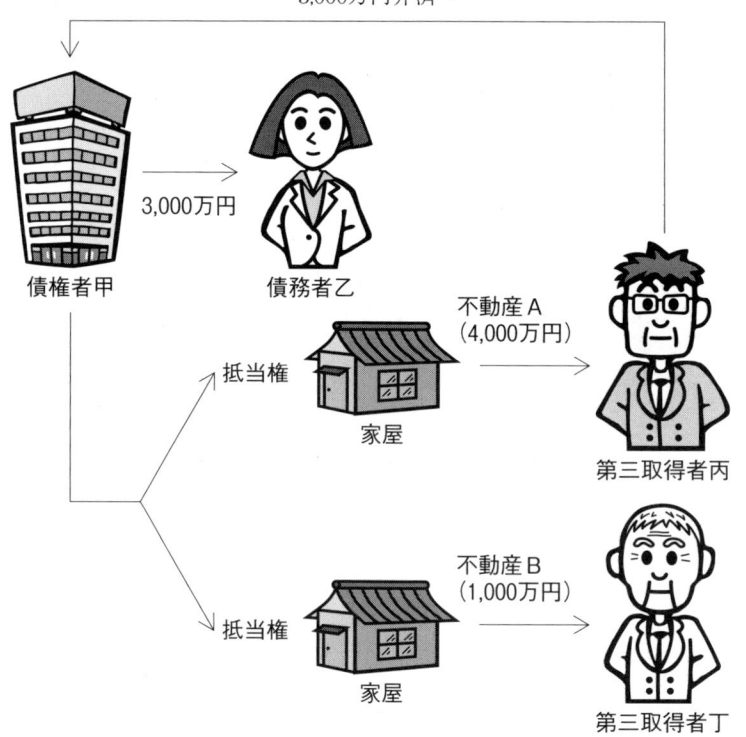

　民法は，第三取得者のうちの1人は，各不動産の価格に応じて，他の第三取得者に対して債権者に代位すると定める（民法501条3号）。不動産の価格に応じて，代位できる債権額を割り付けるものである（**割付主義**（わりつけしゅぎ））。

　上記の場合，不動産Aと不動産Bの価格の比は4：1である。丙は，丁所有の不動産Bにつき，〔3,000万円×1／5＝600万円〕の限度で抵当権を実行することができる。

㋒　物上保証人相互間

　債権者甲が債務者乙に対して3,000万円の債権を持ち，これを担保するために，丙所有の不動産A（価格4,000万円）と丁所有の不動産

139

B（価格1,000万円）に共同抵当の設定を受けた。その後、丙が甲に3,000万円を弁済したとき、丙は、乙に対し求償権を取得する。丙は、甲に代位して不動産Bについて抵当権を実行できるか。

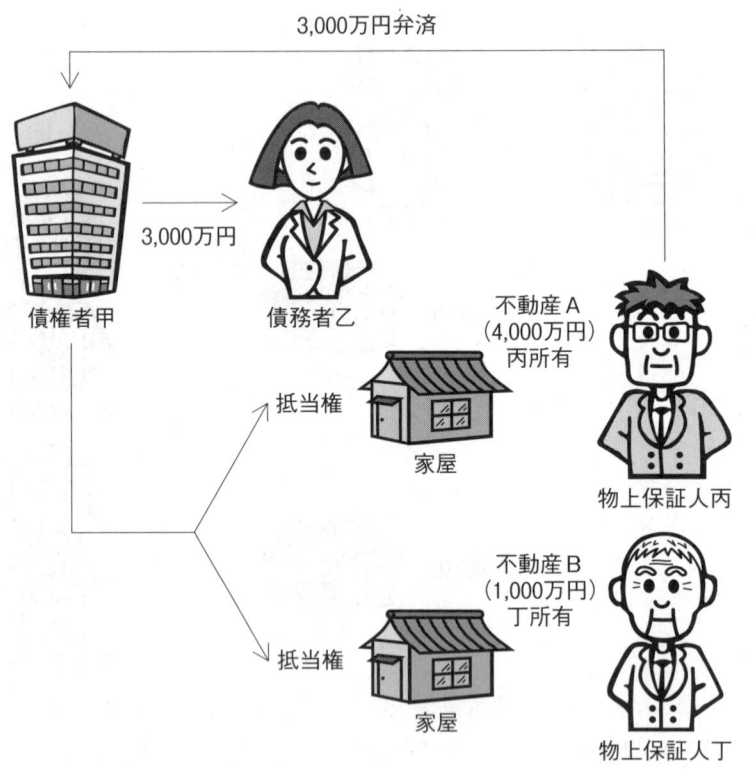

[図：債権者甲（3,000万円弁済）→債務者乙（3,000万円）、抵当権→不動産A（4,000万円）丙所有 家屋 物上保証人丙、抵当権→不動産B（1,000万円）丁所有 家屋 物上保証人丁]

物上保証人相互間の代位の場合も、不動産の価格に応じて割付主義がとられる（民法501条4号）。物上保証人丙が弁済したときの処理は、第三取得者間における代位の場合と同じである。丙は、丁所有の不動産Bにつき、600万円の限度で抵当権を実行できる。

㊁ 保証人と物上保証人との間

債権者甲が債務者乙に対して3,000万円の債権を持ち、保証人丙が保証し、物上保証人丁及び戊が担保を提供している。丙が、甲に弁済して代位した場合、丁や戊に対して不動産Aや不動産Bの抵当権を実

行できるか。

また，丁が，甲に弁済して代位した場合，丙に対して保証債務の履行を請求できるか。

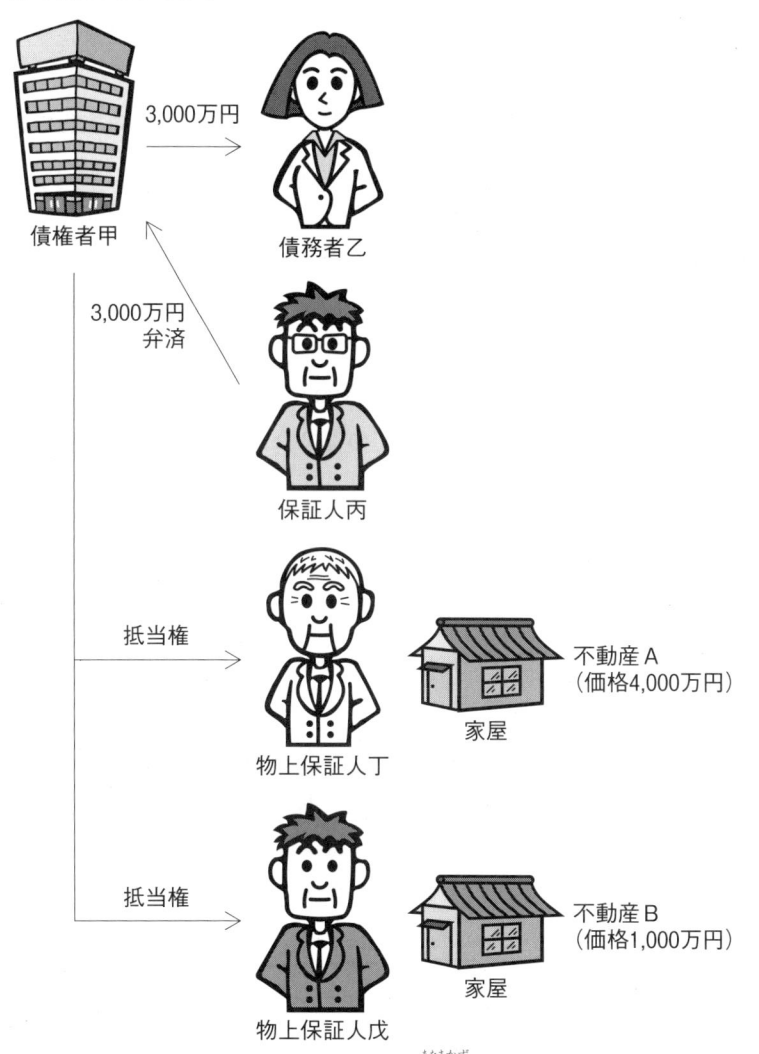

債権者甲 →3,000万円→ 債務者乙

3,000万円弁済 ← 保証人丙

抵当権 → 物上保証人丁　家屋　不動産A（価格4,000万円）

抵当権 → 物上保証人戊　家屋　不動産B（価格1,000万円）

保証人と物上保証人との間は，その**頭数**(あたまかず)に応じて，債権者に代位する（民法501条5号本文）。丙が，甲に3,000万円を弁済した場合，ま

141

ず，頭数（丙，丁，戊の3人）に応じて1,000万円（3,000万円÷3）の範囲で代位することができる（民法501条5号本文）。丙は，丙の負担部分1,000万円を除いて2,000万円について甲に代位する。次に，不動産A及びBの価格に応じて割り付けられる（民法501条5号ただし書）。この結果，丙は，丁に対し1,600万円（2,000万円×4／5），戊に対し400万円（2,000万円×1／5）の限度で抵当権を実行できる。

丁が，甲に3,000万円を弁済した場合は，保証人丙の負担分1,000万円につき代位し，また，丙の負担分を除いた残額2,000万円について，不動産の価格に応じた割付をすることとなる。丁は，戊所有の不動産Bにつき400万円（2,000万円×1／5）の限度で抵当権を実行することができる。

なお，保証人が物上保証人を兼ねている場合は，代位との関係では，1人と数え，保証人としての資格により頭数で代位する（最判昭61.11.27金判759－3）。

(3) 代位者・債権者間

㋐ 債権者による債権証書の交付等

代位により全部の弁済を受けた債権者は，債権に関する証書及び自己の占有する担保物を代位者に交付しなければならない（民法503条1項）。

また，**債権の一部についてのみ代位弁済がなされた場合**[*10]は，残債権を行使する必要上，債権者が債権証書[*11]や担保物を弁済者に交付することはできないが，債権者は，債権に関する証書にその代位を記入し，かつ，自己の占有する担保物の保存を代位者に監督させなければならない（民法503条2項）。

[*10] 金銭消費貸借契約証書例2条4項では，代位弁済した保証人の権利行使につきJAの同意を要するとしている。

[*11] 全部の弁済をした債務者は，債権者に対して，債権証書（借用書など）の返還を請求することができる（民法487条）。

そのほか，債権者は，代位の付記登記（民法501条1号・6号）に協力する義務を負う（大判昭2.10.10民集6－554）。

㋑　債権者の担保保存義務

法定代位をすることができる者がある場合において，債権者が故意または過失によって*12担保を喪失したり，減少させたりしたときは，その代位をすることができる者は，その喪失または減少によって償還を受けることができなくなった限度において，その責任を免れる（民法504条）。

たとえば，甲が乙に対して5,000万円の債権を持ち，乙所有の時価

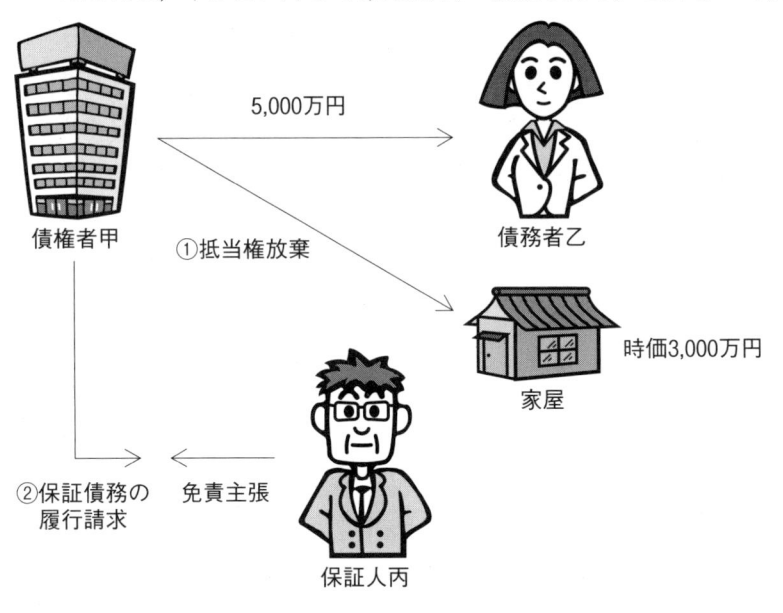

債権者甲 →5,000万円→ 債務者乙
①抵当権放棄 → 家屋　時価3,000万円
②保証債務の履行請求 ← 免責主張　保証人丙

---

*12　**故意**とは，結果の発生または発生可能性を認識しながらあえてこれを行うという心理状態をいう。**過失**とは，結果の発生を知るべきであったのに不注意のためそれを知らないで，ある行為をするという心理状態をいう。過失は，予見することが可能な事実を予見し（予見可能性，予見義務），回避可能な結果を回避すべき義務（結果回避可能性，結果回避義務）があったのに，不注意で，予見せず（予見義務違反），または結果を回避せず（結果回避義務違反），そのため，損害を及ぼした場合に認められるとされる。

3,000万円の不動産に抵当権を設定するとともに，保証人丙と保証契約を締結していた。この場合，丙が5,000万円を弁済すれば，丙は，甲に法定代位して抵当権を実行し，3,000万円を回収することができる。

ところが，甲が，丙の財産が十分であることに安心して，乙から懇願されて抵当権を放棄し，それから丙に保証債務の履行を求めた。この場合，丙はこれに応ずるべきか。

丙がこれに応じなければならないとすると，甲に弁済した丙は，乙に対する求償権を抵当権によって回収することができなくなる。

そこで，丙は，甲が抵当権を放棄することにより，乙に対し求償することができなくなった限度で，甲に対する責任を免れるとされる。法定代位をする者から免責を主張されないためには，債権者は担保を保存しておかなければならない。これを債権者の**担保保存義務**という。

ただし，債権者が保証人，物上保証人などとの間で，債権者が他の担保や保証を解除・変更しても異議がない旨の特約を結んでおくことがある*13。このような特約は，信義則違反ないし権利濫用にはあたらず，有効であるとされている（最判平7.6.23金判975-3）。

3. 相　　殺

1 相殺の意義

相殺とは，互いに相手方に対して債権を持つ二当事者が，自己の債権を債務の弁済に充てることにより，自己の債務を消滅させ，同時に自己の債権を消滅させることである（民法505条1項本文）。

たとえば，甲が乙に対して500万円を貸し付けていたところ，その後，乙が甲に商品を売り，甲に対して300万円の代金債権を取得したとする。

この場合において，乙が相殺の意思表示をすると，乙が甲に対して負っ

---

*13　金銭消費貸借契約証書例2条3項参照

ていた貸金債務は「対当額」である300万円の範囲で消滅する。乙の甲に対する債務は200万円だけが残る。

このとき，相殺を働きかける債権（乙が甲に対して有する代金債権）を**自働債権**といい，相殺される債権（甲が乙に対して有する貸金債権）を**受働債権**という。

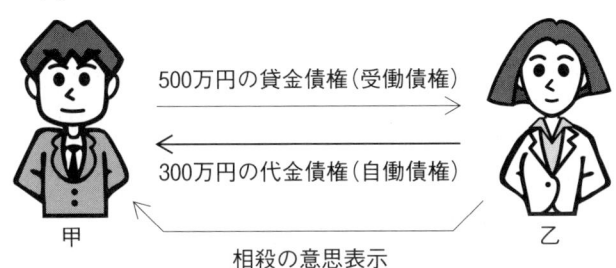

```
甲 ──500万円の貸金債権（受働債権）──→ 乙
   ←──300万円の代金債権（自働債権）──
        相殺の意思表示
```

2 相殺の機能

相殺には次の3つの機能がある。
① 決済事務の簡略化（相殺により，各当事者が別個に決済することに伴う時間や費用を節約することができる）
② 当事者間の公平（一方の資力が悪化した場合でも，対当額で相殺することにより当事者間の公平を図ることができる）
③ 担保的機能*14（債権回収の期待を保護することになる）

3 相殺の要件

1 相殺適状

相殺は，次の要件を満たしているとき（これを「**相殺適状**」という），

---

*14 判例は，金融機関が行ういわゆる預金担保貸付について，「相殺権を行使する債権者の立場からすれば，債務者の資力が不十分な場合においても，自己の債権について確実かつ十分な弁済を受けたと同様な利益を受けることができる点において，…（中略）…債権につきあたかも担保権を有するにも似た地位が与えられるという機能を営むものである」としている（最大判昭45．6．24金判215－2）。

行うことができる。
① 「2人が互いに」債務を負担していること
② その債務が「同種の目的を有する」こと
③ 双方の債務が弁済期にあること（以上民法505条1項本文）
④ 債務の性質が相殺を許さないものでないこと（民法505条1項ただし書）
⑤ 当事者間に相殺禁止の特約がないこと（民法505条2項本文）
⑥ 法律上の相殺禁止に該当しないこと（民法509条～511条）

なお，「双方の債務が弁済期にあること」の要件については，自働債権の弁済期が到来していれば，受働債権の弁済期が未到来であってもよい。受働債権の債権者は期限の利益を放棄することができるからである（民法136条2項本文）。

4 相殺の禁止

1 当事者の意思表示による相殺の禁止

当事者が反対の意思表示をした場合は（相殺禁止の特約を定めた場合など），相殺することができない（民法505条2項本文）。

ただし，相殺禁止の意思表示は，善意の第三者に対抗することができない（民法505条2項ただし書）。

2 法律による相殺の禁止

(1) 不法行為により生じた債権

不法行為によって生じた債権を受働債権とする相殺は認められない（民法509条）。

たとえば，乙が甲の不法行為により損害を受け，甲に対して損害賠償請求権を取得したとする。この場合，甲が乙に対してなんらかの債権を有するとしても，甲は，乙に対する債権を自働債権とし，乙が持つ損害賠償債権を受働債権として，相殺することはできない。

このような相殺を認めると，被害者乙が現実の金銭賠償を受けるこ

とができない。相殺は，簡便な債権の決済方法であって，当事者を保護するために認められたものであり，不法行為の加害者は，こうした法律上の保護に値しない。

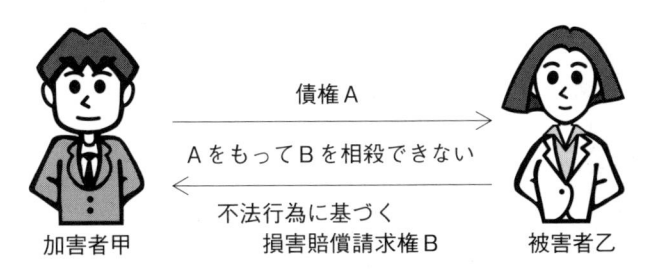

```
         債権A
加害者甲 ─────────→ 被害者乙
       AをもってBを相殺できない
       ←─────────
       不法行為に基づく
       損害賠償請求権B
```

(2) 差押禁止債権

　　差押えが禁止されている債権を受働債権とする相殺は認められない（民法510条）。

　　扶養義務にかかる定期金債権（民執法151条の2），給料・賃金等の債権，退職手当（民執法152条）などの私的な債権や，保険給付を受ける権利（厚生年金保険法41条1項），生活保護法に基づく給付を受ける権利（生活保護法58条），労働者の災害補償を受ける権利（労働基準法83条2項）などの公的な債権は，法律によってその全部または一部について差押えを禁止されている。生活や治療などのためには，賃金等の現実の給付が必要だからである。

(3) 支払いの差止めを受けた債権

　　支払いの差止めを受けた債権を受働債権とする相殺は認められない（民法511条）。

　　たとえば，甲が乙に対して有するA債権を，甲の債権者丙が差し押さえたとする。乙（第三債務者という）は，丙（差押債権者という）による差押えの後に，甲に対して取得したB債権を自働債権とし，A債権を受働債権として相殺することができない。

　　他方，乙が，丙の差押え前から，甲に対するB債権を持っていたときは，B債権を自働債権として，A債権を相殺することができる。

なお，差押えについては，第3章第3節「貯金債権に対する差押え」および第4章第4節2「差押えがあった場合の相殺による回収」において説明する。

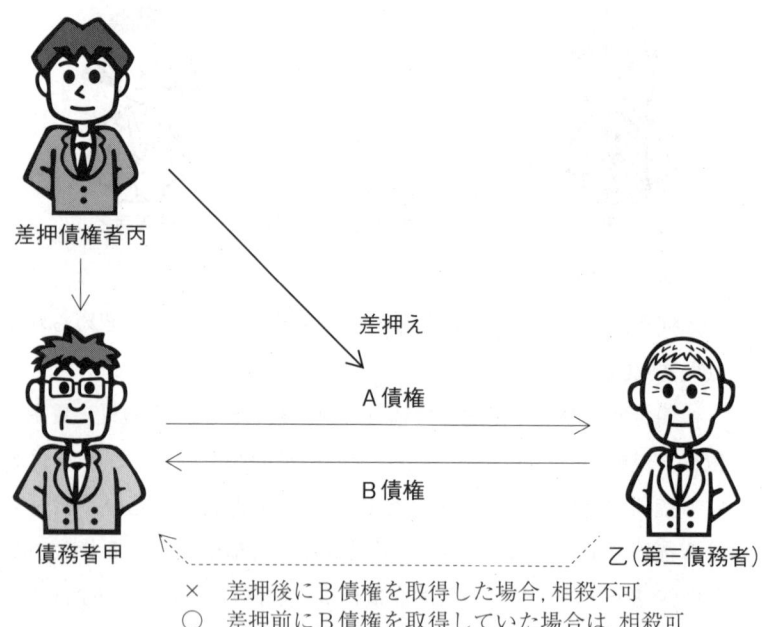

差押債権者丙

差押え

A債権

B債権

債務者甲　　　　　　　　　　　　　　　　乙（第三債務者）

× 差押後にB債権を取得した場合，相殺不可
○ 差押前にB債権を取得していた場合は，相殺可

　甲は，ＪＡ乙に定期貯金の口座を持ち（甲はＪＡ乙に対して貯金払戻債権を持つ），これを担保としてＪＡ乙から融資を受けていた（ＪＡ乙は甲に対して貸金債権を持つ）。

　甲が，国税を滞納したため，国は，甲がＪＡ乙に対して有する貯金払戻債権を差し押さえた。一方，ＪＡ乙は，甲に対する貸金債権を自働債権とし，甲がＪＡ乙に対して持つ貯金払戻債権を受働債権として，相殺の意思表示をした。ＪＡ乙の相殺は認められるか。

　この場合，甲の貯金払戻債権は，「支払いの差止めを受けた債権」（民法511条）にあたるから，国による差押え後に，ＪＡ乙が貸金債権を取得したときは，ＪＡ乙は，相殺することができない。

他方，国による差押え前に，ＪＡ乙が貸金債権を取得していた場合は，ＪＡ乙は相殺することができる（最大判昭45.6.24金判215－2）。

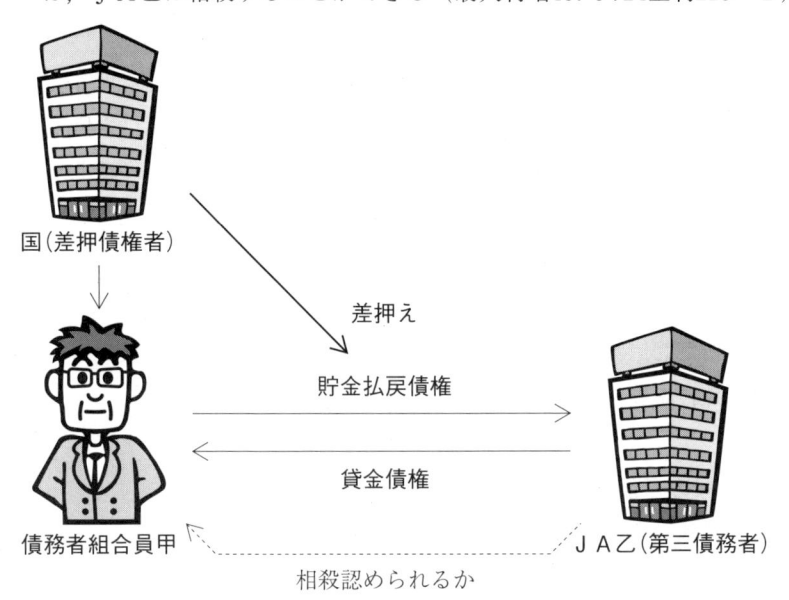

(4) 債権譲渡と相殺

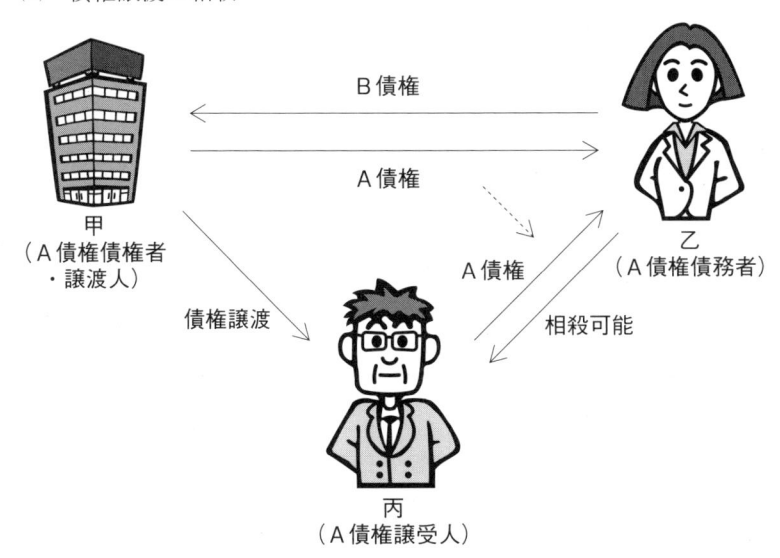

甲が乙に対して有するA債権を丙に譲渡し，譲渡人甲から債務者乙に対して債権譲渡の通知がなされた。この場合において，その通知の前から，乙が甲に対してB債権を取得していたとき，乙は，丙に対し，B債権を自働債権として，A債権を相殺することができるか。

判例（最判昭50.12.8金判514-44）は，被譲渡債権（A債権）及び反対債権（B債権）の弁済期の前後を問わず，両者の弁済期が到来すれば，被譲渡債権（A債権）の債務者（乙）は，譲受人（丙）に対し，反対債権（B債権）を自働債権として被譲渡債権（A債権）と相殺することができる，とする

ただし，判例の事案は，譲受人丙が甲（会社）の取締役であるなど特殊性を有していた。

5 相殺の方法および効果

1 相殺の方法

相殺は，当事者の一方から相手方に対する意思表示によってする（民法506条1項前段）。

相殺の意思表示には，条件または期限を付することができない（民法506条1項後段）。

2 相殺の効果

相殺により，各当事者は，対当額についてその債務を免れる（民法505条1項本文）。

対当額における双方の債務は相殺適状の時にさかのぼって消滅する（民法506条2項）。

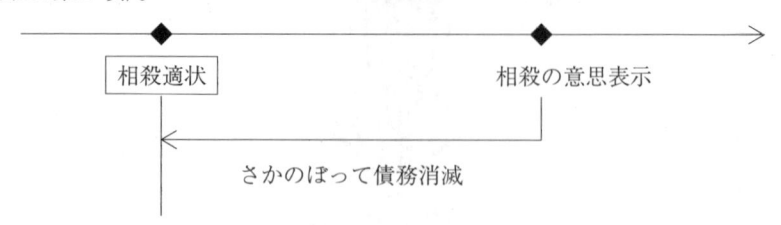

7 個人が死亡した場合の法律関係

1. 相続の発生と相続分

1 相続の発生

1 個人が死亡すると相続が開始する（民法882条）

相続人は，相続開始の時から，被相続人の財産に属した一切の権利・義務を承継する（民法896条）。

2 相続人

相続人となる者は以下のとおりである*1。②③④の順位で，それぞれ①とともに相続人となる。

① 被相続人の配偶者は，常に相続人となる（民法890条）。
② 被相続人の子。子が死亡していたときはその子（孫，曾孫以降も含む。これを代襲相続*2という）（民法887条）
③ 子（および代襲相続人）がいないときは直系尊属*3（民法889条1項1号）
④ 直系尊属がいないときは兄弟姉妹（またはその子，つまり被相続人の甥，姪。甥や姪の子は含まない。民法889条1項2号・2項）

---

*1 **相続人**とは，被相続人（死亡した者）の財産上の地位を包括的に承継する者をいう。相続人がだれであるかを把握するのは，戸籍による。被相続人の戸籍謄本（除籍されている場合は除籍謄本）を取り寄せた後，順次前の戸籍に被相続人の出生までさかのぼり，必要に応じて**原戸籍**まで取り寄せる必要がある。原戸籍とは，現行の戸籍以前の戸籍制度の戸籍簿をいう。改正原戸籍ともいう。

151

3　相続人の不存在

「相続人のあることが明らかでないときは」，相続財産は法人とされ（民法951条），家庭裁判所は，利害関係人または検察官の請求によって，相続財産の管理人を選任する（民法952条2項）。

相続財産の管理人は，相続財産の目録を作成し，相続債権者等の請求に応じて相続財産の状況を報告しなければならない（民法953条・27条1項・954条）。相続財産の管理人は，公告期間満了後は，相続財産をもって，その期間内に申し出た相続債権者その他すでに判明している相続債権者または受遺者に対し，弁済をしなければならない（民法957条1項・2項・952条2項・927条2項～4項・929条・931条など）。

2　相続分

1　指定があるとき

被相続人が**遺言***4で相続分を指定したときはその指定による（**指定相**

---

*2　**代襲相続・再代襲相続**　推定相続人である子または兄弟姉妹が，相続の開始以前に死亡しまたは廃除（民法892条）・相続欠格（民法891条）により相続権を失ったときに，その者（被代襲者）の子（代襲者）が，その者（被代襲者）に代わってする相続を代襲相続という。被相続人の子（被代襲者）が相続開始以前に死亡していたときはその者の子（代襲者，被相続人の孫）が代襲相続する（民法887条2項）。ただし，被相続人の直系卑属でない者は代襲者とならない（民法887条2項ただし書）。このため，被相続人（養親）の養子に連れ子があり，この連れ子が被相続人と直系卑属の関係にないときは，養子が相続開始以前に死亡していたとしても，養子の連れ子は代襲相続できない。被相続人の子も，その子（被相続人の孫）も，相続開始以前に死亡していたときは，さらにその子（被相続人の曾孫）が相続する。これを再代襲相続という（民法887条3項）。再代襲相続は，兄弟姉妹が相続人である場合は生じない（民法889条2項は民法887条3項を準用していない）。

*3　**尊属**とは，血族の中で，自分より先の世代にある者（父母，祖父母など）をいう。**卑属**とは，後の世代にある者（子，孫など）をいう。

*4　**遺言**　遺言者が生前になした相手方のない単独の意思表示。遺言は一定の方式によって成立する要式行為である（民法960条）。遺言は，遺言者の死亡の時からその効力を生ずる（民法985条1項）。

続分。民法902条）。

ただし**遺留分***5を侵害することはできない。兄弟姉妹以外の相続人は遺留分を有する。直系尊属のみが相続人であるときは3分の1が遺留分，その他の場合には2分の1が遺留分となる（民法1028条）。

2 指定がないとき

被相続人の指定がないときは法定相続人間の**遺産分割協議**による。遺言（指定）も協議もない場合は，次の**法定相続分**による（民法900条・901条）。

① 配偶者と子とが相続人のときは各2分の1。
② 配偶者と直系尊属とが相続人のときは配偶者3分の2，直系尊属3分の1。
③ 配偶者と兄弟姉妹とが相続人のときは配偶者4分の3，兄弟姉妹4分の1。
④ 子，直系尊属，兄弟姉妹の間では，各自の相続分は同じ。ただし，嫡出でない子の相続分は嫡出である子の相続分の2分の1。父母の一方のみを同じくする兄弟姉妹の相続分は父母の双方を同じくする兄弟姉妹の相続分の2分の1。
⑤ 代襲相続人の相続分は，被代襲相続人の相続分と同じ。

2．相続の効力

1 相続財産の包括承継

相続人は，相続開始の時から，被相続人の財産に属した一切の権利・義

---

*5 **遺留分**とは，被相続人の財産処分の自由を制限し，遺留分権利者に留保することを保障した相続財産の一部のこと。遺留分権利者は，兄弟姉妹以外の相続人（直系卑属，直系尊属，配偶者，民法1028条）。遺贈や贈与によって遺留分を侵害された遺留分権利者は，遺留分を保全する限度で，遺贈及び贈与を受けた者に対し，減殺請求をすることができる（民法1031条）。なお，**遺贈**とは，遺言によって，遺産の全部または一部を無償で，または負担を付して，他に譲与することをいう（民法964条）。遺贈を受ける者を**受遺者**という。

務を承継する（民法896条）。相続人は，積極財産だけでなく，借金などの債務も承継する。また，単に具体的な権利や義務だけでなく，権利・義務として具体的に発生するに至っていない財産法上の法律関係ないし法的地位，たとえば申込みを受けた地位，売主として担保責任を負う地位，善意者・悪意者の地位なども承継する。

2 共有

相続人が数人あるときは，相続財産は相続人の共有となり（民法898条），各相続人はその相続分に応じて被相続人の権利・義務を承継する（民法899条）*6。

ただし，相続財産中の可分債権は法律上当然分割され，各共同相続人がその相続分に応じて権利を承継する（最判昭29.4.8民集8－4－819）。

各共同相続人が，具体的にどの相続財産をどのように取得するかは，**遺産分割***7による。

3．単純承継・限定承認・相続放棄

相続が発生した場合に相続人がとりうる対応は単純承認，限定承認，相続放棄の3つである。

---

*6　**共有**とは，複数の者が同一の物を同時に所有していることをいう。共有者は共有物について各自持分または持分権を有する（民法250条）。

*7　**遺産分割**とは，相続人が2人以上いる共同相続の場合に，共同相続人の共有となっている遺産を各共同相続人の単独財産とすることをいう。遺産分割には，**遺言による分割**（民法908条），**協議による分割**（民法907条1項），**審判による分割**（民法907条2項）がある。遺産分割の効力は，相続開始の時までさかのぼり（民法909条本文，遺産分割の遡及効），各相続人は，分割によって自己に帰属した財産の権利を被相続人から直接単独で取得したことになる。しかし，それでは分割までに第三者が個々の相続財産について持分権の譲渡を受けていた場合に，その第三者を害することになるので，そのような第三者は保護される（民法909条ただし書）。

1 単純承認

1 単純承認とは

単純承認とは，相続人が，被相続人の権利・義務を全面的に承継することを承認することである（民法920条）。

相続人が，単純承認をすると，相続財産は相続人の固有財産と完全に融合することとなる。したがって，被相続人の債務は，相続人が全部弁済しなければならず（相続人が数人いる場合は，各相続人は原則として自己の法定相続分に応じて相続債務を負担する），被相続人の債権者は，相続人の固有財産に対しても強制執行をすることができる。

2 法定単純承認

相続人が，①相続財産の全部または一部を処分したとき，②相続開始を知った時から3か月以内に限定承認または相続放棄をしないとき，③限定承認または相続放棄をした後に相続財産の全部または一部を隠匿したり，消費したり，悪意でこれを財産目録中に記載しなかったときは，単純承認をしたものとみなされる（民法921条各号）。

2 限定承認

1 限定承認とは

限定承認とは，相続によって得たプラスの財産の限度でのみ被相続人の債務や遺贈などのマイナスの部分を負担するという留保付きの承認である（民法922条）。

たとえば，被相続人乙に2,000万円相当の不動産と3,000万円の借金がある場合，相続人丙及び丁が限定承認したとする。丙及び丁は，3,000万円の債務を相続するが，責任は相続した不動産（2,000万円相当）の範囲で負う。限定承認がなされると，**債務（3,000万円）と責任（2,000万円）とが分離**することとなる。

限定承認の制度は，相続債務にかかる相続人の責任を，無限責任から，積極財産を限度とする有限責任に転換し，それによって相続人の利益を保

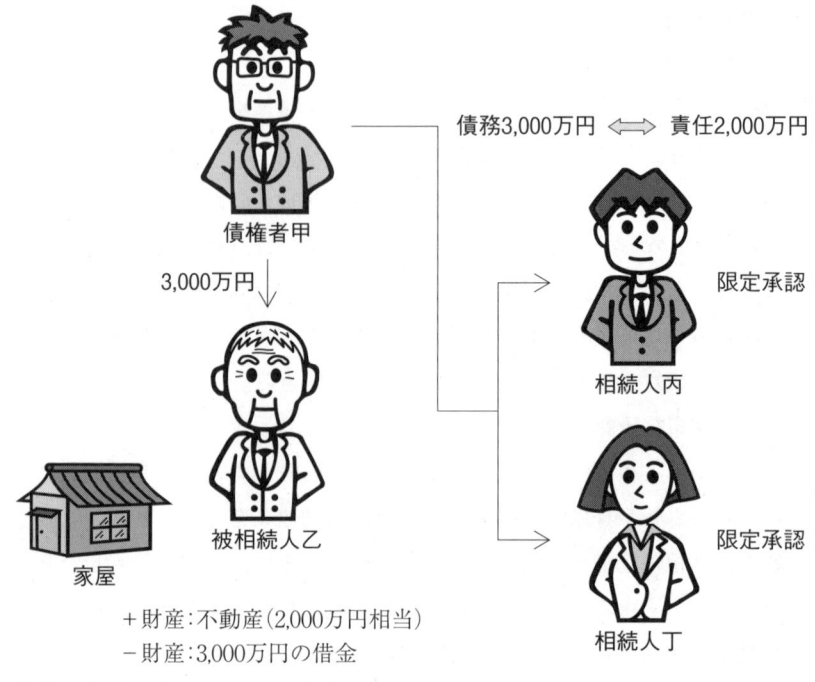

護する制度である。

前記の事例で、債権者甲の側からすると、丙及び丁に対して、各1,500万円、計3,000万円の請求をすることはできる。しかし、強制執行は相続した2,000万円相当の不動産についてのみ認められ、丙や丁の固有財産に対し強制執行をすることはできない。

2　限定承認の方法

相続人が限定承認をするには、自分のために相続の開始があったことを知った時から3か月以内に財産目録を作成して、これを家庭裁判所に提出し、限定承認する旨の申述をしなければならない（民法924条）。

相続人が数人いるときは、限定承認は、**共同相続人全員が共同してのみできる**（民法923条）。したがって、共同相続人の足並みが揃わない場合には、限定承認をすることはできない。

3 相続放棄

1 相続放棄とは

相続放棄とは，相続開始による相続財産の包括承継の効果を消滅させる，相続人の意思表示である。

相続人が相続放棄をすると，包括承継の効果は，相続開始の時にさかのぼって消滅する。相続放棄をした者は，初めから相続人とならなかったことになる（民法939条）。

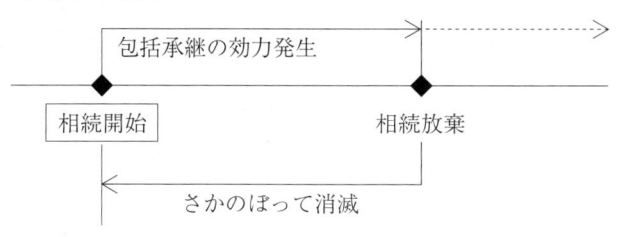

```
        包括承継の効力発生
    ◆━━━━━━━━━━━━◆----------→
   相続開始              相続放棄
    ←━━━━━━━━━━━━
        さかのぼって消滅
```

2 相続放棄の方法

相続人が，相続放棄をするには，その旨を家庭裁判所において申述しなければならない（民法938条）。相続を放棄したかどうかは，裁判所が発行する「相続放棄申述受理証明書」によって確認することができる。

4 熟慮期間

単純承認もしくは限定承認または相続の放棄は，「自己のために相続の開始があったことを知った時から3箇月以内」（これを「**熟慮期間**」という）にしなければならない（民法915条1項）。熟慮期間は，「相続人が相続財産の全部又は一部の存在を認識した時又は通常これを認識しうべかりし時から起算すべきものと解するのが相当である」とする判例[8]がある。

---

[8] この事案では，判決正本の送達によって初めて被相続人の保証債務の存在を知った時から，起算すべきとされた（最判昭59.4.27金判697-3）。

8 法人が組織変動をした場合の法律関係

1．法人が合併をした場合の法律関係はどうなるか

1 合併とは

合併とは，複数の会社が合併契約を締結することにより，合体して1つの会社になることをいう。

当事会社の全部が解散して新たな会社を設立する**新設合併**（会社法2条28号）と，当事会社の一方が解散して他の存続会社に吸収される**吸収合併**（会社法2条27号）とがある。

新設合併の場合，消滅会社の権利・義務は新設会社に承継され，吸収合併の場合，消滅会社の権利・義務は存続会社に承継される。

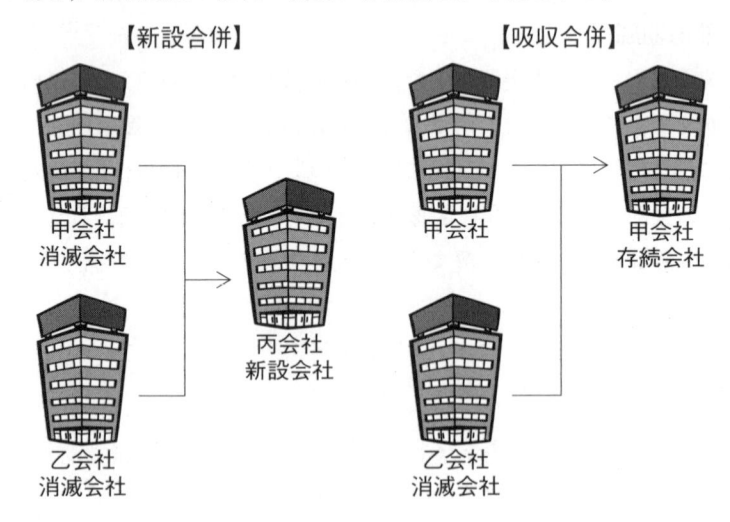

【新設合併】

甲会社 消滅会社
乙会社 消滅会社
→ 丙会社 新設会社

【吸収合併】

甲会社
乙会社 消滅会社
→ 甲会社 存続会社

2 合併の要件・効果

　合併をなすには合併契約書を作成し，株主総会や社員総会の特別決議による承認を要する（会社法748条後段・783条1項・795条1項・804条1項）。

　合併の効力は合併契約に定められた「効力発生日」に生ずる（会社法749条1項6号・751条1項7号）。

　新設合併設立株式会社は「登記をすること」によって成立する（会社法754条・49条）。

　合併によって，存続する会社または新設された会社が，消滅した会社の権利・義務を承継する効果を生ずる（会社法750条1項・752条1項・756条）。

2．法人が会社分割をした場合の法律関係はどうなるか

1 会社の分割とは

(1) 会社分割とは，株式会社または合同会社が，その事業に関して有する権利・義務の全部または一部を，他の会社（承継会社）または分割により新設する会社（設立会社）に承継させることをいう。

　分割会社は，株式会社または合名会社に限られるが，承継会社は，株式会社，合名会社，合資会社，合同会社のいずれでもよい。

(2) 新設分割と吸収分割

　新設分割とは，分割の手続中で新たに設立する会社（設立会社）に

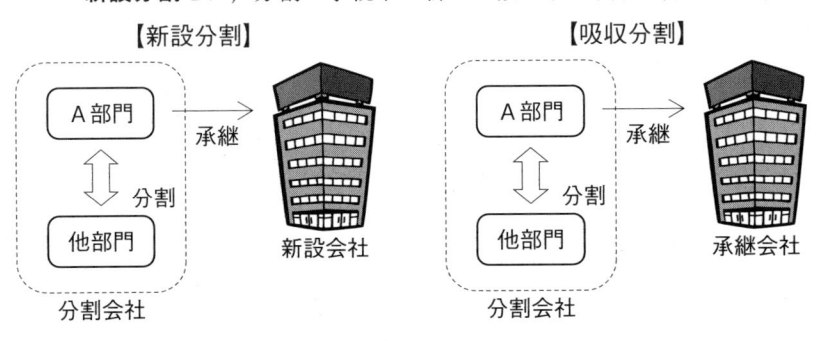

承継させる場合をいう（会社法2条30号）。**吸収分割**とは，会社（分割会社）の権利・義務を既存の他の会社（承継会社）に承継させる場合をいう（会社法2条29号）。

2 会社分割の要件

1 手続

分割を行うには，分割計画書を作成して，株主総会の特別決議による承認を要する（会社法757条・762条・783条・804条）。

吸収分割をするには，分割会社・承継会社は，吸収分割契約に定めた効力発生日（会社法758条7号）の前日までに，株主総会の特別決議により承認を受けなければならない（会社法783条1項）。

新設分割をするには，分割会社は，新設分割の登記前に新設分割計画の承認を受けなければならない（会社法804条1項）。

2 債権者の異議

分割に利害関係のある債権者は異議を述べることができる（会社法810条）。

また，労働者に与える影響が大きいので，会社は，会社分割（吸収分割または新設分割）をするときは，承継される事業に主として従事する労働者及び分割契約書等に労働契約を承継するものとして定めのある労働者に対して，会社分割の承認をする株主総会等の2週間前までに，分割契約書等における承継の有無や異議申立期限等を書面により通知しなければならない（会社分割に伴う労働契約の承継等に関する法律2条）。

第3章

貯金法務の基礎

第3章　貯金法務の基礎

1　貯金契約の成立

> **Point**
> 貯金の実務を法的側面から考える場合，まず，貯金契約が成立しているかどうかを考える。どのような場合に貯金契約は成立したといえるだろうか。

1．貯金取引の開始

1　口座開設

貯金取引は口座を開設することから始まる。その手続の概要は以下のとおりである。

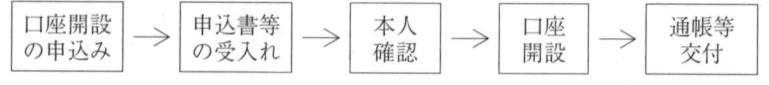

口座開設の申込み → 申込書等の受入れ → 本人確認 → 口座開設 → 通帳等交付

① 　ＪＡ乙に来店した甲が，貯金口座開設の申込書，入金票，印鑑＊1，

＊1　印顆(いんか)・印影(いんえい)・印章(いんしょう)・印鑑(いんかん)・実印(じついん)・認め印(みとめいん)。印顆とは，木，石，金属などの印材の面に凹凸(おうとつ)の文字を加工した物体そのもの（判子(はんこ)）。印影とは，印顆の凹凸の面に朱肉をつけて紙などに押し写した形象のこと。印章は本来は印顆のことであるが印影を含む場合もある（刑法167条の印章偽造罪）。印鑑は，対照用として官公署，金融機関等に登録してある印影のこと。実印は印鑑登録した印章のこと。個人の印鑑登録は市町村の自治事務であり，各自治体の印鑑条例による。法人の印鑑登録は商業登記法12条・20条による。不動産登記を書面申請で行う場合は，実印による押印と印鑑証明書の添付が必要である（不登規1条4号，不登令16条）。認め印とは印鑑登録されていない印顆（印章）一般のこと（三文判）。普通貯金規定ひな型5項・7項・9項等参照。

入金する金銭，本人確認の資料を添えて，窓口担当者に交付する。
② 窓口担当者は，これらを受け取り，申込書等に所定事項が記載されているかを確認し，かつ，本人確認を行って，口座開設の手続を行う。
③ 窓口担当者が，発行した通帳に初回の入金額を記帳して，甲に交付する。

2 口座開設の法的性質

口座開設*2の手続は，次の3つの法的側面から考えることができる。
① だれが貯金者か（貯金契約の当事者はだれか）
② 貯金契約はいつ，どのような場合に成立するか
③ 本人確認はどのような法的意味があるか

これらの問題は，貯金契約の法的性質及び成立要件にかかわる。

2．貯金契約の性質及び成立要件

1 貯金契約の性質

貯金契約は，**消費寄託契約**の性質を有する（民法666条）。
判例は，「預金契約は，預金者が金融機関に金銭の保管を委託し，金融機関は預金者に同種，同額の金銭を返還する義務を負うことを内容とするものであるから，消費寄託契約の性質を有する」とし，さらに「預金契約に基づいて金融機関の処理すべき事務には，預金の返還だけでなく，振込入金の受入れ，各種料金の自動支払，利息の入金，定期預金の自動継続処理等，委任事務*3ないし準委任事務の性質を有するものも多く含まれている」とする（最判平21．1．22金判1309-62*4）。

この判例は，貯金契約（＝預金契約）を消費寄託契約の性質を有すると

---

*2 口座とは，預貯金の受払い及び残高を記載する管理区分のこと。口座開設の申込みを受け，印鑑届を受け，口座開設の処理を行い，入金する金銭を受け入れることによって貯金契約（消費寄託契約）が成立する。

しながら，さらに委任契約ないし準委任契約の性質をも有するものであるとし，金融機関は，消費寄託契約の受託者としての義務のほか，委任契約ないし準委任契約の受任者としての義務をも負担する場合があるとする。

2 貯金契約の成立要件

1 成立要件（要件事実）

貯金契約は消費寄託契約であるから，貯金契約が成立するためには，

① 金融機関が種類，品質及び数量の同じ物（同種，同額の金銭）を返還することを約して（**返還約束**），

② 貯金者から金銭を受け取ること（**金銭の受領**）によって成立する（民法666条1項・587条）。

貯金契約が成立すると，それが有効である限り，貯金者は金融機関に対し返還請求権（**払戻請求権**）を有し，金融機関は返還義務（**払戻義務**）を負うことになる。

上記において貯金契約が成立するためには以下の2つが必要である。

① ＪＡ乙の返還約束の意思表示（預かった金銭は請求があれば払い戻す）＋これに対応する甲の意思表示（金銭を預ける）（**意思表示の合致＝合意**）

② ＪＡ乙が，甲から金銭を受け取る（**金銭の授受**）。

＊3 委任は，当事者の一方（委任者）が他方（受任者）に対して法律行為を委託し，他方がこれを承諾することによって成立する諾成契約である（民法643条）。法律行為以外の事務の処理を委託する場合を準委任という（民法656条）。受任者は**善管注意義務**（善良な管理者の注意をもって委任事務を処理する義務）を負う（民法644条）。

＊4 最判平21．1．22金判1309-62は，預金者が死亡した場合，その共同相続人の1人は，預金債権の一部を相続により取得するにとどまるが，これとは別に，預金契約上の地位に基づき，被相続人名義の預金口座についてその取引経過の開示を求める権利を単独で行使できるとする。事案の概要は「第2節 貯金の払戻し」参照。

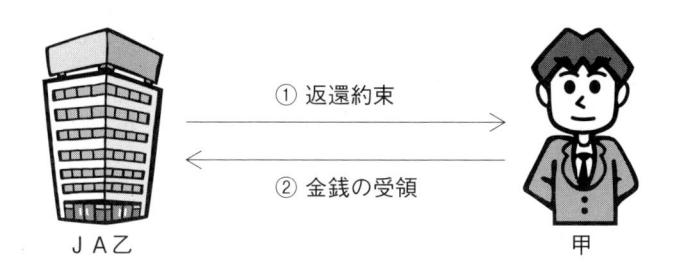

```
        ① 返還約束
JA乙  ←――――――→  甲
        ② 金銭の受領
```

2 要件事実に該当する具体的行為はあるか

JA乙の窓口担当者が，甲から口座開設申込書や金銭等を受け取るとき，あるいは記帳した通帳等を甲に交付するとき，通常，「甲から払戻請求があれば返還することを約束します」と明示的に意思表示をするわけではない。

甲から申込書等を受け取り，通帳発行，記帳等の事務を行い，記帳された通帳等を甲に交付する一連の手続や普通貯金規定ひな型1項等の文言などを法律的に解釈すると，「JA乙は消費寄託契約の成立に必要な返還約束の意思表示をした」ということになる。具体的な言動のなかに契約の成立に必要な要件事実があるかどうかを判断することを，**法律行為の解釈**という。

3 貯金契約の当事者として貯金払戻請求権を有する者はだれか

(1) 甲が窓口にきて貯金の口座を開設し，自分の金銭を預けた場合

この場合は，甲が貯金契約の当事者であり，甲が貯金払戻請求権を有する。

(2) 甲が，丙名義で，JA乙に定期貯金をした場合，だれが貯金者として貯金払戻請求権を有するか

2つの考え方がある。**主観説**は，預入行為者が他人のための貯金であることを表示しない限り，預入行為者甲の貯金であるとみる。**客観説**は，自らの出捐により，自己の貯金とする意思で，自らまたは使者・代理人を通じて貯金契約をした者（甲または丙）が貯金者であるとみる。

記名式定期預金について，最判昭52.8.9金判532－6は客観説を採ることを明らかにした。

普通預金については最判平15.2.21金判1167－2が，金銭の所有権の観点も踏まえ結論を導いている＊5。

> **Point**
>
> 甲が，自己の金銭を，自己の貯金とする意思で，丙名義でＪＡ乙に定期貯金として預入した。乙は，丙に対する貸付債権を自働債権として，丙名義の乙に対する貯金債権を受働債権として相殺した。甲が，乙に払戻請求した。乙は甲の請求に応じるべきか。

客観説によると，丙名義の定期貯金は甲の貯金である。したがって，乙は丙が貯金者であるとして相殺できない。乙は甲の請求に応じるべきである，ということになる。このように，名義人が貯金者ではないという場合もありうる。

＊5 最判平15.2.21金判1167－2の事案は，A社（損害保険会社）の損害保険代理店B社が，Y信用組合に「A社代理店B社C」（CはB社の代表取締役）名義の普通預金口座（本件口座）を開設し，本件口座でA社のために保険契約者から収受した保険料を自己の財産と明確に区別して保管していたところ，B社が不渡りを出したため，Y信用組合がB社に対する債権と本件口座の預金とを相殺したが，A社が，本件口座の預金はA社のものであるとして，その払戻しを請求したという事案である。上記最高裁判決は，①本件口座を開設したのはB社である，②本件口座の名義がA社を表示しているとは認められない，③本件口座の通帳及び届出印はB社が保管し，払戻事務を行っていたのはB社のみである，④金銭については，金銭の所有権は常に金銭の占有者（A社から委任を受け受任者として保険料を受領したB社）に帰属し，受任者（B社）は同額の金銭を委任者（A社）に支払うべき義務を負うことになるにすぎない，したがって本件預金の原資は，B社が所有していた金銭にほかならない，として，本件口座の預金債権はB社に帰属するとした。

1　貯金契約の成立

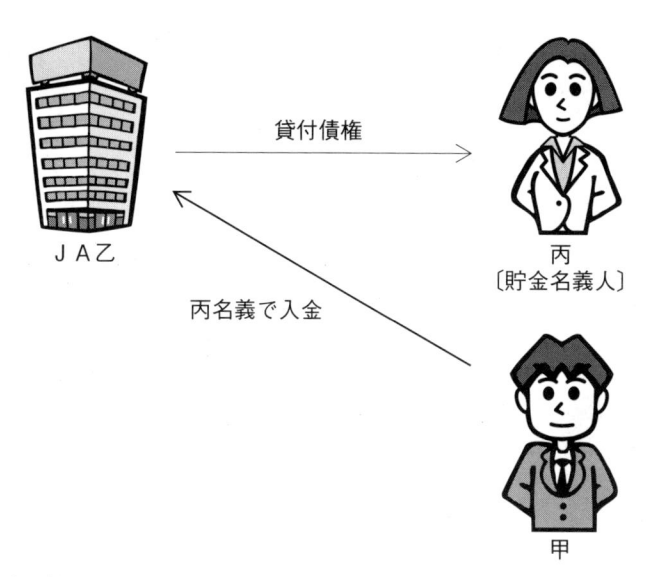

4　手形等の入金による貯金契約の成立

(1) 当座勘定には，現金のほか手形，小切手，利札，配当金領収証その他の証券で直ちに取立のできるもの（証券類）も受け入れる（当座勘定規定ひな型1条1項）。

(2) **当店券**（満期の到来している手形や小切手で自店扱いのもの）を受け入れた場合は，直ちに振出人口座から取り立て，当店券を持ち込んだ者の口座に入金すれば貯金は成立する。ただし，当座勘定規定ひな型2条2項は当日中に決済を確認したうえで支払資金とする旨定めており，**当日中に決済されないことを解除条件として入金時に貯金が成立している**と解される（大阪高判昭42．1．30金法468－28）。

(3) **他店券**（他店扱いの手形・小切手で翌営業日に交換決済できるもの）を受け入れた場合は，手形交換を通じて支払担当者となっている金融機関から取り立て，その取立代り金を他店券を持ち込んだ者の口座に入金する旨の委任を受けたものであり，したがって，**取立完了時**に貯金が成立する（取立委任説。最判昭46．7．1金判273－6）。

第3章　貯金法務の基礎

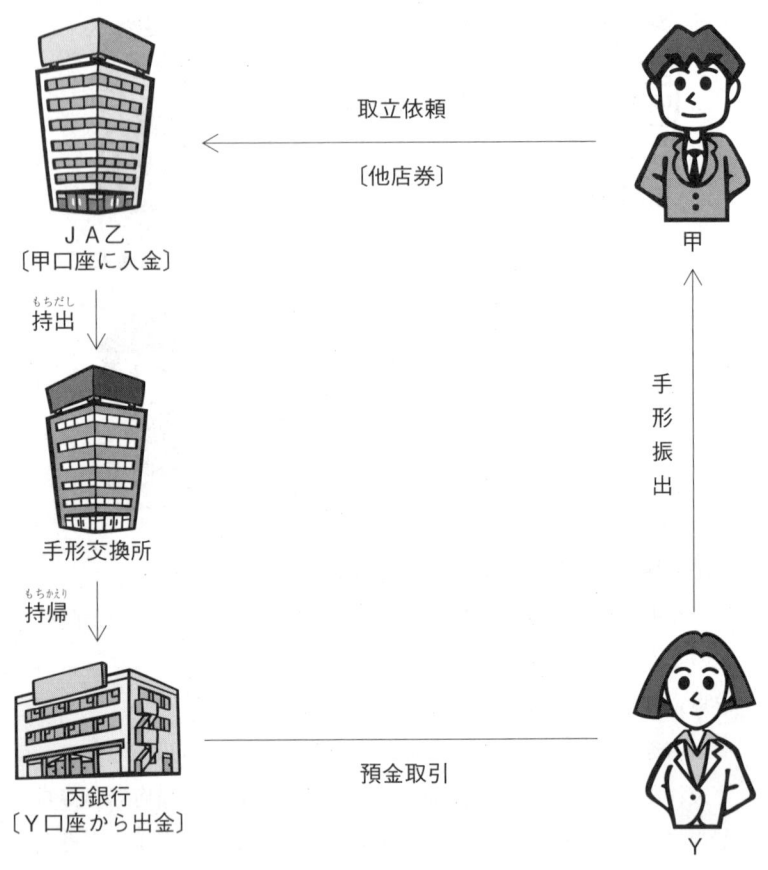

```
      取立依頼
ＪＡ乙  ←――――――  甲
〔甲口座に入金〕  〔他店券〕

  ↓ 持出(もちだし)

  手形交換所                  手形振出

  ↓ 持帰(もちかえり)

  丙銀行   ―――預金取引―――  Ｙ
〔Ｙ口座から出金〕
```

【取立完了時】

　当座勘定規定ひな型2条1項は,「証券類を受入れた場合には,当店で取立て,不渡返還時限の経過後その決済を確認したうえでなければ,支払資金としません」と定めている。

　不渡返還時限は,各地の手形交換所規則で,たとえば交換日の翌営業日の午前11時などと定められている。

　不渡返還時限の経過が「取立完了時」である。

3. 本人確認

1 本人確認の2つの意味

1 本人確認とは

本人確認には,

① 契約の当事者本人がだれかを確認すること（民法666条の契約者はだれか等）

② 窓口に来て入金しようとしている人物がだれかを確認すること（「犯罪による収益の移転防止に関する法律」による本人確認）

の2つの意味がある。

2 契約当事者はだれか

貯金契約の当事者は,客観説によれば**実際に貯金の原資を出捐し,貯金契約を締結する意思を有する者**である。実際に窓口にきて貯金をするという行動をしている者は,貯金契約を締結する意思で,実際に貯金の原資を出捐しているのであれば,貯金契約の当事者であるが,そうでなければ契

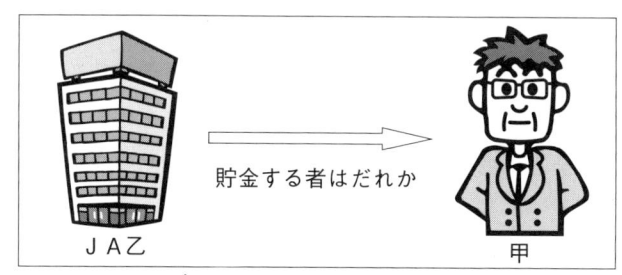

約の当事者ではない。

2 犯罪収益移転防止法に基づく本人確認
1 法令の変遷
窓口に来ている人物がだれかを確認する意味での本人確認義務の根拠法令は，当初は，本人確認法であった（「金融機関等による顧客等の本人確認等に関する法律」。その後，「金融機関等による顧客等の本人確認等及び預金口座等の不正な利用の防止に関する法律」に名称変更）。

現在は，「**犯罪による収益の移転防止に関する法律**」（犯罪収益移転防止法。2007年4月1日施行）による。以下，この項において，同法を単に「法」，犯罪収益移転防止法施行令を「施行令」，犯罪収益移転防止法施行規則を「規則」とする。

2 本人確認の目的
法によって義務づけられている本人確認の目的は，
① 「特定事業者による顧客等の本人確認，取引記録等の保存，疑わしい取引の届出等の措置を講ずることにより」
② 「組織的犯罪処罰法及び麻薬特例法による措置と相まって」
③ 「犯罪による収益の移転防止を図り，併せてテロリズムに対する資金供与の防止に関する国際条約等の的確な実施を確保し，もって**国民生活の安全と平穏を確保**するとともに，経済活動の健全な発展に寄与すること」である（法1条）。

3 金融機関における本人確認の対象となる取引
(1) 本人確認を要する取引（特定取引＝法4条）

特定取引を行うに際して，運転免許証の提示を受ける方法等により，**本人特定事項**の確認を行わなければならない。本人確認を要する金融機関の特定取引（本人確認済みの顧客等との取引を除く）のうち主要なものは以下のとおりである（施行令8条）。

1 貯金契約の成立

> ① 預金または貯金の受入れを内容とする契約の締結
> ② 定期積金等の受入れを内容とする契約の締結
> ③ 共済にかかる契約の締結及び契約者の変更
> ④ 金銭の貸付けまたは金銭の貸借の媒介を内容とする契約の締結
> ⑤ 現金，持参人払式小切手（線引がないもの），自己宛小切手（線引がないもの）または無記名の公社債の本券もしくは利札の受払いをする取引であって，当該取引の金額が200万円（現金の受払いをする取引で為替取引または自己宛小切手の振出しを伴うものにあっては10万円）を超えるもの
> 〔10万円を超える現金をATMで振り込むことはできない。窓口で本人確認をして振込を行うことになる。〕
> ⑥ 貸金庫の貸与を行うことを内容とする契約の締結
> ⑦ 保護預かりを行うことを内容とする契約の締結
> ⑧ **なりすまし**＊6等が疑われる取引に該当するもの

(2) 本人確認を要しない「**本人確認済みの顧客等との取引**」の主要なものは以下のとおりである（施行令11条1項）

① すでに本人確認を行っており，かつ，当該本人確認について本人確認記録を保存している場合

② 国，地方公共団体，人格のない社団または財団等とすでに取引をしたことがあり，その際に顧客等とみなされる自然人について本人確認を行っており，かつ，当該本人確認について本人確認記録を保存している場合

(3) なりすまし等が疑われる取引（施行令11条2項）

① 取引の相手方が契約時本人確認にかかる顧客等または代表者等に**なりすましている疑い**がある場合における当該取引

② 契約時本人確認が行われた際に**本人特定事項を偽っていた疑い**がある顧客等または代表者等との取引（国，地方公共団体，人格のない社団または財団等）

＊6 たとえば，BがAの暗証番号やパスワードを盗用し，Aのふりをして取引等の活動を行うことを，「なりすまし」という。

4 本人確認の方法

(1) **確認すべき事項**（**本人特定事項**）

自然人の場合は，氏名，住居，生年月日である（法4条1項）。

法人の場合は，名称，本店または主たる事務所の所在地である（法4条1項）。さらに「現に特定取引の任に当たっている自然人」について本人確認を行う（法4条2項）。

(2) **自然人の確認手段**（法4条1項，規則3条・4条）

- 運転免許証
- 印鑑登録証明書（発行後6か月以内の原本）
- 外国人登録原票の写し
- 戸籍の附票の写しが添付されている戸籍の謄本もしくは抄本
- 住民票の写し
- 各種健康保険証
- 各種福祉手帳
- 旅券
- その他官公庁から発行されたもので氏名，住居及び生年月日の記載のあるもの

(3) **法人の確認手段**（法人と取引担当者個人双方の確認が必要）

- 登記事項証明書（登記していないときは当該法人を所轄する行政機関の長の当該法人の名称及び本店または主たる事務所の所在地を証する書類）または印鑑登録証明書
- 官公庁から発行された書類その他これに類するもので，当該法人の名称及び本店または主たる事務所の所在地の記載があるもの
- 取引担当者の本人確認資料

5 疑わしい取引の届出

(1) 金融機関など特定事業者は，

① 「特定業務において収受した財産が**犯罪による収益である疑い**がある場合」

② 顧客等が特定業務に関し組織的犯罪処罰法10条〔犯罪収益等隠匿〕の罪もしくは麻薬特例法6条の罪〔薬物犯罪収益等隠匿〕にあたる行為を行っている疑いがあると認められる場合には，速やかに行政庁に届け出なければならない（法9条1項）。

(2) 特定事業者（役員及び使用人を含む）は，**疑わしい取引**の届出を行おうとすることまたは行ったことを**当該顧客またはその者の関係者に漏らしてはならない**（法9条2項）。

(3) **届出事項**は，対象取引の発生年月日及び場所，対象取引が発生した業務の内容等である（施行令14条）。

6 罰則（主要なもの）

① 行政庁の指導，助言及び勧告に違反した者は，2年以下の懲役もしくは300万円以下の罰金，または併科（法23条）

② 行政庁等への報告もしくは資料を提出せず，または虚偽の報告もしくは資料の提出をした者は，1年以下の懲役もしくは300万円以下の罰金，または併科（法24条1号）

③ 本人特定事項を偽った顧客等は，50万円以下の罰金（法25条）

④ 他人になりすまして預貯金契約をする目的で，預貯金通帳等を譲り受け，または，譲り渡した者は，50万円以下の罰金（法26条）

4．貯金の種類

貯金は，預入期間，払出時期，利息等の組み合わせにより各種用意されている（次頁表参照）。

普通貯金	預け入れ，払出しが自由にできる貯金
当座貯金	当座勘定契約によって開設される貯金。当座勘定契約は，取引先の振り出した手形・小切手の支払いをＪＡに委託する支払委託契約と，支払資金をＪＡに当座貯金として預けておく当座貯金契約とを主な内容とする契約。
納税準備貯金	税金を納める場合に払出しができる貯金。納税の促進を図るため普通貯金より利率が高く，しかも利息は非課税。
通知貯金	一定額を，7日以上預け，2日前の予告によって払い戻せる貯金
貯蓄貯金	普通貯金より金利が高い。普通貯金の一定額を貯蓄貯金に振り替えるなどの方法により，「貯める」，「使う」をやりくりできるよう工夫がされている。
定期貯金	・期日指定定期貯金。1年の据置期間経過後，3年までの期間で満期日を自由に指定できる。 ・スーパー定期貯金。1か月から最長5年まで市場金利の動向に応じた利率を適用する。 ・大口定期貯金。大口資金（1,000万円以上）の短期運用に適する貯金で，市場金利の動向に応じた利率を適用する。 ・変動金利定期貯金。預入れの金利が金融情勢に合わせて途中で変動する。
定期積金	契約額（給付契約金）を決めて，毎月決まった金額（掛金）を定期的に積み立て，満期日に給付契約金の支払いを受ける取引。定期積金は貯金契約ではなく，要物契約ではない。定期積金契約は，積金者が条件どおり掛け金を積み立てればＪＡが約束の金額を支払うという給付契約であり，法律上の契約のどれにも属さない無名契約である。払込みがなくても合意のみで契約が成立する諾成契約である。
外貨預金	外貨預金とは外国通貨建ての預金。普通，通知，当座，定期等の種類があるが，ほとんどは定期。金利自由商品（海外金融市場の相場に連動する自由金利を設定）であり，為替リスク商品である。預金利息のほかに為替差益（円安）・為替差損（円高）が発生。

5．貯金契約の内容

1　契約の内容はだれが決めるか

　契約の内容は，原則として契約の当事者が決める（**契約自由の原則**）。しかし，公序良俗に反する契約，強行規定に反する契約，あるいは意思表示に錯誤等の無効原因がある契約は効力を生じない。たとえば，**導入預金***7は法律によって禁止され，また**歩積両建預金***8も不公正な取引方法によるものとして禁止されている。

　契約当事者が明示的に合意しなかった部分があったとしても，契約内容

が**慣習***9に従うとされる場合もある（民法92条）。

2　貯金契約の内容はだれが決めるか

本来は，契約当事者である貯金者とＪＡが協議して決める。しかし，実際上細かい内容を協議して決めるわけにはいかない。

そこで，ＪＡがあらかじめ作成しておいた「**貯金規定***10」や「**カード規定**」を貯金者に示して説明のうえ，その内容を貯金契約の内容とすることになる。

このように事業者が取引に関する事項を定めたものを，**普通取引約款**（あるいは単に**約款**）という。

---

*7　甲が，ＪＡ乙から融資を受けたいと考えているがそれだけの資力がない場合に，謝礼を払う条件で，知人丙を介して，丁にＪＡ乙への貯金を頼んだ。甲，丙，丁がＪＡ乙を訪れ，丁が貯金したが，それを担保に入れることなく，ＪＡ乙は，甲に担保なしで融資した。この場合の丁の貯金を**導入預金**という。乙は，丙に謝礼を払い，丁には裏利息を払った。導入預金は，預金等に係る不当契約の取締に関する法律2条1項で禁止されており，これに違反した者は「3年以下の懲役若しくは30万円以下の罰金」に処せられる。

*8　**歩積預金**は，主に手形貸付に際し貸出金の一部を預金として受け入れること。
　　両建預金は，貸付と両建てとなる形で貸出金の一部を預金として受け入れること。独占禁止法19条の「不公正な取引方法」にあたる。

*9　慣習とは，「ある社会の内部で歴史的に発達し，その社会の成員に広く承認されている伝統的な行動様式」のこと（広辞苑第5版）。契約が成立しても権利・義務の内容に空白部分があるときに，公序良俗に反しない慣習があるときはこれに従う（民法92条）。たとえば，銀行預金の払戻債務の履行地の約定がなかった場合につき，高松高決昭33.12.16下民集9－12－2501は，「銀行の預金に関する債務の履行は預金業務の取扱場所である銀行店舗においてこれを為すことは全国一般に行われている商慣習にして顕著なる事実である」とした。

*10　貯金者と金融機関の貯金契約の内容を定めたものである。通常，通帳や証書に印刷されている。農協法11条の3は，貯金または定期積金の受入れに関し，契約の内容その他貯金者等に参考となるべき情報の提供を行わなければならないとしている。金融商品販売法3条は，金利等について説明しなければならないとしている。

2　貯金の払戻し

Point

　貯金者（貯金払戻請求権を有する者）に払い戻してはじめて，ＪＡは貯金払戻義務を履行したことになる。では，貯金者でない者に払い戻してしまった場合，払戻義務を履行したことにならないのか。払戻義務は消滅しないのか。

1．払戻義務の履行

1　債務者による弁済の意味

　契約が有効に成立すると，契約の当事者の一方（債権者）は権利を有し，他方（債務者）は義務を負うことになる。

　債務者が義務を履行することによって，権利が消滅する。民法は，①弁済，②相殺，③更改，④免除，⑤混同の5つを債権の消滅原因とする。**弁済**は債権の消滅原因である。

2　金融機関の払戻義務の履行

　貯金を受け入れている金融機関が貯金者の払戻請求権の行使に対し，払戻しに応ずることは，債権の消滅原因である「弁済」を行うことである。

```
◆─────────◆─────────◆────────→
払戻請求書      印鑑照合      払戻し〔払い戻した額につき
の提示                        権利・義務とも消滅〕
```

3 印鑑照合の意味

　窓口にきて払戻請求をしている人物が、正当な権利を有する貯金者であることを確認するために、印鑑照合を行う。払戻請求書に押印されている「印影」と届出印鑑の「印影」とを照合して行う（普通貯金規定ひな型5，9）。

　両者を平面で見比べて照合する「平面照合（へいめんしょうごう）」、両者を中央から折って重ねる「折り重ね照合」、拡大鏡で照合する方法、印鑑照合機で照合する方法等がある。

4 貯金者本人に対する「便宜支払い」について

(1) 貯金者本人が窓口にきて、無通帳・無印鑑で払戻しを請求した場合、これに応ずるべきかという問題がある。貯金者本人であることが確実であれば、その者に対する払戻しは、貯金者本人への弁済となるから問題はないようにも思われる。

　しかし、事務手続において誤りが生じやすいので、このような「便宜支払い（べんぎしはらい）」は原則として行うべきでない。対応するとしても、①窓口に来た者が貯金者本人であることを確認できることを前提に、②便宜支払いをして欲しい事情を確認し、③事後的に速やかに払戻請求書等所定の手続を補充する約束のうえ、④担当者の上席など責任者の承認を得て、行うべきである。

(2) 貯金者本人が、届出印は持参しなかったが、実印と印鑑登録証明書を持参し、払戻しを請求した場合、これに応ずるべきか。

　面識があるなどの事情があれば応ずることも可能であるが、原則として対応すべきでない。

　通常、貯金規定には、「この貯金を払い戻すときは、当組合所定の払戻請求書に届出の印章により記名押印して、通帳とともに提出してください」という趣旨が規定されている（普通貯金規定ひな型5(1)）。これは、金融機関（ＪＡ側）が作成したものではあるが、その内容はＪＡと貯金者との貯金契約の内容（約束）になっている。したがって、

ＪＡとしては貯金者に対し，貯金規定どおりの手続を要求する権限があることになる。

5　過振り

過振りとは，当座勘定契約を締結しているが当座貸越の約定をしていない取引先が，当座貯金残高を超えて手形・小切手を振り出した場合に，取引先の依頼に応じ，金融機関側の裁量により，臨時に当座貯金残高を超えて貯金の払い出しに応ずることである。信用が確実な取引先に限って対応する（当座勘定規定ひな型11条）。

2．貯金者本人以外の者に対する払戻し

1　問題の所在

貯金者本人以外の者への払戻しが貯金者本人に対する「弁済」になるか。

貯金を受け入れた金融機関が，**正当な権限を有する貯金者**に対し，請求額を払い戻すことにより，その請求額について貯金者の債権が消滅し，金融機関の債務が消滅することになる。

窓口に来た者が**貯金者本人**であれば，その者に払い戻すことによって債権・債務は消滅する。窓口に来た者が貯金者本人の正当な代理人ないし使者である場合も，窓口に来た者に対する払戻しは，貯金者本人への弁済として有効であり，やはり債権・債務が消滅する。

窓口に貯金者本人ではない**別の者**が来た場合，窓口に来た者が正当な代理人ないし使者であることをどのように確認すべきかという問題がある。

また，窓口に来た者が正当な代理権がない，あるいは使者としての権限がない場合，その者に対する払戻しは，一切，貯金者本人に対する弁済にならないのかという問題がある。仮に貯金者本人に対する弁済にならない場合，金融機関は貯金者本人に対し，さらに払い戻さなければならない。

2 正当な代理人ないし使者

1 代理人等に対する支払い

　貯金者甲が，丙に対し，丙を代理人ないし使者とする旨の委任状等の書面を交付し，丙がそれらの書面を持参して，ＪＡ乙の窓口に来て甲の貯金の払戻しを請求した場合，ＪＡ乙は，丙が甲の代理人ないしは使者である限り，丙に対し，甲の貯金を払い戻す義務がある。ただし，委任状等の書面が偽造の場合もあるので，慎重な対応が必要である。

2 家族に対する支払い

　丙が甲の家族という場合もある。この場合でも，甲の委任状等の書面なしに，甲の貯金を丙に払い戻すべきでない。

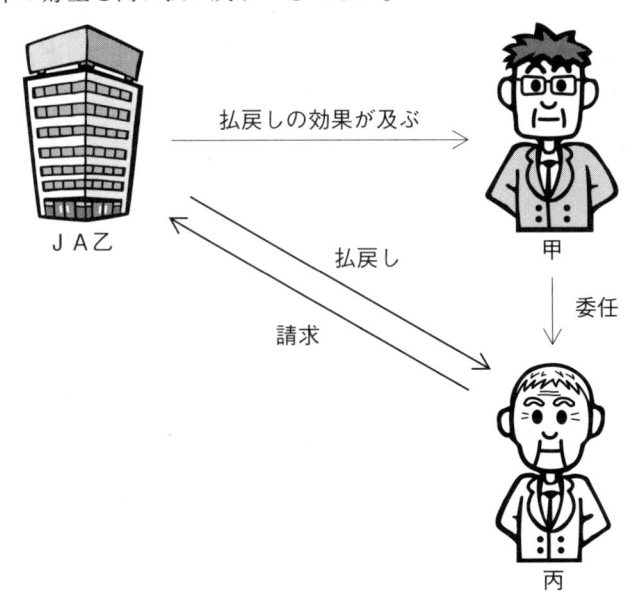

3 相続人

1 相続人の権利

　貯金債権は，法定相続分に応じて分割承継される（民法899条・427条）。最一小判昭29．4．8民集8－4－819は，「相続人数人ある場合において，

その相続財産中に金銭その他の可分債権あるときは，その債権は法律上当然分割され，各共同相続人がその相続分に応じて権利を承継するものと解するを相当とする」としている（同旨，最三小判平16.4.20金判1205－55）。

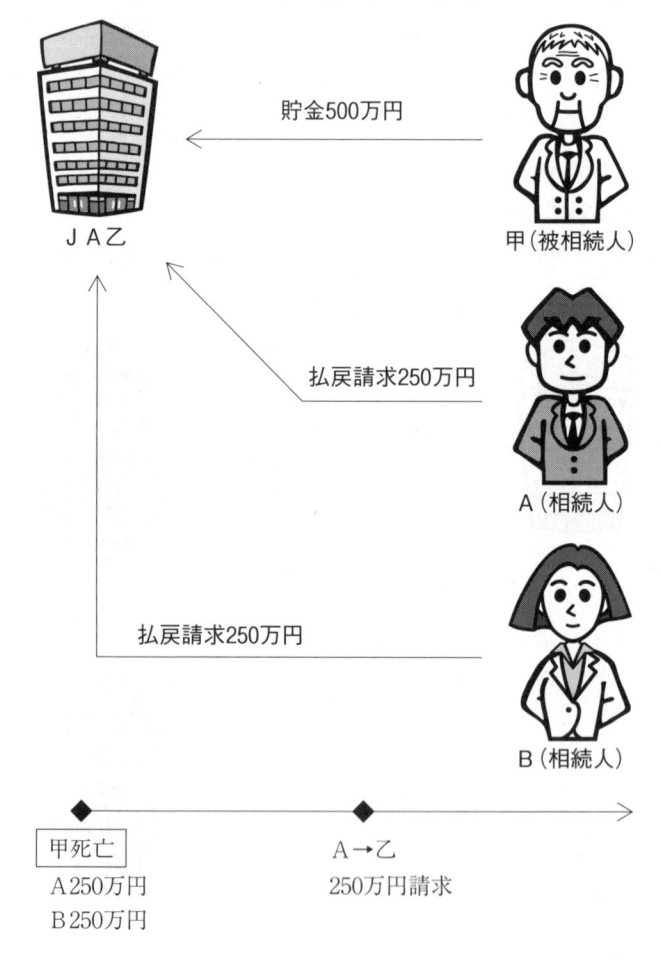

```
[JA乙] ←―― 貯金500万円 ―― 甲（被相続人）

         ↑
         ←―― 払戻請求250万円 ―― A（相続人）

         ←―― 払戻請求250万円 ―――――― B（相続人）
```

```
◆――――――――――◆―――――――――→
甲死亡              A→乙
A 250万円           250万円請求
B 250万円
```

乙は，Aの払戻請求に応ずるべき法律上の義務がある。

2　実務の対応

上記事例でAはは250万円の貯金債権があるから，JA乙のAに対する250万円の払戻しは，貯金者本人であるAに対する弁済であり，250万円の債

権・債務は消滅することになる。

のちに，BがAには250万円の貯金債権がなかったと主張しても，JA乙は，Bの主張を排斥することができる。

しかし，Bが上記の主張をしてくると，JA乙とA及びBの間でトラブルが生ずることは避けられない。そこで，実務的には従来から以下のように対応してきた。

相続人全員の署名のある相続貯金払戻請求書が提出された場合は，相続人であることを確認したうえで払い戻す。

相続人の1人Aが，葬式費用が必要であるとして貯金の払戻請求をした場合，当該相続人Aの相続分以上の払戻しに応じない。

他の相続人Bから，将来紛争が生じても迷惑をかけないという趣旨の**念書**を差し入れてもらって，Aに250万円を超える額を払い戻すという処理もありうる。

3 共同相続人の1人からの被相続人口座の開示請求

> **事例**
>
> 遺産分割で争いがあるようなケースでは，共同相続人の1人から被相続人名義の預貯金口座の取引経過の開示を請求してくることがある。これに応じてよいか。

この問題に関する最判平21.1.22金判1309-62は，以下のような判断を示している。結論として，金融機関は上記開示請求に応じなければならない，とした。

(1) 事案の概要

```
平成17年11月9日    平成18年5月28日
    ◆              ◆              ◆           →
  父A死亡         母B死亡        Cの開示請求
```

相続人の1人Cが，Y信金に対し，A名義の預金（普通1口，定期11口）につき平成17年11月8日及び同月9日における取引経過の開示

を，B名義の預金（普通1口，定期2口）につき平成17年11月9日から平成18年2月15日までの取引経過の開示を，それぞれ求めた。Y信金は，他の共同相続人全員の同意がないとしてこれを拒否した。

(2) 裁判所の判断

最判平21．1．22金判1309－62は，結論として「**金融機関は，預金契約に基づき，預金者の求めに応じて預金口座の取引経過を開示すべき義務を負う**」とした。

そして，「預金者が死亡した場合，その共同相続人の一人は，預金債権の一部を相続により取得するにとどまるが，これとは別に，**共同相続人全員に帰属する預金契約上の地位**に基づき，被相続人名義の預金口座についてその取引経過の開示を求める権利を単独で行使することができる（民法264条・252条ただし書）というべきであり，他の共同相続人全員の同意がないことは上記権利行使を妨げる理由となるものではない」とした。

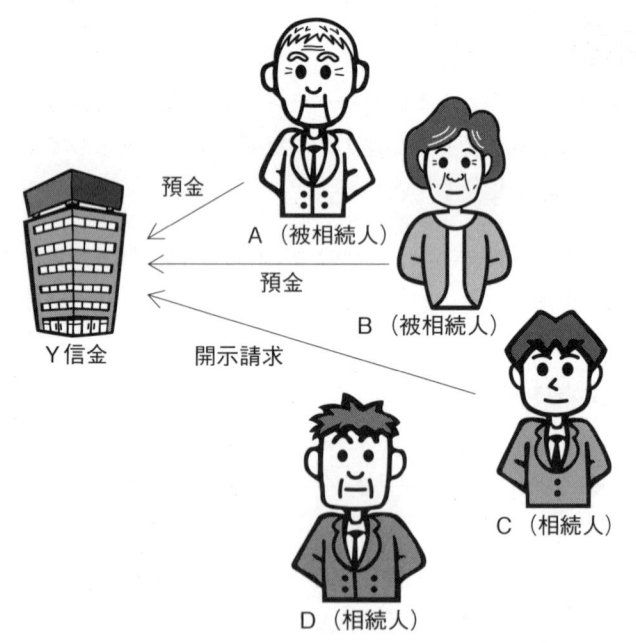

(3) この判決は，預金者AのAのYに対する預金債権は分割可能な債権であるから，法定相続分に応じ，C，Dに2分の1ずつ承継される(民法899条・900条・427条)，ただし，「預金契約上の地位」は分割不可能であり，共同相続人全員に帰属する．したがって，預金契約上の地位に基づく開示請求は，1人でも行使することができる，とした．

ただし，実務においては，可能な限り後日のトラブルの発生を避けるため，相続貯金の払戻請求の場合と同様，相続人全員の署名のある開示請求書の提出を求めることが望ましい．

4 無権限者に対する払戻し

1 原則

JA乙が，権利のない者丙に対し，誤って甲の貯金を払い戻してしまった場合，それは，JA乙の甲に対する弁済とはならない．

乙は，丙に対する支払いのあと，甲の請求があれば，あらためて甲に対し払戻しに応じなければならない．

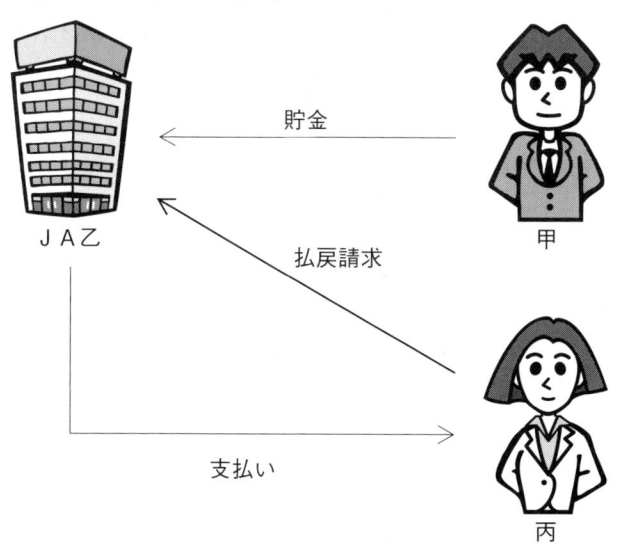

2　例外（無権利者に対する払戻しが免責される場合）

(1)　民法478条は，「債権の準占有者に対してした弁済は，その弁済をした者が善意であり，かつ，過失がなかったときに限り，その効力を有する」としている。

　債権の準占有者とは，「準占有」という言葉を重視すれば，「自己のためにする意思をもって債権の行使をする者」（民法205条参照）のことである。しかし，債権の行使をする者が「自己のためにする意思」をもっていたかどうかではなく，債権の行使をする者が「**取引観念上，真実の債権者らしい外観を有する**」かどうかが問題である。

　甲の貯金通帳と甲の届出印をもっている丙は，取引観念上，真実の債権者らしい外観を有するとして，「債権の準占有者」に該当するとされる可能性が高い。

　債権の準占有者である丙が，甲の届出印の印影のある払戻請求書と甲名義の貯金通帳とを窓口に差し出し，ＪＡ乙の担当者が印鑑照合をし，一致したとして，丙に甲の貯金を支払った場合において，「**窓口に来た人物（丙）が甲でないことを知らなかった（善意）**」，かつ，「**必要な注意をしても甲でないことを知ることはできなかった（無過失）**」ときは，丙に対する支払いは，甲に対する弁済として「その効力を有する」ことになる。

　その結果，丙に支払った金額について，甲はＪＡ乙に対する債権を失い，甲が金銭の支払いを請求してきても，ＪＡ乙はこれを拒否することができる。

(2)　民法478条は，だれがみても債権者らしい者に善意無過失で弁済した債務者を保護するものである。

　貯金者に対する支払いにおいて，払戻請求の都度，いちいち厳格に正当な権利を有する者であるかどうかを調査していては，払戻事務が渋滞し，かえって貯金者全体の便宜を損なうことになる。そこで，一定の注意義務を尽くしたうえで，真正の債権者であると信じて弁済し

た場合には，その弁済を有効としたのである。

では，**どの程度の注意義務を尽くしたら，無過失として有効な弁済となるのか。**

注意義務の程度は，時代に応じて変わる。技術の進歩に伴い印影の偽造が容易になると，貯金窓口担当者に要求される注意義務の程度も上がっていくことになる。

従来の判例では，平面照合でもよいとされた（普通貯金規定ひな型9参照）。たとえば，「銀行の印鑑照合を担当する者が，払戻請求書に使用された印影と届出印の印影又は預金通帳に届出印により顕出された印影（副印鑑）とを照合するにあたっては，特段の事情のない限り，折り重ねによる照合や拡大鏡による照合までの必要はなく，**肉眼による平面照合の方法をもってすれば足りる**」とした判決があった（東京高判平9.9.18金判1036-34，最判平10.3.27金判1049-12）。

3　無権利者に対する支払いが免責されなかった事例

金融機関に本人確認すべき義務があり，それを怠った点に過失があるとされた事案がある。

保険代理店の代表者であった預金者Xが乗用車内においた通帳2通入りのバッグを盗まれ，翌日，Xの預金口座から合計120万円が引き出されたという事案である。

第3章　貯金法務の基礎

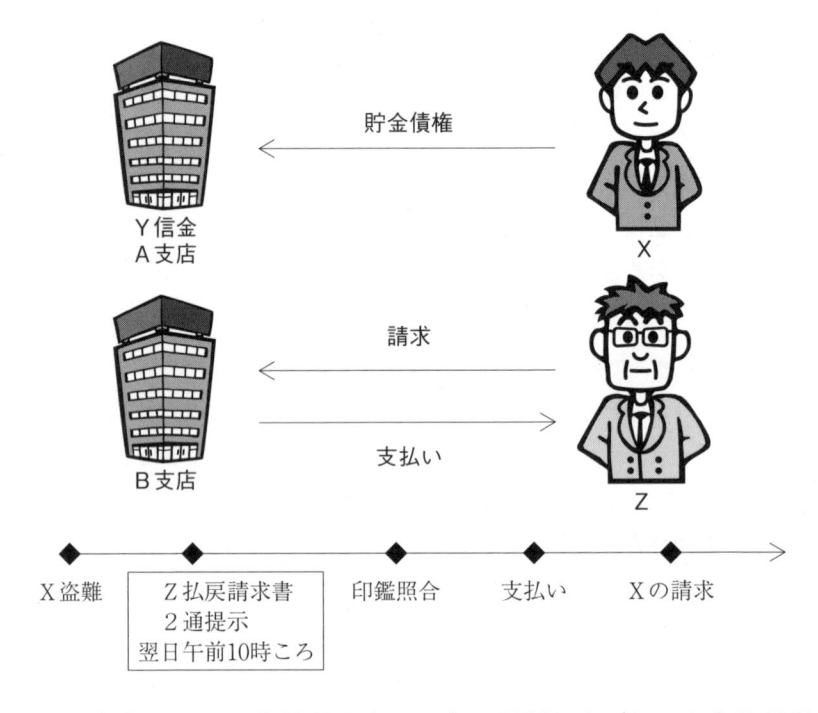

```
Y信金              貯金債権        X
A支店  ←─────────────

B支店  ←─────────────  請求      Z
       ─────────────→  支払い
```

```
●─────●─────────●─────●─────●─────→
X盗難  Z払戻請求書  印鑑照合  支払い  Xの請求
       2通提示
       翌日午前10時ころ
```

　この事案について裁判所は次のように判断した（さいたま地判平16．6．25金判1200－13，ＪＡ金融法務399号48頁）。以下，基本的に判決文を引用する。
　(1)　**平面照合が原則，例外は「疑念を抱かせる特段の事情」がある場合**
　　　Ｙ信用金庫が無過失であるというためには，払戻請求者が**正当な受領権限を有しないのではないかとの疑念を抱かせる特段の事情**がない限り，印鑑照合をするＹ信用金庫窓口担当者において，社会通念上一般に期待されている業務上の相当の注意をもって平面照合を行っていれば足りる。
　(2)　**本件の特徴**
　　　本件における印影の相違点は，本件払戻請求書の印影は，本件届出印の印影に重なるがいくつか**欠落箇所**があること，本件払戻請求書の印影には印鑑の輪郭線の外に本件届出印の押捺によっては通常現れな

い縦線があること，上記欠落箇所及び輪郭外縦線は2通の本件払戻請求書において全く同一であることが特徴である。

これらの特徴（**特に2通の本件払戻請求書の印影のいずれにも輪郭外縦線が存在すること**）は，本件払戻請求書の印影が，副印鑑の印影をスキャナーで読み取り，画像処理をし，それをカラープリンターなどで払戻請求書上に複製したものであることを強くうかがわせるものである。

本件各払戻請求書の印影を本件届出印の印影と個別に照合した場合には，本件各払戻請求書の印影と本件届出印の印影は酷似している。

しかし，本件各払戻請求書の印影を相互に照合した場合には，上記特徴が浮かび上がってくるのであり，この特徴は，本件来店者（払戻請求者）が**正当な受領権限を有しないのではないかとの疑念を抱かせる事情**というべきである。

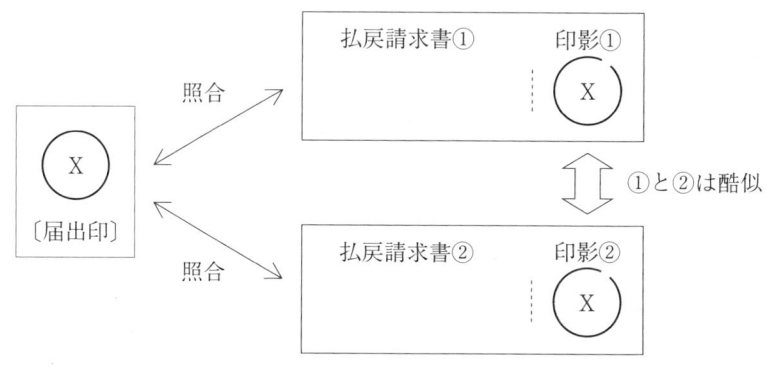

[届出印] X ─照合→ 払戻請求書① 印影① X
[届出印] X ─照合→ 払戻請求書② 印影② X
①と②は酷似

(3) **慎重に本人確認をすべき場合とされている取引態様**

① 開店後1時間程度しか経過していない**午前10時ころの取引**である
② 払戻請求書が合計120万円で預金残高に対する**払戻請求金額の割合**が本件口座①につき約99％，本件口座②につき約84％と**高割合**である
③ 本件各口座から同割合の預金の**払戻しをした実績**がなかった
④ Y信用金庫B支店で本件各口座から**預金払戻しをした実績**がなかった

前記のような態様は，盗難預金通帳による無権限払戻しの被害が多発しているという状況を受けて，本件各払戻当時，Y信用金庫を含めた多くの金融機関が定めていた預金払戻時の留意事項に関する内部的取扱いにおいて，身分証明証書の提示や支払伝票に住所の記入を求めるなどして，**より慎重に本人確認をすべき場合とされている取引態様**に該当する。

(4) 本人確認をすべき義務があった

本件払戻請求書には，本件来店者が正当な受領権限を有しないのではないかとの疑念を抱かせる特徴があり，また，本件払戻しの態様は，盗難預金通帳による無権限払戻しのおそれのある態様であったのであるから，Y信用金庫窓口担当者は，本件払戻しにあたり，**本件払戻請求書の印影と本件届出印の印影の平面照合にとどまらず，本件来店者に対し，払戻請求書への再度の押印や住所の記入，身分証明書の提示などを求めて，本人確認をする義務**があったのに，これを怠ったというべきである。

したがって，Y信用金庫には，本件来店者に正当な受領権限があると信じるにつき過失があったというべきであり，本件払戻しについて，民法478条により弁済の効力を認めることはできない。

(5) 過失相殺

真実の債権者に重大な過失がある場合には，公平の観点から，民法418条を類推適用して，その過失を斟酌し，過失相殺をすることができると解するのが相当である。

Xは，保険代理店の代表者であり，本件各口座において顧客からの保険金を管理しており，平成12年5月ころ以降，盗難預金通帳を悪用した無権限払戻被害につき新聞報道がされたことにより，そのような被害が多発していることを認識していたのに，平成14年7月10日夕方の食事時以降，本件届出印と印影が共通である副印鑑が貼付された本件他行通帳及び本件通帳（本件通帳には副印鑑が貼付されていない）

を含む5冊の預金通帳が入ったバッグを乗用車内に置いたまま，同車両から離れ，翌日午前11時まで，本件通帳等が盗難の被害に遭ったことに気付かなかったというのであるから，Xには，**本件預金通帳及びその届出印の印影と同じ副印鑑を貼付した本件他行通帳の保管につき，重大な過失**があり，本件払戻しがされたことについてはXにも看過しがたい帰責事由が存するというべきである。したがって，本件においては，民法418条を類推適用して，Xの過失割合を3割とし，Y信用金庫の責任を減ずるのが相当である。

(6) この判決が示した判断は，ＪＡの貯金業務についても参考にされるべきである。窓口担当者は，「**正当な受領権限を有しないのではないかとの疑念を抱かせる事情**」がどんな事情か，「**慎重に本人確認をすべき場合**」がどんな場合かを念頭において，窓口業務に従事すべきである。

5 機械払いによる無権利者への支払い

1 機械払いによる貯金の払戻し

現金自動支払機（ＣＤ，ＡＴＭ等。以下「機械」という）による貯金の払戻しは，「カード規定」に従って行っている。

```
◆―――――◆―――――◆―――――◆――――→
機械に     届出の暗証及び  入力暗証と    払戻し
カード挿入  金額を入力    届出暗証の一致
```

窓口での払戻しの場合は，印鑑照合によって貯金者本人であることを確認するが，機械払いの場合は，**暗証番号の照合**によって貯金者本人であることを確認している。

2 無権利者が他人のカードで払い戻した場合

(1) 「**カード機械払いの事案**」（最判平5.7.19金判944-33）

「銀行の設置した現金自動支払機を利用して預金者以外の者が預金の払戻しを受けたとしても，銀行が預金者に交付していた真正なキャ

ッシュカードが使用され，正しい暗証番号が入力されていた場合には，**銀行による暗証番号の管理が不十分であったなど特段の事情**がない限り，銀行は，現金自動支払機によりキャッシュカードと暗証番号を確認して預金の払戻しをした場合には責任を負わない旨の**免責約款により免責される**ものと解するのが相当である。」

　本判決は，免責条項が存在する「カード機械払事案」において，民法478条の適用の可否を判断することなく，免責約款による免責を認めたものである。

(2) 「**通帳機械払の事案**」(最判平15.4.8金判1170－2)

　(銀行が民法478条の無過失というためには)「払戻しの際に機械が正しく作動したことだけでなく，銀行において，預金者による暗証番号等の管理に遺漏がないようにさせるため当該**機械払いの方法により預金の払戻しが受けられる旨を預金者に明示すること**等を含め，機械払いシステムの設置管理の全体について，可能な限度で無権限者による払戻しを排除し得るよう注意義務を尽くしていたことを要する。」

　本判決は，免責条項が存在しない「通帳機械払事案」において，預金者への明示を怠ったなどの事情があるとし，民法478条を適用できないとした。

(3) 「**カード機械払いの事案**」(東京高判平20.3.27金法1836－54)

　盗難キャッシュカードによって総額1,188万5,670円の払戻しをした事案につき，上記判決は，民法478条の適用について判断することなく，免責規定によって銀行の免責を認めた。

　「本件免責規定のような機械払システムにおける免責規定は，銀行側が一方的に組み立てた弁済受領者の権限の機械的な判定システムに依拠して免責の効力を認めるものであるから，当該システム全体が安全性を有することが当然の前提となっており，当該システム全体が安全性に欠ける場合には免責の効力は認めがたいことになる。」

　「当該システム全体が安全性を有するものといえるためには，**払戻**

しの時点においてキャッシュカードと暗証番号の確認が機械的に正しく行われたというだけでなく，銀行において，機械払システムの利用者の過誤を減らし，**預金者に暗証番号等の重要性を認識させること**を含め，同**システムが全体として，可能な限度で無権限者による払戻しを排除し得るように組み立てられ，運営されるよう注意義務を尽くし**ていたことを要するというべきである。」

本判決は，免責条項が存在する「カード機械払事案」につき，民法478条の適用の可否を判断しなかった。しかし，この場合でもまず民法478条を適用すべきだとする見解が多い。

3 カード預貯金者保護法による保護

「偽造カード等及び盗難カード等を用いて行われる不正な機械式預貯金払戻し等からの預貯金者の保護等に関する法律」（**カード預貯金者保護法**）が2006年2月から施行された。

金融機関が善意無過失であっても，預貯金者に過失（帰責事由）がなければ金融機関が全損失を負担し，預貯金者に軽過失がある場合には，金融機関が全損失の75％を負担する。

金融機関が免責されるためには，預貯金者に故意もしくは重過失があることを要する。

6 意思無能力者または制限行為能力者に対する支払い

1 意思能力のない者に対する支払い

(1) 意思能力（判断能力，事理弁識能力）がない者は，法的に有効な意思表示ができない。意思能力のない者の意思表示は無効である。このため，意思能力のない者が払戻請求を行使する旨の意思を表示し，ＪＡがこれに応じて払い戻したとしても，この払戻しは有効な払戻請求に基づかない払戻しであり，したがって払戻義務は消滅しないことになる。

(2) 問題は，払戻請求の意思を表示した者が，その時点において意思能

力があるかないかを，ＪＡにおいて判断できるかである。意思能力の有無は，最終的には医師の鑑定あるいは司法による判断によるほかないが，実務の場面でいちいち医師の鑑定等を求めるわけにもいかない。

そこで，払戻しのため窓口に来た貯金者本人の意思能力に疑問を感じた場合は，その疑問の程度に応じて，担当者が注意深く質問してみる，役席者等もまじえ複数で別室で応対する，家族にきいてみるなど臨機応変の対応をせざるをえない。

意思能力がないと思われる場合には後見制度の利用をすすめるほかないが，ことは個人の尊厳にかかわる事柄であるから慎重に対応すべきである。

2　制限行為能力者に対する支払い

(1) 貯金者本人が未成年者，あるいはすでに成年後見制度の適用を受けている者（成年被後見人，被保佐人，被補助人）である場合に，これらの者に対して貯金を払い戻しても，払戻請求それ自体が取り消されることがある。

(2) 未成年者が法定代理人（親権者）の同意を得ないで自分の貯金の払戻しをしても，その貯金が法定代理人から**目的を定めて処分を許した財産**といえる場合（学費，生活費等），あるいは，法定代理人から**目的を定めないで処分を許した財産**といえる場合（小遣い等）は，払戻請求を取り消されることはない（民法5条3項）。しかし，未成年者名義で多額の貯金がなされ，その貯金を未成年者が単独で払戻請求をしてきた場合は，法定代理人（親権者）の同意を要求するなど具体的事案に応じて対応すべきである。

(3) 貯金者が成年被後見人の場合には，後見人による払戻請求がある場合に限って払戻しに応ずるべきである。貯金の払戻請求は一般には，「日用品の購入その他日常生活に関する行為」（民法9条ただし書）に該当しない。

(4) 貯金者が被保佐人の場合には，保佐人の同意がある場合に限って払

戻しに応ずるべきである。貯金の払戻しを受けることは，被保佐人にとって「元本を領収すること」にあたる（民法13条1項1号）。保佐人が代理権付与の審判を受けている場合は，代理人たる保佐人の払戻請求に応ずることになる。

(5) 貯金者が被補助人の場合は，貯金の払戻しを受けることが「補助人の同意を得なければならない行為」である旨の審判があるかどうかによる。このような審判があれば，補助人の同意がある場合に限って払戻しに応ずるべきである（民法17条1項）。

3 貯金債権に対する差押え

Point

JA乙に対する甲の貯金債権が第三者によって差し押さえられることがある。差押えとはなにか、また、裁判所から差押えの通知がきた場合、JAとしてはどのように対応すべきか。

1．差押え

1 差押えとは

差押えとは、債務者が任意に債務を履行しない場合に、債務名義（確定判決、強制執行認諾文言のある公正証書など）に基づいて、債務者の財産に対して行う強制執行の方法の1つである（民執法22条・45条・93条・114条・122条・143条）。

① 債権者丙が、債務者甲に対する債権について債務名義を取得。
② 丙が裁判所に差押えの申立
③ 裁判所が差押命令を発送
④ 差押命令が債務者甲に到達。第三債務者乙に到達（この時、差押えの効力発生。民執法145条4項）
⑤ 丙は、債務者甲への到達時から1週間経過後、乙に対し甲の貯金債権を取り立てることができる（民執法155条1項）。

3 貯金債権に対する差押え

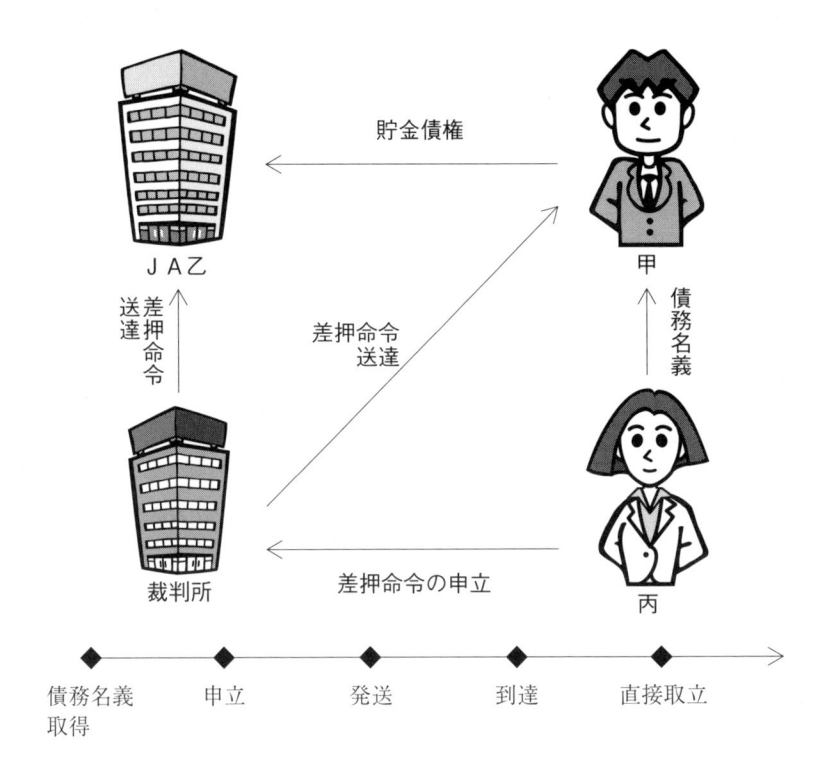

貯金債権
JA乙 ← 甲
差押命令送達 ↑ ↑ 債務名義
差押命令送達 ↗
裁判所 ← 丙
差押命令の申立

◆ ◆ ◆ ◆ ◆
債務名義取得　申立　発送　到達　直接取立

2 差押えの効力

1 差押えの効力の内容

差押命令が債務者及び第三債務者に送達されたときは，債務者は，債権（貯金債権）の取立その他の**処分を禁止**され，第三債務者は債務者への**弁済を禁止**される（民執法145条1項）。

2 配当要求

債務名義をもっている他の債権者及び先取特権を有する債権者は（民執法154条），取立がなされるか，第三債務者が供託するまで（民執法165条），**配当要求**をすることができる。

3 転付命令

差押債権者は，**転付命令**の申立を行い，差し押さえた債権を差押債権者

195

に移転させることもできる（民執法159条）。差押命令及び転付命令が確定した場合，差し押さえた債権の券面額で，弁済されたことになる（民執法160条）。

2．差押命令の送達等を受けたときの手続

1 貯金の管理

　第三債務者たる金融機関が差押命令の送達を受けたときは，その送達を受けた時点で存する貯金の払戻しが禁止される。その後に入金となった貯金については払戻しが可能である。

　このため，送達時点以前の貯金とその後に入金された貯金の管理を別にしておくことが必要である。

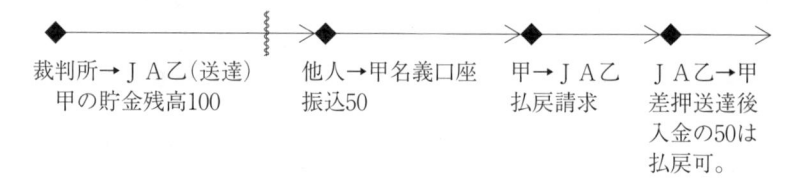

```
◆─────～～～～─◆───────◆───────◆──────▶
裁判所→ＪＡ乙（送達）  他人→甲名義口座  甲→ＪＡ乙    ＪＡ乙→甲
甲の貯金残高100      振込50         払戻請求      差押送達後
                                          入金の50は
                                          払戻可
```

2 陳述の催告

　陳述の催告があった場合，差押命令の送達の日から2週間以内に，差押えにかかる債権の存否などの事項について陳述（回答）しなければならない（民執法147条）。

　回答に際しては，「支払う意思あり」と回答することには慎重でなければならず，「返済のないときは相殺することがある」と付記しておくべき場合がある＊1。

　＊1　裁判所から貯金差押えの通知がきた場合は，農協取引約定書例5条1項1号によって，貯金者に対する貸付債権の期限の利益は喪失する。ＪＡは，期限の利益が喪失した貸付債権を自働債権とし，貯金債権を受働債権として相殺することができる（農協取引約定書例7条）。

3 供託

　第三債務者は，債務者の何口かの貯金のうち1つでも差押えがあった場合，全部の貯金について供託することができる（**権利供託**，民執法156条1項）。

　差押え・仮差押えが競合したときは，第三債務者は供託しなければならない（**義務供託**，民執法156条2項）。

3．滞納処分による差押え

　国税債権の徴収手続については，国税徴収法等が定めている。その手続の概要は次のとおりである。

1 差押え

　納税者が督促を受け，その督促にかかる租税を**督促状を発した日から10日を経過した日**までに完納しないときは，その財産の差押えが行われる（国徴法47条1項1号，地方税法68条1項1号等）。

2 差押えの方法・効力発生時期

　納税者が有する債権（ＪＡ乙に対する貯金債権等）の差押えは，第三債務者（ＪＡ乙等）に対する債権差押通知書の送達により行う（国徴法62条1項）。

　その効力は，債権差押通知書が第三債務者に送達された時に生ずる（国徴法62条3項）。

3 第三債務者からの取立

　徴収職員は，債権（貯金債権や共済金請求権等）を差し押さえた場合は，その取立をすることができる（国徴法67条1項）。

　なお，民事執行では1週間の経過が必要（民執法159条4項・5項・160条・10条）。

4 第三債務者と国との関係

1 質権の設定を受けた貯金債権に対する差押え

　租税債権者である国からみて第三債務者であるＪＡ乙が，甲のＪＡ乙に対する貯金債権に質権の設定を受けていた場合に，国が貯金債権を差し押さえた。この場合，質権者であるＪＡ乙は，換価代金の配当には参加できるが，国の取立自体を妨げることはできないと解される（東京地判平２．６．22判タ743－140）。

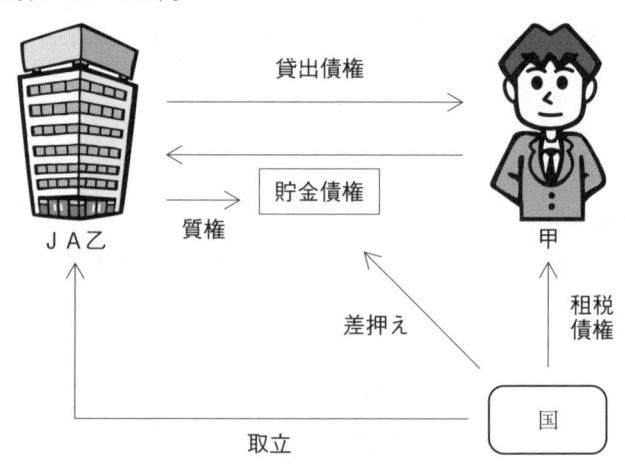

2 優先順位

　租税債権者と質権者とは，法定納期限と質権者が対抗要件として得た確定日付の前後によって，優先順位が定まる。

　租税は原則として私債権に優先する。しかし，納税者（甲）がその財産（貯金債権）上に質権を設定している場合において，その質権が租税の法定納期限等以前に設定されたものであるときは（これを証明するものが確定日付のある私署証書等），その租税は，その換価代金につき，その質権によって担保されている債権（ＪＡ乙の甲に対する貸出債権）に劣後する（国徴法15条1項・2項，地方税法14条の9・14条の10）。

　法定納期限とは，法律が本来の納期限として予定している期限である。たとえば，所得税法104条は7月31日を第1期分の予定納税の納期限とし

ている。

```
甲→ＪＡ乙     法定納期限    滞納処分
質権設定                  （質権者乙が国に優先）
```

債務者（甲）に法定納期限等の到来した租税があるかどうかは，納税証明書（国税通則法123条，同令41条，地方税法20条の10，同令6条の2）によって容易に知ることができる。

3　ＪＡによる相殺

第三債務者（ＪＡ乙）が，滞納者（甲）に対して有する反対債権（自働債権，ＪＡ乙の滞納者に対する貸付債権等）が租税債権者による差押えの後に取得されたものでない限り，被差押債権（受働債権，滞納者のＪＡに対する共済金請求権等）と相殺することができる（最大判昭45．6．24民集24－6－587）。

5　滞納処分による差押えと強制執行による差押えの競合

1　滞納処分による差押えが先行している場合

滞納処分による差押えのなされている債権に強制執行による差押えがなされたときは，差押債権者は滞納処分の及んでいない部分についてだけ取立ができる（滞納処分と強制執行等との手続の調整に関する法律（滞調法）20条の5）。第三債務者は供託することができる（滞調法20条の6）。

2　強制執行による差押えが先行している場合

民事執行法による差押えがなされている債権に滞納処分がなされたときは，差押債権者も徴収職員も差押債権を取り立てることができず，第三債務者は全額を供託しなければならない（滞調法36条の6）。この場合，執行裁判所が債権の優先順位に応じて配当する。

第4章

貸出法務の基礎

1 貸出契約の成立

Point

　貸出の実務を法的側面から考える場合，思考の順序として，まず，貸出契約が成立しているかどうかという点から考える。どのような場合に貸出契約は成立しているといえるだろうか。

1．貸出取引の開始

1 貸出取引は，以下の手続で開始される

　借入申込みがあると，貸出先の信用調査，借入申込みの内容検討，保全措置の検討，そして内部稟議を経て契約書作成，貸出実行へと進む。

借入申込み → 信用調査 → 保全検討 → 契約書作成 → 貸出実行

2 貸出取引の経済的側面及び法律的側面

1　経済的側面における審査

　貸出*1は，経済的側面からいえば，資金需要者に対し一定額の金銭を貸し付けることであり，この側面からは**資金需要の内容及び返還の可能性**が重要な審査対象となる。

＊1　金銭の貸付（消費貸借契約）のほか，手形の売買である手形割引を含め，貸出と称する。貸出と融資は同義である。

2　法律的側面における審査

　貸出は，法律的側面からいえば，返還することを約束してもらって，一定額の金銭を実際に交付することである。

　返還の約束と金銭の交付により金銭消費貸借契約（民法587条）が成立し，これにより貸出先に対する貸金返還請求権が発生し，貸出先は借入金返還債務を負うことになる。この側面からは，**契約の成立及びその効力**が重要な審査対象となる。

2．貸出にはどんな種類があるか

1　証書貸付と手形貸付

(1)　借用証書（金銭消費貸借契約証書）を作成のうえ貸し付ける方法が**証書貸付**である。土地，建物，機械，家畜等を取得するための設備資金や負債を整理するための負債整理資金など，回収に長期間を要する貸付の場合の貸出方法である。

(2)　貸出先が貸出金額を額面額として振り出した手形を受け取って貸し出す方法が**手形貸付**である。仕入決済と売掛回収とに時間差があるなど，資金繰りのために必要となる運転資金を貸し出す場合などに利用される貸出方法である。

　　手形貸付の場合には，金銭消費貸借契約に基づく貸付債権（原因債権）と手形上の手形債権という2つの債権が成立する。金融機関は，原因債権（貸付債権）と手形債権の2つを取得し，いずれを行使してもよい（農協取引約定書例2条参照）。ただし，一方が目的を達して消滅すれば，他方も消滅する。

2　当座貸越

当座貸越は，当座勘定契約を締結した取引先が当座貯金の残高を超えて小切手を振り出した場合でも，金融機関がその超過額を立て替えて支払うことを約定して行う取引である。

総合口座取引を行っている者がJAから当座貸越を受けている場合に，一定の事由が生じたとき（その者が破産手続開始の申立をしたときなど），JAに対し，貸越元利金等を当然にまたはJAの請求がありしだい，即時に支払うこととされている（**即時支払い**）。

なお，**営農貸越**または**購買貸越**は，営農資金を貸すことを予定して開設した営農貯金口座を通じて貸し付けるものである。極度額は当座貸越と異なり，融資の枠を意味する。

3　JAの貸出

JAは，組合員農家に対し，農業資金，農家経済安定資金，農家生活改善資金など農業信用基金協会の保証対象となる貸出，近代化資金など国の制度資金，住宅ローン，教育ローン等を扱っている。

3．貸出契約の締結

1　契約に関する文書

1　文書作成の必要性

貸出契約は**返還約束の合意**と**金銭の授受**という2つの事実によって成立する（民法587条）。法律上は文書の作成は契約の成立要件ではない。

しかし，上記2つの具体的事実が存在したことを後日証明するため，また，上記の合意以外に合意した詳細な事項の内容を明確にしておくため，実務上は文書を作成する。

2　作成する文書

貸出契約の締結にあたって作成する主な文書は，①農協取引約定書，②金銭消費貸借契約証書，③抵当権設定契約証書，④保証契約書などである。

3　文書の法律上の意味

(1) **文書**とは，文字その他の記号によって人の意思，判断，報告，感想等を表現する物である。公務員が権限に基づき職務上作成した**公文書**とそれ以外の**私文書**がある。

オリジナルである文書は**原本**,公証権限ある者が特に正本として作成したもので法律上原本と同一の効力を持つ文書は**正本**,公証権限ある者が原本と相違ない旨を公証する文言を付記した文書を**認証ある謄本・認証ある抄本**(文書の一部を写したもの)という。

(2) 甲という作成名義人のある文書が,実際に甲の意思に基づいて作成されていた場合,当該文書は真正に成立したという(**文書の成立の真正**＊2)。

文書の成立の真正は,その文書の成立の真正を主張する者が証明しなければならない(民訴法228条1項)。

甲の署名捺印ある文書が甲の意思に基づき作成されたことを乙が主張するときは,乙は当該文書が甲の意思に基づいて作成されたことを証明しなければらならない。

民訴法228条4項は,「私文書は,本人又はその代理人の署名又は押印があるときは,真正に成立したものと推定する」とする。署名が甲によってなされたか,あるいは押印が甲によってなされた場合,文書は甲の意思に基づいて作成されたと推認される。

しかし,「甲が署名したこと」あるいは「甲が押印したこと」を乙が証明することはやはり難しい。そこで,「文書中の印影が本人または代理人の印章によって顕出された事実が確定された場合には,反証がない限り,該印影は本人または代理人の意思に基づいて成立したものと推定するのが相当である」と

＊2 文書の真正あるいは文書成立の真正とは,当該文書が特定人(作成名義人)の意思に基づいて作成されたことをいう。

第4章　貸出法務の基礎

された（最判昭39.5.12金判529-234）。

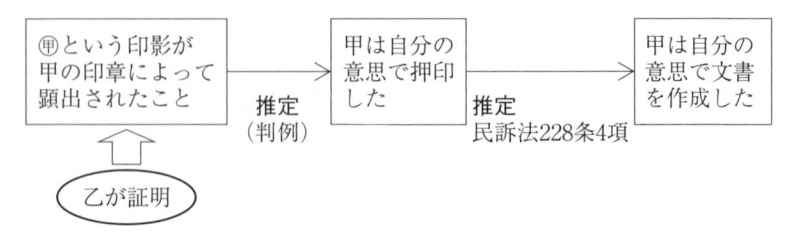

```
┌─────────────┐        ┌─────────────┐        ┌─────────────┐
│㊒という印影が │        │甲は自分の   │        │甲は自分の   │
│甲の印章によって│──→    │意思で押印   │──→    │意思で文書   │
│顕出されたこと │  推定  │した         │  推定  │を作成した   │
└─────────────┘ (判例) └─────────────┘民訴法228条4項└─────────────┘
       ↑
   ⌒乙が証明⌒
```

　　上記の**二段の推定**により，㊒の印影が甲の印章によるものであることが証明されれば，甲の側で，甲作成名義となっている文書が甲の意思に基づかないことを反証しない限り，当該文書は甲の意思に基づいて作成されたと判断される。すると，甲作成名義の文書に表現されている意思，判断等は甲が表示したものと事実上推定されることになる。
(3)　文書は，署名押印＊3がある場合は，上記のようにきわめて重要な役割を果たすが，そうでない場合もある事実の立証のための有力な証拠となる。このため，文書提出命令＊4の制度が設けられている（民訴法220条以下）。

② 農協取引約定書
1　基本的かつ継続的な約束事項の確認

　金融機関が貸出取引を行う場合，1回で終わる場合もあるが，繰り返し貸出を行う場合もある。特に，ＪＡの場合，組合員に対し，数件の貸出あるいは数回の貸出を行うことも多い。
　そこで金融機関は，各個別の貸出取引に固有の事項は金銭消費貸借契約

＊3　署名とは，自己の作成した書面等に自己の氏名を記載することまたは記載された筆跡のこと。押印とは，自己の作成した書面等に印を押すこと。私文書は，本人（作成名義人）またはその代理人の署名または押印があるときは，当該作成名義人によって作成されたものであることが推定される（民訴法228条4項）。また，印影が当該名義人の印章によって顕出された事実が確定された場合には，反証のない限り，当該印影は本人の意思に基づいて顕出されたものと事実上推定される（最判昭39.5.12金判529-234）。

証書によって合意するが，複数の貸出取引に共通する事項は取引約定書に記載し，あらかじめ包括的に合意しておくこととしている。

銀行取引約定書，信用金庫取引約定書，**農協取引約定書**等はこのような取引約定書の例である。

2 農協取引約定書例が規定している項目

農協取引約定書例に規定されている項目の概要は，次頁表のとおりである。

従来の取引約定書では，金融機関に一方的な権限があるとされていた項目（利率変更等）についても，新たな取引約定書例では，当事者の合意によることを明確にしている。

また，従来は差入方式（組合員からＪＡに差し入れる）であったが，当事者対等という契約の原則にのっとり，新しい取引約定書の形式は，**双方署名方式**としている。

3 利息，割引料，保証料，手数料等の取決め（農協取引約定書例3条）

(1) 利息，手数料等は，ＪＡ乙と甲とが合意により定め，その変更については，一方当事者から他方当事者に**協議を求める**ことができるとしている。

(2) 遅延損害金の利率は，利息制限法の範囲内であればよい。消費者契約法9条2号は，消費者が支払う損害賠償の額は年14.6％を上限とし

＊4　民訴法220条所定の文書の所持者は文書提出義務を負っている。文書提出命令は，文書の所持者にその提出を命ずる裁判所の決定のこと（民訴法223条1項）。最判平11.11.12金判1079－8は，「貸出稟議書は，専ら銀行内部の利用に供する目的で作成され，外部に開示することが予定されていない文書であって，開示されると銀行内部における自由な意見の表明に支障を来たし銀行の自由な意思形成が阻害されるおそれがあるものとして，特段の事情がない限り，『専ら文書の所持者の利用に供するための文書』に当たると解すべきである」として，文書提出命令申立を却下した。イン・カメラ手続（民訴法223条6項）を活用して金融機関の自由な意思形成が阻害される部分を外し，残りの部分について一部提出命令（民訴法223条1項後段）を認めるべきであるとの見解もある（大阪地決平12.3.28金判1091－22）。

1	適用範囲	約定書が適用されるＪＡ乙と甲の取引の範囲等を明示
2	手形と借入金債務	手形貸付の場合，原因債権と手形債権が併存すること
3	利息，損害金等	利息，損害金等は別に合意したところによる
4	担保	増担保差入れの約束
5	期限の利益の喪失	期限の利益を喪失させる事由
6	割引手形の買戻し	手形の割引をした場合に，甲に買戻債務が生ずること
7	ＪＡ乙による相殺，払戻充当	貸出債権の期限が到来した場合，貯金債権の期限のいかんにかかわらず，ＪＡ乙から甲に対し，相殺できること
8	甲による相殺	貯金債権の弁済期が到来した場合，甲からＪＡ乙に相殺できる
9	手形の呈示，交付	ＪＡ乙が甲に対する手形貸付による貸出債権（原因債権）で相殺するとき，手形の呈示，交付を要しないこと
10	ＪＡ乙による充当の指定	ＪＡ乙が相殺または払戻充当をするとき，ＪＡ乙において充当先を指定する
11	甲による充当の指定	甲が充当するときは，ＪＡ乙に対する書面による通知によって充当先を指定する
12	危険負担，免責条項等	甲がＪＡ乙に提出した文書がやむをえない事情によって紛失，損傷したときは，ＪＡ乙の帳簿，伝票等の記録に基づき弁済する
13	届出事項の変更	甲は，印章，署名等に変更があった場合，書面によって届け出る
14	報告および調査	甲は，貸借対照表，損益計算書等の書類の写しを提出する
15	適用店舗	本約定書は，甲・ＪＡ乙の本支所との諸取引に共通に適用される
16	準拠法，合意管轄	準拠法は日本法とする（法の適用に関する通則法7条）。訴訟は，ＪＡ乙の本所または取引支所の所在地を管轄する裁判所を管轄裁判所とする（民訴法11条）
17	約定の解約	甲に対する債権が消滅後，いずれか一方の書面による通知を受領後1か月経過して本約定は失効する

ているが，同法11条2項は民法及び商法以外の他の法律に別段の定めがあるときは，その定めるところによるとしている。

(3) 利息制限法4条1項は，**遅延損害金の利率の上限を**，①元本10万円未満は年29.2％，②元本10万円以上100万円未満は年26.28％，③元本100万円以上は年21.9％としている。

ただし，平成18年12月20日成立の改正利息制限法7条は，「第4条第1項の規定にかかわらず，営業的金銭消費貸借上の債務の不履行による賠償額の予定は，その賠償額の元本に対する割合が年2割を超えるときは，その超過部分について，無効とする」としている。同改正法は平成22年6月18日までの間で政令で定める日に施行される。**営業的金銭消費貸借の遅延損害金の利率の上限は一律年20％**となる。

(4) なお，「出資の受入れ，預り金及び金利等の取締りに関する法律」*5 は高金利を得る者を処罰する刑罰法規である。

4 担保について（農協取引約定書例4条）

(1) 従来は，「債権保全を必要とする相当の事由が生じたとき」は，JA乙は**増担保**を請求できるとしていたが，これは消費者契約法10条に抵触するとの理由で，担保価値の減少，借入者またはその保証人の信用不安など**債権保全を必要とする相当の事由が生じたと客観的に認め**

---

*5 **出資の受入れ，預り金及び金利等の取締りに関する法律** 金銭消費貸借によって高金利を得る者等を処罰する法律である（以下「出資取締法」という）。金銭の貸付を行う者が，年109.5％（2月29日を含む1年については109.8％とし，1日当たりについては0.3％とする）を超える割合による利息・損害金の契約をしたときは，5年以下の懲役もしくは1,000万円以下の罰金に処し，またはこれを併科する（出資取締法5条1項）。平成18年改正法は，金銭の貸付を行う者が業として金銭の貸付を行う場合において年20％を超える割合による利息の契約をしたときは，5年以下の懲役もしくは1,000万円以下の罰金に処し，またはこれを併科するとし（出資取締法5条2項），また，業として保証を行う者が，当該保証に係る貸付の利息と合算して当該貸付の金額の年20％を超える割合となる保証料の契約をしたときも同様とする（出資取締法5条の2第1項）。

られる場合に，ＪＡ乙が相当期間を定めて請求したときは，甲は，増担保を差し入れ，保証人をたてる義務を負うとした。

(2) 担保については，法定手続以外の方法でも，**一般に適当と認められる方法**，時期，価格等によりＪＡ乙において取立または処分のうえ，債務の弁済に充当できるとしている。

　強制執行や競売等の法定手続によって売却代金から回収する場合，売却価格が低いというリスクがある。このため，ＪＡ乙が債権者として，債務者甲が提供した担保物件を任意に，処分することができるとしたものである。

(3) ＪＡ乙は，甲の債務不履行の場合，ＪＡ乙が占有している甲の動産，有価証券等を処分して債務に充当できるとしている。

> **Point**
>
> 代金取立のためＪＡ乙に手形を預けていた甲が倒産した場合，ＪＡ乙は，その手形を取り立て，債務に充当することができるか。

㋐　銀行（商人）の場合は可能である。代金取立依頼契約自体は民法656条・653条により消滅する。しかし，銀行は商法521条により商事留置権を取得する。この商事留置権は，破産法66条１項〜３項により，最下位の特別の先取特権とみなされるものの，留置的効力は保持している。したがって，銀行は破産管財人からの引渡請求を拒絶したうえ，銀行取引約定書４条３項及び４項に基づき取立・充当できる（最判平10．7．14金判1057－19）。

㋑　ＪＡの場合は相殺処理を行うことが可能である。ＪＡは非商人であるから，商事留置権を取得しない。したがって，手形の占有を続ける権限は消滅し（破産法66条３項），代金の取立を行う権限もない。無権限で取立をした場合，取立代金は，破産管財人に返還する義務が生ずるが，この義務を破産法71条２項２号にいう「前に生じた原因＊６」に基づいて負担したものとして，貸付債権と相殺することが可能と解

される。

5 期限の利益の喪失（農協取引約定書例5条）

期限の利益及びその喪失事由の概要は，第2章第4節第2項（本書97頁以降）を参照されたい。

期限の利益喪失条項は，債務者の信用状態が悪化した場合に貸出債権を早期に回収できる条件を整えておく，または貯金債権が第三者によって差し押さえられた場合に貸出債権を自働債権とする相殺をもって第三者に対抗できるようにしておくためのものである。

6 相殺・払戻充当（農協取引約定書例7条）

(1) ＪＡ乙は，期限の利益喪失等によって甲がＪＡ乙に対する債務（貸出債権）を履行しなければならない場合には，甲のＪＡ乙に対する債権（貯金債権等）の期限のいかんにかかわらず，貸出債権をもって，貯金債権を相殺することができるとしている。

(2) ＪＡ乙は，相殺ができる場合は，相殺（甲に対する通知が必要）ではなく，払戻充当の方法をとることもできるとしている。

払戻充当は，ＪＡ乙が，甲にかわり，甲の貯金債権等の払戻しを受け，払戻金を甲のＪＡ乙に対する債務の弁済に充当[*7]するというものである。

(3) 取引先甲から，ＪＡ乙に対し，貯金債権をもって貸出債権を相殺することもできるとしている（逆相殺といわれる）。

---

* 6 「前に生じた原因」については本書273頁参照。
* 7 **弁済の充当** 同一の債権者に対し，数個の債務を負担する債務者が提供した金額が，債務の全部を消滅させるのに足りないとき，いずれの債務，あるいはいずれの給付の弁済に充てるかを決定すること。合意充当，指定充当，法定充当によって充当される（民法488条・489条・490条・491条）。本書132頁参照。

3 個別の契約書による合意事項

個別の契約書によって，当事者は個々の契約における合意をする。その主な事項は以下のとおりである。

1 金銭消費貸借契約証書

(1) 返還約束の意思表示

金銭消費貸借契約＊8は，①借入者の返還約束の意思表示による合意と，②金銭の授受という2つの具体的事実によって成立する（民法587条）。

通常，契約証書には，元金及び利息の返済方法等を記載し，借入者の返還約束の意思表示を表現する。そして，借入者が，債務者欄に住所及び氏名を署名し，押印する。これによって，債務者には**返還約束の意思表示**があったことが証明される。

(2) 利息

法律上の制限としては利息制限法，出資取締法，貸金業規制法等がある。実際には短期プライムレートや長期プライムレート等を参考に決めることとなる。固定金利とするか変動金利とするかも合意事項となる。

(3) 元利金の返済方法

元利均等か元利不均等か，元利金の支払口座等を合意する。

(4) 執行証書の作成義務

ＪＡ乙の請求があれば，甲は，強制執行の認諾がある公正証書（これを**執行証書**という）を作成する義務を負うとしている。

＊8 消費貸借契約は，当事者の一方が，種類，品質及び数量の同じ物をもって返還をすることを約して，相手方から金銭その他の物を受け取ることによって成立する契約（要物契約，民法587条）。準消費貸借は，消費貸借によらないで金銭その他の物を給付する義務を負う者がある場合において，当事者がその物を消費貸借の目的とすることを約することによって成立する契約（諾成契約，民法588条）。消費貸借の予約は，本契約である消費貸借契約を締結すべき旨の予約。予約権利者（借主となるべき者）は，予約義務者（貸主となるべき者）に対し，消費貸借締結の意思表示ならびに目的物（金銭）の交付を請求する権利をもつ。

2 連帯保証契約

(1) 連帯保証契約は，①債権者と連帯保証人との連帯保証の合意と，②書面（または電磁的記録）の作成という2つの具体的事実によって成立する（民法446条2項）。

　通常，連帯保証契約は金銭消費貸借契約証書によって，債権者と連帯保証人とが締結する。1通の金銭消費貸借契約証書のなかに，金銭消費貸借契約と連帯保証契約の2つの契約が記載されていることになる。

　連帯保証人が，連帯保証人欄に住所及び氏名を署名し，押印することによって，**保証する旨の意思表示**があったことが証明される。

(2) 債権者と連帯保証人との間における債権者の担保保存義務（民法504条）を免除する合意をしている（**担保保存義務免除特約**）。

3 抵当権設定契約証書

抵当権については後で詳述するが，一般的に抵当権設定契約証書に記載する事項の概要のみ以下に掲げる（抵当権設定契約証書例は本書310頁掲載）。

(1) 抵当権設定契約は，債務者の債務を担保するため自己の所有する物件に抵当権を設定する旨の意思表示とこれに応ずる債権者の意思表示の合致（合意）によって成立する。

　自己の所有する不動産に抵当権を設定する者が，抵当権設定契約証書の抵当権設定者（担保提供者）欄に，自己の住所及び氏名を署名し，押印することによって，**抵当権を設定する旨の意思表示**があったことが証明される。

(2) 抵当権を設定する者は，不動産の所有者である債務者または第三者である。抵当権設定契約証書では，債務者が自己所有の不動産に抵当権を設定する場合には，「抵当権設定者・債務者」と表記され，第三者が第三者所有の不動産に抵当権を設定する場合には，「担保提供者」と表記されている。

(3) 抵当権設定契約証書では，債務者または担保提供者は，抵当権設定の**登記手続を行う義務**を負うとしている。登記は，債務者及び担保提供者以外の第三者に対する対抗要件である（民法177条）。

(4) 債務者または担保提供者は，抵当物件の価値を保存する義務を負うとしている。抵当物件について収用その他の原因により補償金や清算金などを受け取る債権が生じたときは，その債権につき債権者のために**質権を設定する義務**を負うとしている。

(5) 債務者または担保提供者は，抵当物件に対し，**火災共済契約**または**火災保険契約**を締結し，その保険契約に基づく権利の上にＪＡのため保険契約に**抵当権者特約条項**をつけるか質権設定の手続をとるとしている。

(6) 債務者または担保提供者は，抵当建物の敷地が借地の場合，その借地期間の満了の際，借地借家法22条・23条・24条の定期借地権を除き，直ちに借地契約の更新手続をとるなどするとしている（**借地権の保存**）。

(7) ＪＡは，抵当物件につき法定の手続（抵当権の実行）のほか，一般に適当と認められる方法によって処分して，その処分代金から回収することができるとしている。

(8) 担保提供者は，ＪＡが相当と認めて他の担保もしくは保証を変更・解除しても免責を主張しないとしている（**担保保存義務免除特約**）。

2 貸出と担保

> **Point**
> 貸出金は確実に回収しなければならない。回収した貸出金は別の資金需要者に対する貸出の原資の一部となる。では，貸出金を確実に回収するにはどのような方法があるか。

1．貸出債権をどのように担保するか

1 人的担保と物的担保

1 担保とは

　担保とは，債務の不履行に備えて，債務者等から債権者に対し，弁済の保証のために提供するものである。担保には人的担保と物的担保がある。

　人的担保は，債務者以外の者に債務者とともに債務を負担させることによって債務の弁済を確保しようとするものである。**物的担保**は，目的物につき他の債権者に優先して弁済を受けることができる権利を設定し，この権利によって債務の弁済を確保するものである。

　ただし，貸出は貸出先の資金需要に応じ，貸出先の総合的な信用調査の結果行うものであって，いたずらに担保に依存する貸出を行ってはならない。

2 担保の種類

　人的担保としては，保証契約，損害担保契約，保険契約等がある。物的担保は，留置権＊1，先取特権＊2など法律で定められている**法定担保物**

権と，質権，抵当権，譲渡担保権など当事者の約定によって成立する**約定担保物権**がある。

物的担保は，担保に供される一定の財産（物）である。一定の財産（物）から優先的に自己の債権を回収できる権利が担保物権である。

担保物権の対象となる財産は通常は物すなわち有体物であり（民法85条），それには不動産すなわち土地及びその定着物（建物など）と動産がある（民法86条）。ただし，担保物権の1つである債権質の目的は，「物」ではなく，「権利」である。

3　非典型担保（事実上の担保）

民法に定めのない担保を非典型担保という。非典型担保には，譲渡担保のほか，**所有権留保**（売買代金債権を担保するために，売買の目的物の所有権を買主に移転せず，売主に留保する特約），**仮登記担保**（仮登記の順位保全効を利用した担保），**代理受領**（債権者Aの債務者Bに対する債権を担保するため，BがAに対し，Bの第三債務者Cに対する債権の弁済の受領を委任し，AがBに代わってCから直接弁済を受領し，その受領をもって債権の弁済に充てること）などがある。

＊1　留置権とは，他人の物の占有者が，その物に関して生じた債権の弁済を受けるまで，その物を留置する担保物権（民法295条以下）。商事留置権は，商法上の留置権（商法31条・521条・557条・562条・589条・753条，会社法20条）。倉庫営業者は，保管料の弁済を受けるまで，保管している物を留置できる（商法521条）。

＊2　先取特権とは，法律の定める一定の債権者が，債務者の総財産あるいは債務者の特定の動産・不動産から，優先弁済を受ける担保物権（民法303条以下）。たとえば，種苗，肥料，蚕種（蚕の卵），蚕の飼養に供した桑葉を供給したことによって生じた債権（売掛債権）の債権者は，種苗を植え，肥料を施してから1年内に，その土地から生じた果実（農産物），または，その蚕，桑の葉から生じた物（繭や生糸）から，他の債権者に先立って，優先的に，自己の債権（売掛債権）の弁済を受けることができる（民法311条6号・322条）。農業協同組合（JA）等が農業経営者に農業用動産の保存・購入等の資金を貸し付けたときは，当該動産及びこれにより生産された動産につき，先取特権を有する（農業動産信用法4条以下）。

さらに，事実上担保機能を有するものとして，**相殺権**，振込指定などがある。**振込指定**は，貸出先が自己の債務者に対し，売掛債権等の支払資金を，貸出金融機関に設けた貸出先名義の口座に振り込むよう指定することである。これによって，貸出金融機関は相殺の実効性を確保できる。

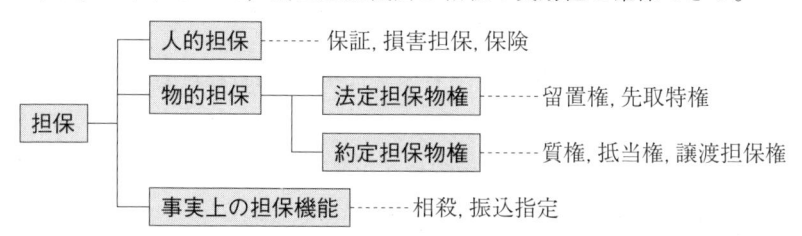

```
           ┌─ 人的担保 ──────── 保証, 損害担保, 保険
           │           ┌─ 法定担保物権 ── 留置権, 先取特権
担保 ──────┼─ 物的担保 ─┤
           │           └─ 約定担保物権 ── 質権, 抵当権, 譲渡担保権
           └─ 事実上の担保機能 ── 相殺, 振込指定
```

2．保証とはなにか

1 概要

1 保証とは

保証とは，保証人が主債務者と同じ内容の債務を負担し，主債務者が債務不履行となった場合に，主債務者にかわって債務履行の責任を負うことである。

保証人は，主たる債務とは別個の債務（**保証債務**）を債権者に対して負担する。したがって，保証人の所有する一般財産が保証債務履行の責任財産となり，債権者は，保証人に対する債務名義を得て，保証人の有する一般財産に対して強制執行を行うことができる。

2 保証の種類

保証債務を負う者は，債権者と保証契約を締結した保証人である。自然人が保証契約を締結して保証人となることもあるが，公共的機関その他の法人が保証契約を締結することもある。個人が保証するものを**個人保証**，法人が保証するものを**法人保証**という。

法人保証のうち，信用保証協会法等に基づき信用保証協会等が行う保証を**機関保証**という。機関保証としては，信用保証協会（信用保証協会法），

農業信用基金協会（農業信用保証保険法），漁業信用基金協会（中小漁業融資保証法）等がある。

2 保証契約の成立

1 成立要件

保証契約は，保証人の保証する旨の意思表示とこれに対応する意思表示の合致（**合意**）のほか**書面***3作成により成立する（民法446条1項・2項）。合意のほか書面という一定の様式が要求されている契約を**要式契約**（ようしきけいやく）という。

2 貸金等根保証契約

貸金等根保証契約は，保証する旨の合意，書面作成のほか「**極度額の定め**」をすることが契約成立の要件である（民法465条の2第1項・2項）。

根保証契約は，一定の範囲に属する不特定の債務を主たる債務として保証する契約である。

根保証契約のうち，保証される債務のなかに「金銭の貸渡し又は手形の割引を受けることによって負担する債務（貸金等債務）」が含まれ，かつ，保証人が法人であるものを除く契約を**貸金等根保証契約**（かしきんとうねほしょうけいやく）という。

3 保証契約成立の効果

1 保証債務の内容

保証契約が成立すれば，債権者は**保証債権**を取得し，保証人は**保証債務**を負担する。

特定の債務を保証した保証人は，主債務の元本のほか，利息，違約金，

---

*3 従前は保証契約も合意のみによって成立する諾成契約であった。しかし，往々にして安易に締結され，後になってトラブルになる事例が多かったため，2004年12月1日公布の改正民法（民法の現代語化）は保証契約の成立要件として書面作成を加えた。これにより，保証契約は要式契約となった。同時に，従前とかく問題があった包括根保証については，あらたに「貸金等根保証契約」の規定を付け加えて要件内容を明確にした。

損害賠償の弁済，その他その債務に従たるすべてのものを保証する（民法447条1項）。

貸金等根保証契約の保証人は，主たる債務の元本，主たる債務に関する利息，違約金，損害賠償その他その債務に従たるすべてのもの及びその保証債務について約定された違約金または損害賠償の額について，その全部にかかる極度額を限度として，履行する責任を負う（民法465条の2第1項）。

2　催告の抗弁権と検索の抗弁権（単純保証と連帯保証）

主たる債務者と連帯しない単純保証の保証人は，催告の抗弁権(民法452条）と検索の抗弁権（民法453条）を有する。

催告の抗弁権とは，まず主債務者に先に催告すべきであるとの保証人の債権者に対する抗弁の権限である。**検索の抗弁権**とは，まず資力があり，かつ執行が容易な主債務者の財産から執行すべきであるとの保証人の債権者に対する抗弁の権限である。

主たる債務者と連帯して保証した**連帯保証人**は，催告及び検索の抗弁権を有しない（民法454条）。

なお，主たる債務者の商行為によって生じた債務の保証は連帯保証であり，また，保証それ自体が商行為であるときの保証は連帯保証である（商法511条2項）。

3　分別の利益と保証連帯（共同保証）

単純保証人が数人ある場合，各保証人は主債務の額を保証人の頭数で分割した額についてのみ保証債務を負う(民法456条)。これを**分別の利益**[4]という。

---

[4] 同一の債務を保証する共同保証人は分別の利益を有する（民法456条）。たとえば，Aに対するBの300万円の債務につき，C，D，Eが保証した場合，3人の共同保証人は各自100万円ずつ負担する。ただし，主たる債務が不可分のとき，共同保証人が相互に連帯の特約をしたとき（保証連帯），数人の保証人が連帯保証人であるときは，各共同保証人は，各自全額（300万円）の弁済義務がある。

ただし，主たる債務が不可分債務である場合（民法465条1項）や特約によって分別の利益を放棄した保証連帯の場合（同項）は，分別の利益はない。

連帯保証の場合は，各連帯保証人がそれぞれ主たる債務者と連帯して全額弁済義務を負うのであるから，当然分別の利益はない。

4 貸金等根保証契約
1 貸金等根保証契約とは

一定の範囲で，継続的に増減変動しながら生ずる貸出債権を，極度額を限度として個人が保証するものを**貸金等根保証契約**という。当座貸越契約によって生ずる債務を，極度額を限度として個人が保証するものなどはこれにあたる。

2 元本確定期日

貸金等根保証契約の期間は，元本確定期日の定めがない場合は**3年**である（民法465条の3第2項）。元本確定期日を定める場合は**最長5年**である（民法465条の3第1項）。

元本確定期日の前2か月以内に変更する場合は，変更前の元本確定期日から最長5年までの日を元本確定期日とすることができる（民法465条の3第3項）。

3 元本の確定

主たる債務の元本は，「契約で定めた元本確定期日の到来」のほか，次に掲げる場合には確定する（民法465条の4）。

① 債権者が，債務者または保証人の財産について，強制執行または担保権の実行を申し立てたとき。ただし，強制執行手続または担保権の実行手続の開始があったときに限る。
② 債務者または保証人が破産手続開始の決定を受けたとき。
③ 債務者または保証人が死亡したとき。

5 代位弁済

1 代位弁済による法律関係

① 保証人丙が，保証債務の履行として，ＪＡ乙に弁済した。
② 丙の弁済によって，甲のＪＡ乙に対する債務は消滅するはずである。
③ 丙は，ＪＡ乙に対する弁済により，甲に対して**求償権**を取得する（民459条1項）。
④ 丙の甲に対する求償権の効力を確保する必要がある。そこで，民法は，ＪＡ乙の甲に対する債権（原債権）を存続させ，かつ，丙は，弁済によって，当然に**債権者乙に代位**するとした（民法500条）（本書135頁参照）。
⑤ 丙は，代位により，ＪＡ乙の甲に対する貸出債権（原債権）及び物上保証人丁に対する抵当権を行使することができる（民法501条前段）。

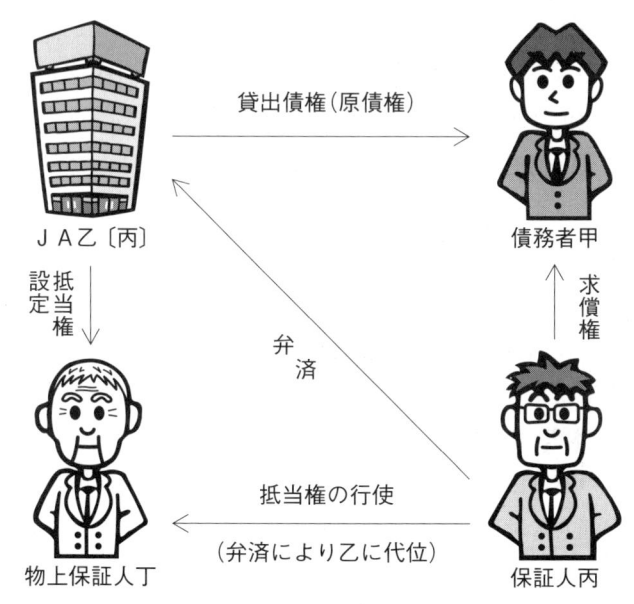

2 代位者の権利行使

(1) 代位弁済をした保証人は，債務者甲に対する求償権を行使できる。求償権の効力を確保するため，債権者（ＪＡ乙）に代位し，ＪＡ乙の

甲に対する貸出債権（これを**原債権**（げんさいけん）という）とＪＡ乙の丁所有不動産に対する抵当権を実行できる（民法501条前段）。

　　保証人丙が貸出債権の全額を弁済せず，その一部を弁済することもある。この場合は，保証人丙は，弁済した価額に応じて，債権者ＪＡ乙とともに，その権利を行使することができる（民法502条１項）。

(2)　債権者と保証人との合意により，代位弁済によって取得する保証人の権利の行使を制限する場合がある。

　　たとえば，「保証人は，保証債務を履行した場合，代位によって組合から取得した権利は，債務者と組合との取引継続中は，組合の同意がなければこれを行使しない」旨の合意が契約書に記載されていることがある（**代位権行使の制限**）。

　　これは，保証人が代位弁済した債権以外に，ＪＡが債務者甲に対して他の債権を有する場合に，保証人が代位弁済によって取得した権利を行使することによって，ＪＡと債務者甲との取引継続が困難になることを防止しようとする趣旨である。

3　保証人，物上保証人等相互の関係

(1)　「弁済をするについて正当な利益を有する者」（民法500条），たとえば保証人や物上保証人が複数いる場合には，それらの間の優劣が問題となる。民法501条各号はその優劣関係を定めている。

　　それらの関係のうち，**保証人と物上保証人との間**においては，「**その数に応じて**」，債権者に代位するとされている（民法501条後段５号本文）（本書140頁参照）。

(2)　複数の連帯保証人がいる場合は，代位弁済した連帯保証人は，他の連帯保証人に対して各自の負担部分につき求償権を取得する（民法442条１項・465条１項）。したがって，取得した求償権の範囲で，債権者が他の連帯保証人に対して有していた貸出債権を行使することができる。

　　その他保証人と第三取得者との関係，物上保証人相互の関係等は，

民法501条後段1号・2号・3号・4号に定められている（本書137頁参照）。

4 担保保存義務

(1) 連帯保証人丙は，自分が代位弁済をして債務者甲に対する求償権を取得した場合，債権者乙の有している貸出債権や抵当権を実行して，求償権を確保できると期待している。

仮に，債権者乙が，物上保証人丁に対する抵当権を放棄した場合，連帯保証人丙のこのような期待は裏切られる。このため，民法504条は，「**債権者が故意又は過失によってその担保を喪失し，又は減少させたとき**」は，代位をすることができる者は，その喪失または減少によって償還を受けることができなくなった限度において，その責任を免れるとした。

これを債権者乙の側からみると，代位をすることができる者，たとえば連帯保証人丙から免責を主張されないため，物上保証人丁に対する抵当権を保存しておかなければならない。これを**担保保存義務**＊5という。

(2) 債権者と連帯保証人との合意，あるいは債権者と物上保証人との合意によって，担保保存義務の免除特約がなされている（金銭消費貸借契約証書例2条3項，抵当権設定契約証書例9条）。

＊5 法定代位をすることができる者を保護するため，債権者に課される担保を保存すべき義務。債権者が故意または過失によって担保を喪失したり，減少させたりしたときは，その代位をすることができる者は，その喪失または減少によって償還を受けることができなくなった限度において，その責任を免れることになる（民法504条）。古い判例であるが，500円の債権を担保するための抵当建物が35円になるまで放置し，かつ利息も取り立てなかったため，元利金が多額になったという場合につき，債権者に懈怠（＝過失）があるとされた例がある（大判昭8.9.29民集12－2443）。担保保存義務の免除特約を有効とする判例はあるが，事情によっては，代位弁済の正当な利益を奪うものとして，特約の効力に疑問を生じることもあるとする見解がある（我妻・有泉コンメンタール民法総則・物権・債権，日本評論社，2005年，893頁）。

これは，債務者との継続的な金融取引過程において，債権者たる金融機関としては，機動的に保証や担保を付したり，あるいは保証や担保を差し替えたりする必要があるからである。

3．債権質とはなにか

1　概要

　質権とは，債務が弁済されるまで目的物を留置し，弁済がないときはその目的物によって優先弁済を受ける約定担保物権である（民法342条以下）。目的物の占有の移転が要件であることが抵当権と異なる。

　目的の違いにより動産質（民法352条以下），不動産質（民法356条以下），権利質*6（≒債権質）（民法362条以下）の3種がある。ＪＡの信用事業においては，債権質が重要である。

2　債権質の成立要件

1　指名債権に対する質権設定の要件

　指名債権（債権者が特定している債権）に質権を設定する場合は，その債権を担保に供する旨の債務者（指名債権を有する者）の意思表示とこれに応ずる債権者（指名債権を有する者に対し債権を有する者）の意思表示の合致（**合意**）によって成立する。

　要物契約でないことが無記名債権の質権と異なる。

2　無記名債権に対する質権設定の要件

　無記名債権等，すなわち「**債権であってこれを譲り渡すにはその証書を交付することを要するもの**」が目的となる場合，たとえば商品券，乗車券等，証書上に特定の権利者名が表示されていないがその証書を所持してい

　＊6　権利質は，動産・不動産以外の財産権を目的とする質権（民法362条）。金銭債権，株式，地上権，特許権，著作権等につき設定する。債権を目的とする質権を特に債権質という。

る者が権利者であると認められるような無記名債権に質権を設定する場合は、これらの債権に質権を設定する旨の債務者と債権者の合意のほか、その**証書の交付**が必要である（**要物契約**、民法363条・86条3項）。

③ 債権質の対抗要件

1 第三債務者対抗要件

債権質権者が第三債務者に、自己が質権者であることを対抗（主張）するためには、債務者から第三債務者に対する**通知**または第三債務者から債務者もしくは債権者に対する**承諾**が必要である（民法364条・467条1項）。

2 第三者対抗要件

債権質権者が**質権設定者以外の第三者**に対し、債権質権を対抗（主張）するためには、**確定日付のある証書**による債務者から第三債務者に対する通知、または第三債務者からの債務者もしくは債権者に対する承諾が必要である（民法364条・467条2項）。

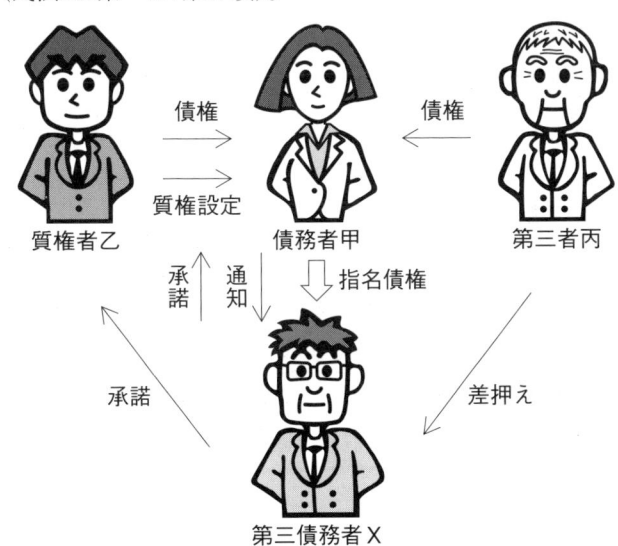

```
 ◆―――――◆―――――◆―――――◆――――▶■
乙に対し    丙に対し    丙への質権設定につ    乙のXに対する    X拒否
質権設定    質権設定    き確定日付ある通知    取立
```

3 動産特例法（動産及び債権の譲渡の対抗要件に関する民法の特例等に関する法律）

法人が債権を目的として質権を設定した場合において，当該質権の設定につき，債権譲渡登記ファイルに**質権設定登記**をした場合は，民法467条の規定による「確定日付のある証書による通知」があったものとみなされ，当該登記の日付をもって確定日付とされる（動産債権譲渡特例法4条）。

1枚の電磁ファイル（フロッピー）に多数の債権譲渡（質権設定）の情報を入れて，これを法務局（東京法務局民事行政部債権登録課）に，持参または郵送あるいはオンラインで送り，法務局のコンピュータに記録するという方法によって登記する。

4 債権質の効果・実行

1 質権設定者の義務

質権設定者は，質権者のために，目的債権（質権を設定した債権）を保全する義務を負う（最判平18.12.21金判1264-39）。

2 第三債務者に対する効果

第三債務者は，質権設定者に弁済しても，質権者に対抗できない（民法481条の類推適用）。質権者は，第三債務者が質権設定者に弁済したあとも，第三債務者から取り立てることができる。

3 債権質権者の直接取立権

債権質権者は，質権の目的たる債権を**直接に取り立てる**ことができる（民法366条1項・2項）。

質権を設定した債権の弁済期が，質権者の債権（被担保債権）の弁済期より前に到来したとき，質権者は，第三債務者に弁済すべき金額を供託させることができる（民法366条3項）。

債権質権の存在を証明する文書を裁判所に提出して質権を実行する方法もある（民執法193条）。

5 保険金請求権の質入れ

1 保険金請求権の質入れ手続

抵当目的物の保険金請求権に質権を設定する場合がある。

① 金融機関乙と甲との間で、甲所有の建物・船舶等につき抵当権設定契約を締結。

② 甲が抵当建物・抵当船舶等につき保険者丙と保険契約を締結。

上記保険契約に基づき、保険事故の発生によって被保険者甲は保険者丙に対し保険金請求権を行使できる（商法629条→保険法3条等）。

③ 甲の乙に対する債務を担保するため、甲と乙の間で、甲の丙に対する保険金請求権について債権質権設定契約を締結（債権質権を設定する旨の合意）。

2 保険者及び第三者に対する対抗要件

質権者が保険者に対して、質権者であることを対抗（主張）するためには、質権設定者から保険者に対する通知、または保険者の承諾が必要である。

質権者が第三者に対して質権者であることを対抗（主張）するためには、確定日付のある通知または承諾が必要である。

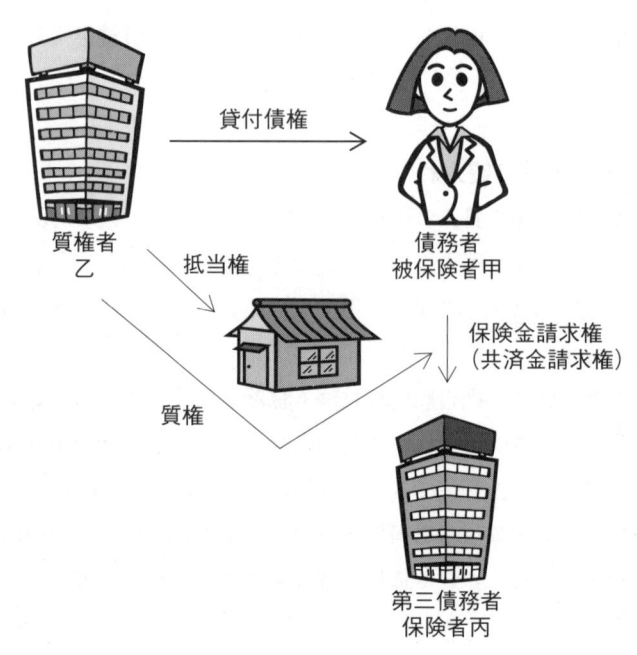

6 共済担保貸付

1 共済担保貸付とは

債務者甲に対するＪＡ乙（信用事業部門）の貸付債権を担保するために，甲のＪＡ乙（共済事業部門）に対する共済金請求権に質権を設定する貸付である。

第三者（丙）に対する対抗要件は，ＪＡ乙（共済）の**確定日付のある質権設定承諾**（担保差入証にその旨記載）である。

2 第三者対抗要件の必要性

ＪＡ乙（信用）が，甲に対する貸出債権を担保するため，甲のＪＡ乙（共済）に対する共済金請求権に質権の設定を受けた。しかし，対抗要件を備えていなかった。その後，甲に対する債権者丙が，甲のＪＡ乙に対する共済金請求権に質権の設定を受け，甲からＪＡ乙（共済）に確定日付のある通知を出させたとする。

JA乙（信用）は，丙に対して，質権を対抗できない。第三者丙の出現の可能性に備えて，JA乙（信用）は対抗要件を備えておく必要がある。

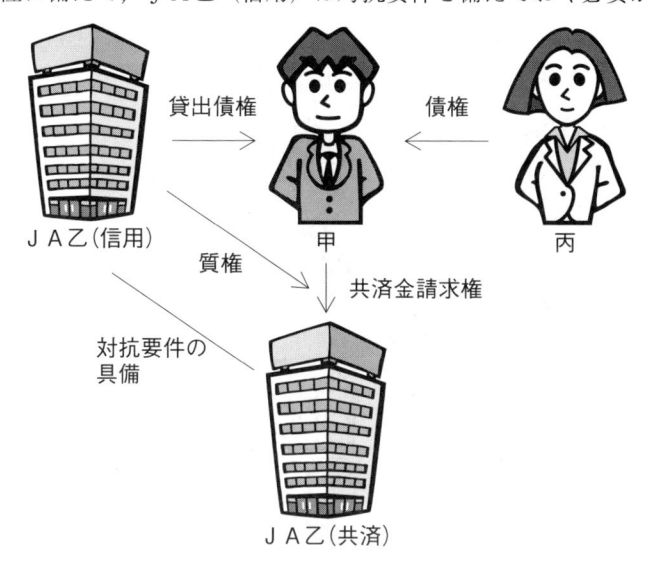

4．抵当権とはなにか

1 概要

1 抵当権とは

抵当権は，債務者または第三者が所有する不動産などの目的物の売却代金から，他の債権者に先立って優先的に弁済を受けることができる権利である。占有を債権者に移転しない点で質権と異なる。

2 抵当権の目的物及び効力の及ぶ範囲

(1) 不動産の所有権*7，地上権*8，永小作権*9（民法369条）

抵当権は，不動産に付加して一体となっている物（**付加一体物**）にも効力が及ぶ（民法370条）。また，抵当不動産の**従物**たる関係にある物にも抵当権の効力が及ぶ（民法87条2項）。たとえば，建物に備えつけられた畳・障子・家具，農地に常備された家畜・納屋などについ

て抵当権の効力が及ぶ（大判大8.3.15民録25−473）。

　敷地を除き建物だけに設定された抵当権の効力は，その敷地利用権（地上権，賃借権）にも及ぶ。ＪＡ乙の甲所有建物に対する抵当権の効力は，敷地所有者丙に対する借地権に及ぶ。ただし，期間満了等に

- *7　**所有権**は，法令の範囲内において，自由にその所有物の使用，収益及び処分をする権利（民法206条）。
- *8　**地上権**は，他人の土地において工作物または竹木を所有するため，その土地を使用する用益物権（民法265条）。ほかに地下または空間に上下の範囲を定め工作物（地下鉄，高架線など）を所有するために設定される区分地上権がある（民法269条の2）。
- *9　**永小作権**は，小作料を支払って他人の土地において耕作または牧畜をする権利（民法270条）。第二次大戦後に実施された農地改革により民法の永小作権はほとんど利用されなくなった。1952年施行の農地法は家族経営中心の農業を念頭に，地域に住み自らが農作業をする者に限定して農地に関する権利（所有権，賃借権）を認めていた。2009年6月17日可決成立の改正農地法は戦後初めて「農地耕作者主義」を放棄し，企業でも個人でも「農地を適正に利用」する場合には，そこに住んでいなくても原則自由に農地を借りることができるようにした。

よる敷地利用権の消滅後，抵当建物を競落した者は，敷地所有者から建物収去を求められることがある。そこで，抵当権設定契約証書において，債務者または担保提供者に借地契約の更新手続を行う義務があることを合意している。

(2) 立木（りゅうぼく）（7種を超えない種類で組成される樹木の集団で「立木ニ関スル法律」により所有権保存登記を受けたもの）

林業者，特に借地林業者の資金需要に応えるため，**「樹木の集団」**を担保の対象とするものである。

対象となる樹種は「立木ニ関スル法律（明治42年法律第22号）」1条2項の「勅令」である「樹木ノ集団ノ範囲ヲ定ムルノ件（昭和7年2月3日勅令第12号）」に規定されている。

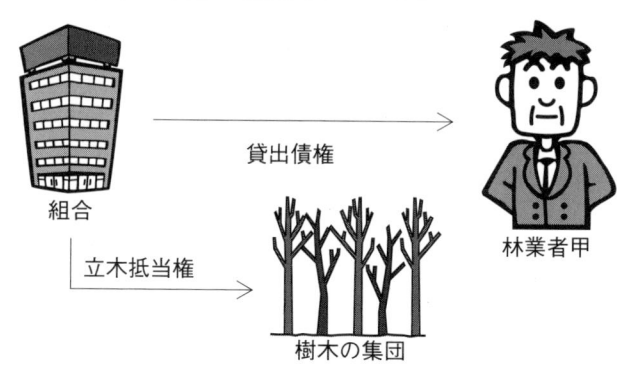

(3) 農業用動産（農業動産信用法施行令が定めるもの）

農業動産信用法は，農業者等の資金需要に応えるため，**農業用動産**（個々の農業用動産の集合）に対して抵当権設定を可能にし，生産資金の調達を可能にした。

抵当権を設定できる者は，農業をする者または農協等である。抵当権者になる者は，農協のほか，株式会社日本政策金融公庫，農林中央金庫，銀行，信用金庫，農業信用基金協会等である。

3 土地に抵当権が設定された後,土地上に建物を建てた場合(一括競売)

甲所有の土地に抵当権が設定された後,甲が土地上に建物を築造した。抵当権の効力は建物に及ばない(民法370条)。

土地に対する抵当権の実効性を確保するため,抵当権者は,土地のほか建物を含め,**一括競売**をすることができる。ただし,優先弁済権は土地の換価金についてのみである(民法389条)。

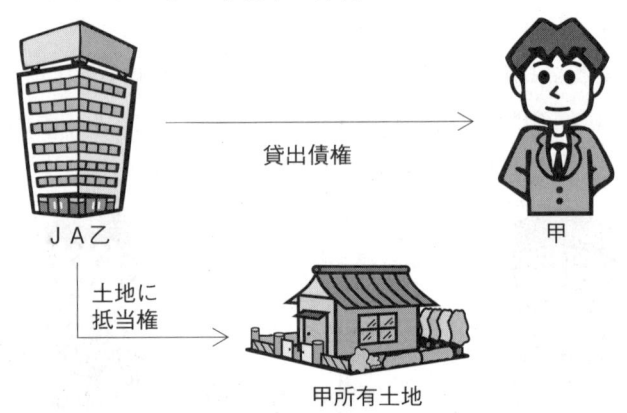

4 物上代位

抵当権は,その目的物の売却,賃貸,滅失または損傷によって債務者が受けるべき金銭その他の物に対しても,行使することができる(民法304条・372条)。これを**物上代位**＊10という。

建物に対する抵当権者は,建物が火災により滅失した場合,抵当建物所有者甲の保険者丙に対する保険金請求権に対し物上代位できる。あるいは,抵当建物の借家人丙に対する甲の賃料債権に対し物上代位できる。ただし,

---

＊10 先取特権など担保物権の目的物の売却,賃貸,滅失または損傷によって債務者(目的物所有者)が金銭その他の物(代償物)を受けることになった場合,債権者は代償物請求権に対して先取特権等を行使することができる。これを**物上代位**という(民法304条・350条・372条)。たとえば,抵当建物が火災で滅失した場合,債権者は,火災保険金請求権を差し押さえ,優先的に自己の債権の弁済を受けることができる。

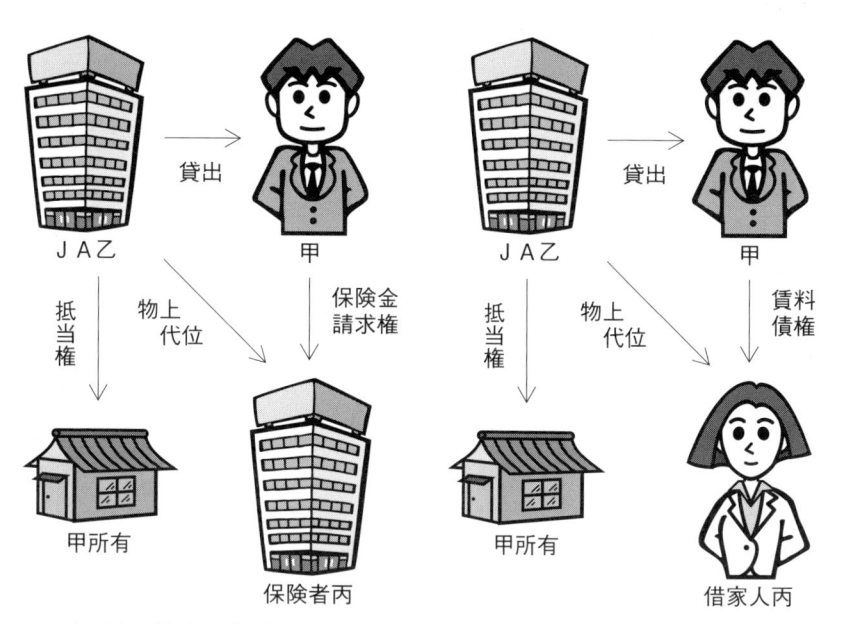

丙の甲に対する金銭の引渡前に、**差押え**をしなければならない（民法304条1項ただし書）。

2 抵当権設定契約の成立

1 抵当権設定契約の成立要件

目的物を債権の担保に供する旨の不動産所有者（抵当権設定者）の意思表示とこれに対応する債権者（抵当権者）の意思表示の合致（**合意**）によって成立する。

抵当権設定契約証書に、抵当権設定者の署名捺印があれば、抵当権を設定する旨の意思表示が証明される。

2 設定者に処分権限がない場合

設定者に目的物につき処分権限がない場合は、抵当権は成立しない。ただし、表見代理や民法94条2項の適用等によって、抵当権が成立する場合がある。

3 抵当権の対抗要件

1 対抗要件は登記

抵当権の対抗要件は**登記**である（民法177条，不登法3条7号）。対抗要件とは，すでに成立した権利関係の変動を他人に対して主張するための要件である。

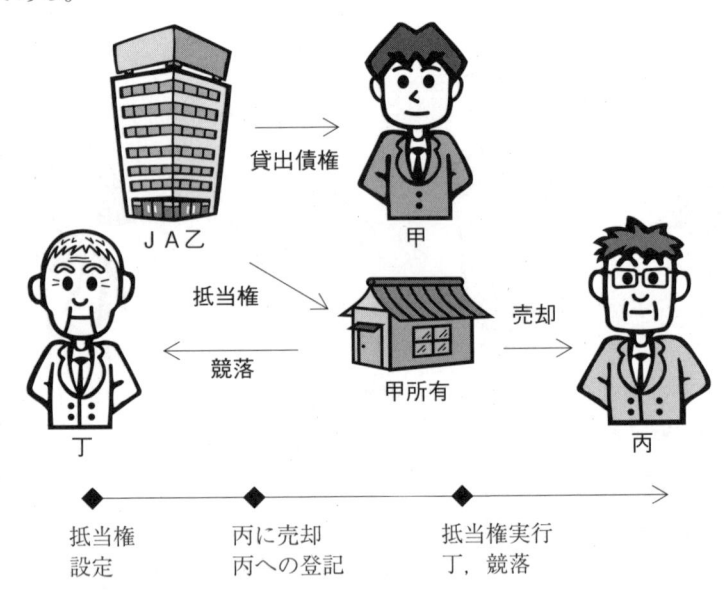

JA乙と甲が抵当権設定契約を締結した。しかし登記しなかった。その後，甲が丙に不動産を売却し，丙への移転登記をした。その後，設定登記を経た抵当権が実行され，丁が競落したとする。この場合，丁は，丙に対し，自己が所有権者であることを主張しえない。

抵当権設定の登記後に，丙への売却があり，丁が競落したのであれば，丁は，丙に対して，所有権を主張しうる。

2 登記とは

登記とは，一定の事項を社会に公示するために公簿に記載することである。不動産登記，立木登記，法人登記等がある。

不動産登記簿は，登記記録が記録される帳簿であって，磁気ディスクを

もって調整するものである（不登法2条9号）。

登記簿は，**表題部**と**権利部**に区分して作成される。表題部には「**表示に関する登記**」がなされる。権利部には「**権利に関する登記**」がなされ，甲区欄には「**所有権に関する登記**」，乙区欄には「**所有権以外の権利に関する登記**」がなされる。

抵当権は，乙区欄に記載される。

3 登記の申請

登記の申請は，「電子情報処理組織を使用する方法」または「申請情報を記載した書面を提出する方法」により，「不動産を識別するために必要な事項」，「申請者の氏名又は名称」，「登記の目的」，「その他の登記の申請に必要な事項（申請情報）」を登記所に提供して行う（不登法18条）。

4 登記申請者の本人確認方法

申請者の本人確認方法については，従来の「登記済証」による方法から，「登記識別情報」等による方法に変えることになった。

A → B	売主A及び買主Bは，登記原因証書（売買契約書等）を添えて，移転登記を申請する（旧不登法35条1項2号，新不登法61条）。登記官は，登記が完了したとき，上記登記原因証書または登記申請書副本に「登記済」の版を押し，これをBに還付する（旧不登法60条1項，新不登附則6条3項による読替後の同法21条）。印版を押されたものが「**登記済証**」である。**権利証**ともいう。
B → C	次に，BがCに売却したときは，新たな登記原因証書（BC間の売契約書等）とともに，上記の登記済証を登記所に提出する（旧不登法35条1項3号，新不登附則6条3項により読替後の同法22条）。登記所は登記済証によって，登記を申請している者が登記名義人であるB本人であることを確認する。

不動産登記法の改正により，2005年3月7日からオンライン庁の指定を受けている登記所においては，登記済証の代わりに「**登記識別情報**」を通

知することになった（不登法21条）。登記の申請をする場合は，申請人は申請情報と併せて登記義務者の登記識別情報を登記所に提供しなければならない（不登法22条）。

なお，オンライン庁の指定を受けていない登記所では登記済証が交付される扱いになっている。

登記識別情報は，アラビア数字その他の符号の組合せにより，不動産及び登記名義人となった申請人ごとに定められる（不登規61条）。

4 抵当権実行前の効力

1 抵当不動産の賃借人に対する関係

(1) 抵当権が設定され登記された後でも，抵当不動産の所有者はその使用，収益を継続できる。賃貸をして賃料収入を得ることも可能である。

抵当権設定登記後に，抵当不動産を賃借した者は，その賃借権に対抗要件を備えたとしても，抵当権の対抗要件（登記）に後れるものであるから，抵当権実行による買受人に対しては，賃借権を対抗できない。

しかし，それでは抵当権設定登記後には収益を図ることが困難になる。そこで，民法は，明渡猶予期間の制度及び抵当権者の同意の制度を設けた。

(2) 抵当権に後れる建物の賃借人であっても，競売手続開始前から建物の使用・収益を行っている者は，建物の買受人の買受けの時点から6か月を経過するまでは，その建物を買受人に引き渡さなくてよい（**明渡猶予**）（民法395条1項1号）。

```
  ◆         ◆         ◆         ◆         明渡猶予
──┼─────────┼─────────┼─────────┼─────────■→
 抵当権     建物       抵当権     買受人
 設定登記   賃借       実行       買受け
```

上記明渡猶予期間において，買受人と賃借人との間には賃貸借契約

関係がない。明渡しが猶予されているだけである。賃借人は，買受人に対し，「建物の使用をしたことの対価」を支払うべき義務があり，これを1か月分以上，履行しない場合は，明渡猶予期間を失う（民法395条2項）。

(3) 抵当権に後れる建物の賃借人が賃借権の登記（民法605条の登記）をしている場合において，賃借権の登記前に登記した抵当権を有するすべての者が同意し，かつ，その同意について登記がなされたときは，賃借人は，買受人に対し，賃借権を主張できる（民法387条）。

```
                                            買受人に賃借権を主張
◆───────◆───────◆───────◆──────────────→
抵当権      建物      抵当権者の    抵当権
設定登記    賃借登記   同意・登記   実行
```

2　抵当不動産の第三取得者との関係

(1) 抵当権設定登記後，抵当不動産の所有権を取得した第三取得者は，自己の所有権を抵当権実行による買受人に主張することはできない。第三取得者は，所有権を失うことになる。

　第三取得者が，自己の所有権を維持するためには，「**第三者弁済**」（民法474条）のほか，「**代価弁済**」（民法378条），「**抵当権消滅請求**」（民法379条）の方法がある。

(2) **代価弁済**は，抵当権者と第三取得者が合意した不動産の代価を第三取得者が抵当権者に支払うことによって抵当権を消滅させる制度である。

(3) **抵当権消滅請求**は，債権者が2か月以内に抵当権を実行して競売の申立をしないときは，第三取得者が取得代価または特に指定した金額（以下「申出額」という）を債権の順位に従って弁済または供託すべき旨を記載した書面を，第三取得者が登記をした各債権者（有登記債権者）に送付することにより，一定の場合には抵当権を消滅させるという制度である。

第4章　貸出法務の基礎

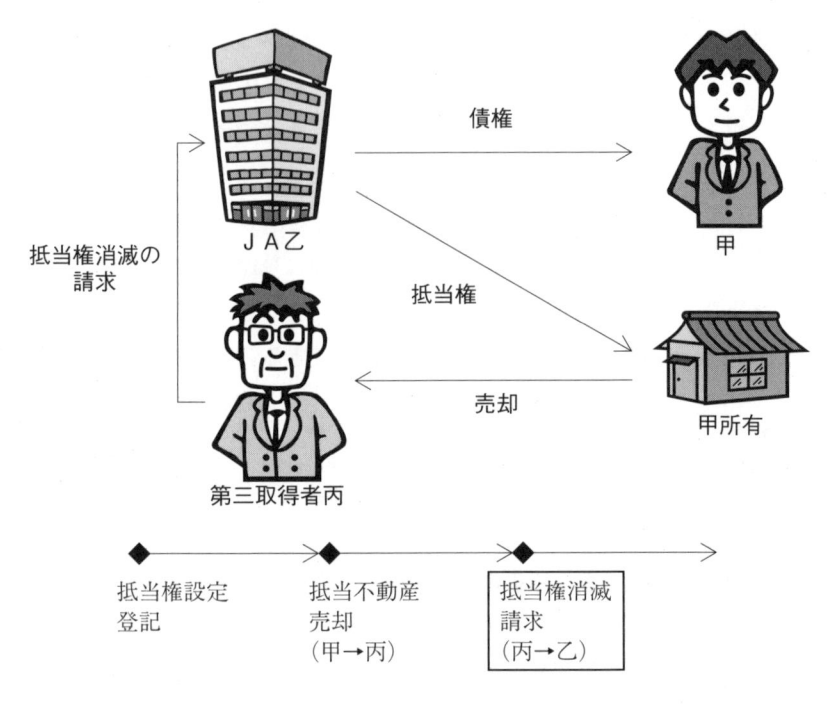

抵当権消滅請求の書面を受け取った有登記債権者（ＪＡ乙）は，2か月以内に担保権の実行としての競売を申し立てるか，申出額を承諾するか，の選択を迫られる。

① 次の場合には，第三取得者（丙）の申出額を有登記債権者（ＪＡ乙）は承諾したとみなされる。
　㋐　2か月以内に通常競売の申立をしないとき（民法384条1号）
　㋑　競売申立を取り下げたとき，申立の却下決定もしくは不動産競売の取消決定が確定したとき（民法384条2号・3号・4号）。
② 次の場合は，承諾したとはみなされない（民法384条4号括弧書）
　㋐　競売を申し立てても，申立者に優先する債権があるため配当を受けられる見込みがなく，最終的に競売が取り消された場合（民執法188条・63条3項）
　㋑　執行裁判所が抵当不動産の売却を3回実施しても買主が現れなかっ

た場合（民執法188条・68条の3第3項）
　ウ　不動産担保権の実行の手続の停止および執行処分の取消しを命ずる旨を記載した裁判の謄本が提出された場合（民執法183条1項5号）。

　第三取得者が抵当権消滅請求ができるのは，抵当権者が抵当権の実行としての競売を行い，競売開始決定に基づく差押えの効力が発生する前までである（民法382条）。
　有登記債権者すべてが第三取得者の提供した申出額を承諾し，かつ，第三取得者が申出額を払渡しまたは供託したときは，抵当権は消滅する（民法386条）。

3　担保価値の維持

　抵当不動産を侵害する第三者に対しては，抵当権者は，不法行為に基づく損害賠償請求が可能であるほか，付加一体物の搬出の禁止を求める物権的請求権を行使することもできる。
　債務者が担保を滅失させ，損傷させ，または減少させたときは，期限の利益の喪失を前提に（民法137条2号），被担保債権（貸出債権）の支払いを請求し，かつ，残存する担保目的物に対して抵当権を実行することができる。また，増担保を請求することもできる（農協取引約定書4条）。

5　根抵当権の性質

1　概要

　根抵当権は，将来にわたって継続的に発生する複数の債権を担保する抵当権である。

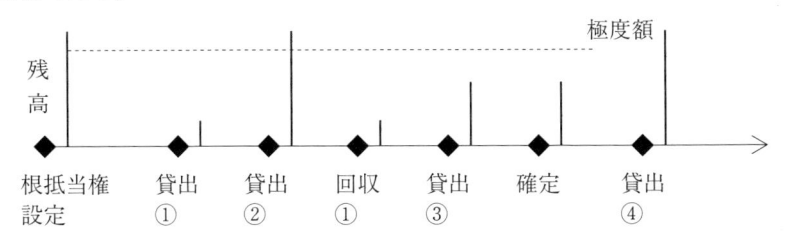

貸出②による合計貸出残高のうち極度額を超える部分は担保されない。

元本確定時の貸出残高，すなわち貸出③による合計貸出残高（元本，利息，遅延損害金等）が極度額を限度として根抵当権によって担保される。

元本確定後の貸出④による貸出債権は，この根抵当権によっては担保されない。

2　極度額の定め

根抵当権は増減変動する債権を担保するため，根抵当権者以外の第三者からみると，根抵当権が設定されている不動産の担保余力を予測することが困難である。そこで，第三者のために，根抵当権者が優先弁済を受ける限度額，すなわち**極度額**を定めることにした（民法398条の2第1項）。

根抵当権は，極度額に達するまで，貸出元本，利息・遅延損害金（普通抵当権のように2年分という制限〔民法375条〕はない）を担保する。

3　元本の確定

(1)　元本は，一定の事実の発生，元本確定請求，あるいは約定の確定期日の到来によって確定する。元本が確定した時点の元本，その元本から生じる利息・遅延損害金につき根抵当権を実行することができる。

元本の確定事由は以下のとおりである。

①　あらかじめ定めた**確定期日の到来**（民法398条の6）

②　定めがない場合，根抵当権設定者が設定後3年経過後に確定請求してから2週間経過したとき（民法398条の19第1項）〔**根抵当権設定者の請求**〕

③　定めがない場合，根抵当権者が担保すべき元本の確定を請求した時（民法398条の19第2項）〔**根抵当権者の請求**〕

④　根抵当権者が抵当不動産について競売もしくは担保不動産収益執行の申立をして開始があったとき，または物上代位の差押え（民法372条・304条）を申し立てて差押えがあったとき（民法398条の20第1項1号）

⑤　根抵当権者が抵当不動産に対して滞納処分による差押えをしたとき

(民法398条の20第1項2号)
⑥ 根抵当権者が抵当不動産に対する競売手続の開始または滞納処分による差押えがあったことを知った時から2週間を経過したとき（民法398条の20第1項3号）
⑦ 債務者または根抵当権設定者が破産手続開始の決定を受けたとき（民法398条の20第1項4号）

(2) **債務者が死亡**したとき，原則として元本は確定するが，「根抵当権者と抵当不動産所有者との合意」が成立し，かつ，「相続開始から6か月内にその旨の登記」がなされると，債務者の一定の相続人に対して新たに貸し出した債権についても担保する（民法398条の8第2項）。

(3) **債務者たる会社が合併**した場合は，合併の時に存する債権のほか，合併により存続する法人または合併によって設立された法人が合併後に負担する債務を担保する（民法398条の9第2項）。存続に不満な抵当不動産所有者は，一定期間内に元本の確定請求ができる。ただし，根抵当権設定者が債務者である場合は，元本確定請求はできない（民法398条の9第3項）。

債務者たる**会社が分割した場合**も上記と同様である（民法398条の10第2項）。

4 共同根抵当権

複数の不動産に普通抵当権を設定した場合を**共同抵当権**という。この場合，共同抵当権である旨の登記を欠いていても，被担保債権は各不動産の換価金に応じて割り付けられる（民法392条）。

他方，複数の不動産に根抵当権を設定した場合は，共同根抵当権である旨の登記がなされた場合に限り，被担保債権は各不動産の換価金に応じて割り付けられる（民法398条の16）。この場合を**純粋共同根抵当権**という。

数個の不動産に根抵当権を設定し，共同根抵当権の登記をしていない場合は，「各不動産の代価について，各極度額に至るまで優先権を行使することができる」（民法398条の18）。この場合を**累積共同根抵当権**（または

単に累積根抵当権）といい，共同根抵当権の原則形態である。

6 抵当権の管理・実行

1 抵当権を設定した物件につき抵当権設定者が火災共済契約ないし火災保険契約を締結した場合

(1) 抵当権を設定した物件につき，抵当権設定者が火災共済契約または火災保険契約を締結したときは，抵当権設定者が共済者または保険者に対して取得する共済金請求権または保険金請求権に，質権を設定することによって，貸出債権を担保する方法がある（**共済担保貸付**または**保険担保貸付**）。

(2) 質権を設定する方法とは別に，共済金請求権または保険金請求権を，**抵当権者に債権譲渡**することによって，抵当権者の債務者に対する貸出債権を担保する方法もある。

　抵当権者が債権譲渡を受けて共済者または保険者に対する共済金請求権または保険金請求権を行使するためには，対抗要件として共済者または保険者の承諾が必要である。この承諾は抵当権者に対して行われるが，その際，被保険者の通知義務違反があっても，共済者または保険者は，抵当権者に共済金または保険金を支払う旨を約束することがある。これが**抵当権者特約条項**である（抵当権設定契約証書例4条1項）。

(3) 抵当権設定契約証書により，抵当権設定者は抵当権者と，共済金等に質権を設定するか，抵当権者特約条項をつけることを合意している。

　共済事故または保険事故が生じた場合は，抵当権者は質権実行または譲り受けた債権（共済金請求権または保険金請求権）を行使し，共済金または保険金によって貸出金を回収する。

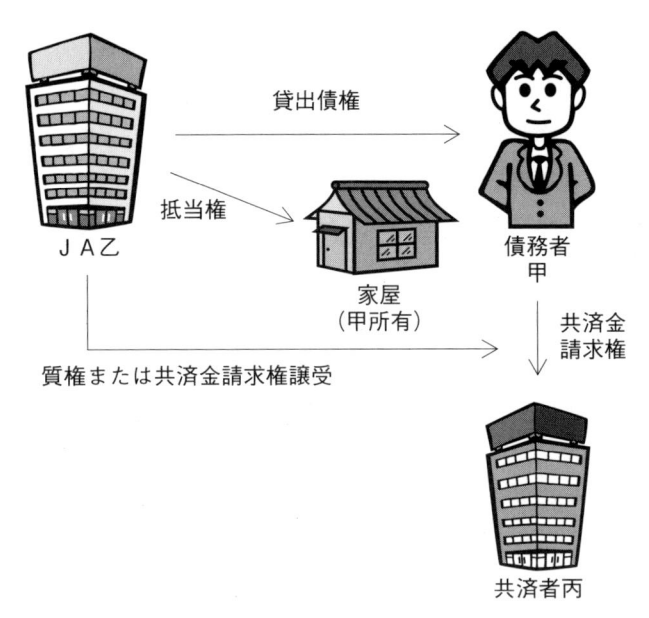

2 担保不動産収益執行

(1) **担保不動産収益執行**は，不動産担保権に基づき，執行裁判所が抵当権設定者の有する不動産を差し押さえ，管理人を選任し，管理人に不動産の管理ならびに収益の収取をさせ，この収益を債権者に分配して債権回収を図らせる執行手続である。

(2) 抵当権者が，裁判所に対し申し立て（民執法181条），開始決定を経て，抵当不動産の差押えを宣言し，**管理人を選任**する（民執法188条・94条1項）。

　管理人は，抵当不動産を管理し，収益を収取し，収益を換価する（民執法188条・95条1項）。そのために，債務者の占有を解く権限を有する（民執法188条・96条1項）。

　管理人が新たに結ぶ賃貸借契約は，当該不動産の買受人に対抗できない。6か月の明渡しを猶予してもらうだけである（民法395条1項）。

(3) 配当は，裁判所の定める期間ごとに，収取した収益から，租税その他の公租公課，管理人の報酬，その他の費用（管理費，水道・光熱費，

修繕費など）を控除し，残額をもって実施する（民執法188条・107条1項）。
(4) 担保不動産収益執行ではなく，物上代位の方法によることもできる。いずれがよいかは，以下の事項を検討して判断する。
① 物上代位の場合は管理人の報酬がなく，物件の修繕費や固定資産税等の負担もない。
② 物上代位による差押命令の場合は，毎月賃料から直接取り立てることができるが，収益執行の場合は一定期間ごとに配当がなされる。
③ 物上代位の場合は，債務者は物件の管理を放棄しがちであり，担保価値が下落する危険がある。
④ 物上代位の場合は，賃借人が特定できない場合は，申立ができない。収益執行の場合は，賃借人全員を特定できなくてもよい。

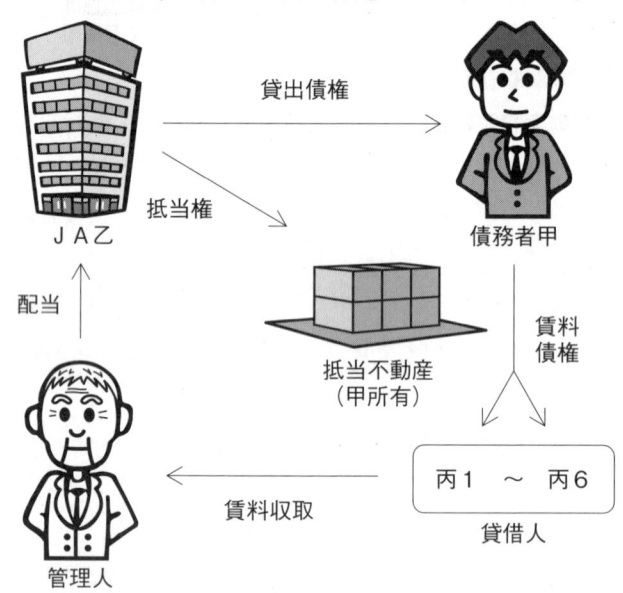

3 抵当権の実行

(1) 抵当権者が優先弁済権を実現するためには，抵当権を実行し（民執法181条），売却代金から配当を受ける（民執法188条・84条・87条）。

その手続の概要は以下のとおりである。

競売の申立（民執法181①）→開始決定（民執法45①）→差押登記（民執法45）

↓

配当要求の終期の決定（民執法49①）→執行官に対する現況調査命令（民執法57）→評価人に対する評価命令（民執法58）

↓

売却基準価額の決定（民執法60）・物件明細書＊11の作成，閲覧（民執法62）
〔売却の日時は債権者等に通知され（民執規37），また売却日時の2週間前に公告される（民執規36）〕

↓

入札（民執法64②）
〔買受可能価額は売却基準価額の10分の8以上の額（民執法60③）〕

↓

売却許可決定（民執法69）→代金納付＊12（民執法78）・権利消滅（民執法59）→配当＊13（民執法84）

＊11　現況調査命令に基づき執行官が作成する現況調査報告書，裁判所書記官が作成する不動産の態様，現況，売却条件等を記載した物件明細書（民執法62条），及び評価命令に基づき評価人の作成する評価書（民執法58条）は裁判所に備え置かれ，一般の閲覧に供される（民執規31条）。

＊12　代金納付期限は，「売却許可決定が確定した日」（執行抗告の期間が経過した日，民執法10条）から1月以内の日とされる（民執規56条）。

(2) 法定地上権の成立

土地上に建物がある場合に，土地または建物の一方のみに抵当権が設定され実行された場合，土地の所有者と建物の所有者は異なることになる。

この場合，建物のために約定された土地使用権は存在しない。そこで，建物保存のため，**法定地上権**（ほうていちじょうけん）が成立するとされている（民法388条）。

抵当権の実行以外の場合であっても，強制執行によって土地と建物の所有者が異なるに至る場合がある。その場合も法定地上権が成立するとされている（民執法81条，国徴法127条）。なお，仮登記担保法10条は，**法定賃借権**（ほうていちんしゃくけん）の制度を置いている。

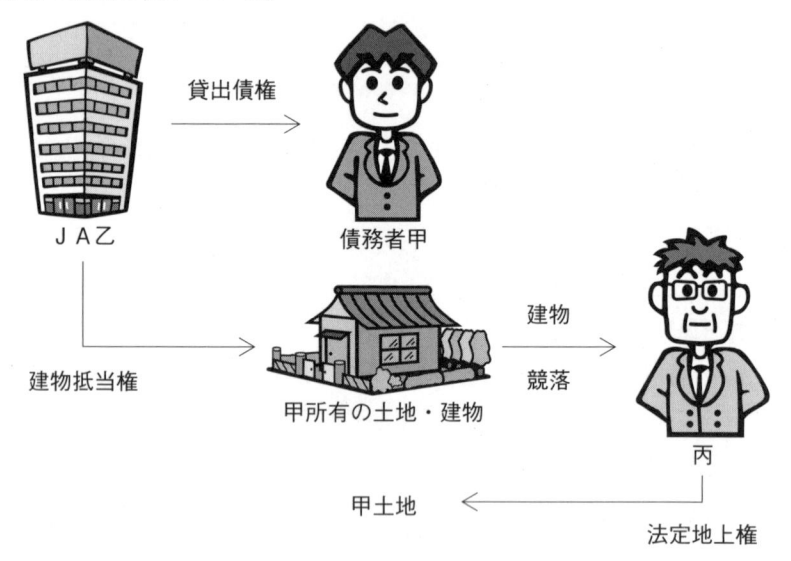

---

*13 配当を受けるためには配当要求を行う。執行力のある債務名義の正本を有する債権者及び不動産担保権の実行可能な文書（登記事項証明書等，民執法181条1項）により一般の先取特権その他の担保物権を有することを証明した債権者が，執行裁判所に対し，配当を要求する（民執法105条）。

3 貸出債権の管理

Point

貸出金は約定に基づき弁済されている限りは問題は生じない。しかし，延滞が生じたり，債務者の経営状況が悪化したりした場合，債権者としてこれに対応しなければならない。貸出債権はどのように管理していくべきか。

1．貸出債権管理の必要性

1　貸出債権の不良化は資本勘定の減少を招く

　金融機関は，一時的に資金の余裕が生じている者から預貯金等を受け入れ，これを原資として一時的に資金を必要とする者に融資し，必要経費を賄うための利息を受け取り，期日に返済を受ける。これを繰り返すことによって，資金の循環を図り，経済活動の円滑化に寄与している。預貯金を受け入れることによって金融機関には債務が生じ（預貯金払戻債務），融資することによって金融機関は債権を取得する（貸出債権）。資産勘定に計上される貸出債権が不良化し，回収できなくなり，償却[*1]せざるをえなくなると，**資産勘定全体が減少**する。その結果，**資本勘定**が減少する。

[*1] 不良債権の回収可能額を会計帳簿に反映させる処理を償却という。不良債権を資産勘定から引き落とす直接償却と，資産勘定に残したままで貸倒引当金を計上する間接償却がある。なお，直接償却であっても債務者に対し債務を免除するものではない。

〔資産勘定〕	〔負債勘定〕		〔資産勘定〕	〔負債勘定〕
	〔資本勘定〕			〔資本勘定〕
不良債権			償却	資本減少

2　資本の減少の意味

(1) 資本の減少は，**自己資本比率**（総資産に対する自己資本の割合）を低下させる。自己資本比率は，金融機関の業務運営を監督する重要な指標になっている。

1988年，国際決済銀行（ＢＩＳ：Bank for International Settlements。本部はスイスのバーゼル）は，「自己資本の測定と基準に関する国際的統一化」（バーゼル合意，いわゆるＢＩＳ基準，ＢＩＳ規制）を公表した。ＢＩＳ基準は，自己資本比率が**8％**[*2]を超えない銀行は，国際業務を禁じるとした。

(2) 日本では，現在主として金融庁がＢＩＳ規制の遵守状況を監督している。また，日本では国内業務に特化する金融機関に対しては，**4％**の自己資本比率を確保することを求めており，**4％**を割り込んだ金融機関に対しては早期是正措置を発動することとしている。金融庁は，早期是正措置として，自己資本比率が**4％未満**の金融機関に対し，経営改善計画の作成及び実施命令，**2％未満**の金融機関に対し，増資計画の策定，総資産の増加抑制・圧縮，新規業務への進出禁止，店舗の進出禁止，既存店の縮小，子会社・海外法人の縮小・新設の禁止，配当支払いの抑制・禁止，役員賞与等の抑制，高金利預金の抑制，禁止等の命令，**0％未満**の金融機関に対し，業務の一部または全部の停止

＊2　2009年9月，日米欧など主要国の銀行監督当局は，国際業務に必要な最低自己資本率を8％から引き上げる方向で検討に入った（2009年8月29日付日本経済新聞）。

命令を発動することとしている。

なお，2004年には，新しいＢＩＳ規制が制定され，日本では2006年末より施行されている。

(3) 金融機関の資産勘定は，貸出債権のほか有価証券等によっても構成されている。資産勘定のなかで大きな割合を占めている貸出債権の不良化を防止することは，資本の減少の防止，金融機関としての経営の健全化，ひいては資金の循環を通して経済活動の円滑化に寄与することになる。

したがって，貸出債権が，回収遅延ないし回収不能とならないように，これを保全，管理することはきわめて重要である*3。

2．貸出債権の管理の内容

1　管理の概要

貸出債権の管理は，経済的側面と法律的側面に分けて考えることができる。借入申込みから融資実行まで，融資実行直後，回収までの３つを区分すると，それぞれの管理の内容の概要は以下のとおりである。〔経〕は経済的側面，〔法〕は法律的側面である。

借入申込み	〔経〕信用調査 〔法〕契約の成立・効力の調査・確認
融資実行	〔経〕資金使途の確認 〔法〕法的手続の確認・履行（登記等）
回収	〔経〕貸出先の業況の継続的調査 〔法〕事情が変更した場合の法的管理 〔法〕業況が悪化した場合の保全措置 〔法〕事故が発生した場合の回収措置

*3　金融機関が貸付先の経営内容を把握して格付け（ランク付け）することを**自己査定**という。貸付債権の回収に懸念があるかどうかによって，正常先，要注意先，要管理先，破綻懸念先などに分類する。なお，監督当局の検査官が系統金融機関を検査する際に用いる手引書を**系統金融検査**マニュアルという。

2　法律的側面からの管理

　貸出債権の管理としては，①貸出債権が変動した場合の対応，②期日の管理，そして③事故が発生した場合の回収措置に大きく分けることができる。

　貸出債権の変動とは，貸出先の変動（相続の発生，法人成り，合併，会社分割等），貸出条件の変動（返済期日，返済方法，貸出利率等の変更），保証人の変動（相続等），担保の変動（所有権者の変動，順位の変動，物件の消滅等）のことである。

3．貸出債権の変動

① 貸出先が個人（自然人）の場合

1　行為能力の変動

(1)　貸出先が補助開始，保佐開始または後見開始の審判を受けたり，それらが取り消されたり，未成年者が成年に達した場合には，行為能力に変動が生ずる。

(2)　成年者が成年後見制度の適用を受け，行為能力の制限を受けているかどうかは，成年後見登記簿で確認する。制限行為能力者になった本人との取引は，以後，法定代理人を通じて行うこととなる。行為能力が回復した後は，本人と直接取引を行うこととなる。

2　個人貸出先が死亡した場合

(1)　貸出先が死亡した場合は，権利能力を失い，貸出先の一切の権利・義務は相続人が承継する（民法896条）。

　家族等から相続開始（死亡）を確認し，戸籍謄本・除籍謄本によって相続人を確認し，相続方法（単純,限定,放棄のいずれか）を確認する。

　相続放棄の場合は，家庭裁判所発行の「**相続放棄申述受理証明書**」を提出してもらう。相続放棄・限定承認の場合は，民法921条の「法定単純承認事由」の有無について調査する。

(2)　債権回収方法の確定

貸付債権は金銭債権であるから分割され、相続人は法定相続分に従って分割された借入債務を承継している。しかし、それでは相続人のなかに資力がない者がいる場合、その相続人に対する貸付債権の効力は弱くなる（回収に懸念が生じる）。

　そこで、資力のある相続人、特に、被相続人の事業を承継した相続人に債務を引き受けてもらうなどして、債権回収方法を確定しておく必要がある。

(3) 債務引受（本書121頁参照）

　債務者甲が死亡し、2人の相続人A、Bが債務を相続した。

　債務引受には、BのJA乙に対する債務をAが引き受け、Bが債務を免れることになる**免責的債務引受**と、BのJA乙に対する債務をAが引き受けるが、Bも依然として債務を負担する**併存的債務引受**がある。

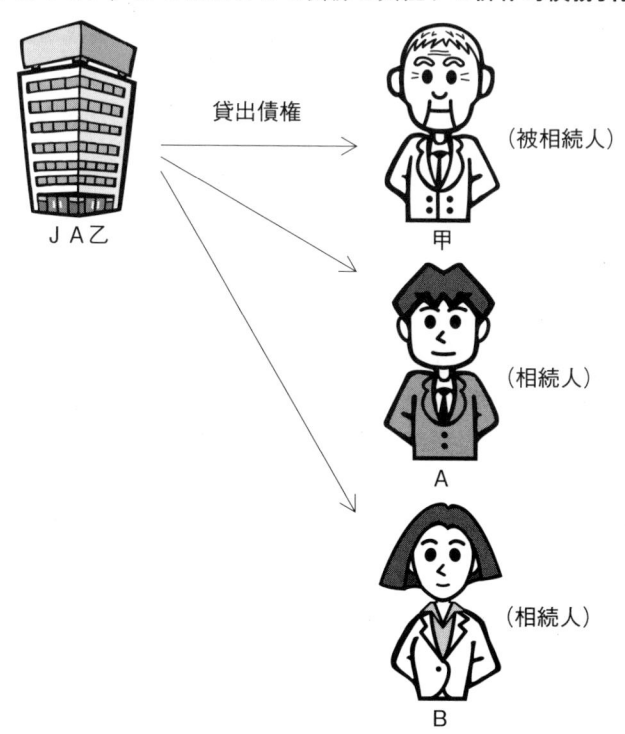

(4) 被相続人の貯金からの回収

　　貸出金の弁済期が到来している分については，その貸出債権（各相続人に法定相続分に応じて分割して承継されている）と被相続人の貯金（各相続人に法定相続分に応じて分割して承継されている）とを相殺することができる。

(5) 貸出先死亡による保証・担保への影響

　　貸出先が死亡し，相続人が単純・限定の承認，または相続放棄のいずれかを選択した場合でも，保証債務そのものは存続する。なお，貸金等根保証契約の債務者が死亡した場合は元本が確定する（民法465条の4第3号）。

　　貸出先が死亡しても，担保権には影響しない。ただし，抵当権設定者が死亡した後，競売申立をするには，その相続人に対して競売申立を行うことになるから，抵当不動産につき，相続による所有権移転の登記が必要である。この場合，抵当権者は，債権者代位権（民法423条）に基づき，代位による相続登記をすることが可能である。

3　個人貸出先が行方不明になった場合

(1) 貸出先が行方不明になった場合，まずその**所在を調査**する必要がある。その方法としては，近所の人から聴取，勤務先から聴取，運送業者から聴取，保証人・親戚等から聴取，興信所の調査等が挙げられる。

(2) 貸出先が行方不明になった場合，取引約定書に従い，**期限の利益は喪失**するから（農協取引約定書5条1項2号），担保権を実行することができることになる。

(3) 行方不明の貸出先に対する意思表示は，取引約定書により，通常到達すべき時に到達したものとみなすことができる（農協取引約定書13条2項）。

　　公示による意思表示（民法98条）の方法によることもできる。この場合，貸出先の最後の住所地を管轄する簡易裁判所に申し立てることになる。添付書類は相殺通知等の通知書，戻ってきた郵便物，住民票，

2 貸出先が法人の場合の変動
1 代表者の変更，合併等の場合
　代表者に変更があった場合には，新たな代表者との間で取引を続行する。貸出先に合併や分割等があった場合には，債権者保護手続に参加する（会社法779条・789条・799条・810条）。
2 法人成り
　法人成りとは，個人営業をしている者が事業を法人化することであるが，法人成りしても，従来の個人の権利・義務関係は当然には法人には引き継がれない。そこで，個人と法人について併存的債務引受等の方法を講ずる。

3 貸出債権の変動
1 保証人等との関係
　貸出債権の内容の変動としては，弁済期の変更が主たるものである。弁済期を延長するには，変更契約証書等書面によりその旨を明らかにしておく。
　保証人や担保提供者の関与のない弁済期短縮は保証人等に対抗できないとされている。保証人等は**付従性**を有し（民法448条），保証人等の関与なしに，保証人等に不利な変更をすることはできない。しかし，弁済期延長は保証人等に有利であるから，保証人等の関与なしにしてもそのことを保証人等に対抗することができるとされる。ただし，できるだけ，保証人等とも協議すべきである。
2 債権譲渡等
　貸出債権を譲渡することは以前は例外的であったが，債権管理回収業に関する特別措置法（いわゆるサービサー法）の成立・施行によって，近年は金融機関が貸出債権を譲渡することが多くなっている。貸出債権の譲渡は不良債権処理の一環として利用されている。

債務引受によって貸出債権の債務者が変動する場合もある。

4 保証や担保の変動

1 保証人の変動

保証人の追加・脱退・交替の場合，保証人加入契約書（追加）または保証人脱退契約書（脱退）を作成する。この場合，原則として主債務者や他の保証人や物上保証人の同意が必要である。

保証人が死亡した場合，保証債務は共同相続人により法定相続分に応じて分割承継される。貸金等根保証契約の場合は，保証人が死亡すると主たる債務の元本は確定し，共同相続人は確定した元本等の債務を分割して承継する（民法465条の4第3号）。

2 担保権の変動

(1) すでに普通抵当権の設定を受けているが，抵当不動産の価値が減少することがある。この場合，同一の貸出債権の保全を強化するため，さらに別の不動産につき普通抵当権の設定を受けることがある。**普通抵当権の追加**により共同抵当となる（民法392条）。

(2) **抵当権の順位を変更**するとき（民法373条），担保保存義務の免責のため保証人の同意を要する場合がある。

(3) 抵当権は，転抵当，抵当権の譲渡，抵当権の放棄，抵当権の順位の譲渡，抵当権の順位の放棄をして，これを処分することもできる。

抵当権の譲渡は，抵当権者が無担保債権者に抵当権を与え，その限度で自分が無担保債権者になることである（抵当権の譲受人は譲渡人の有していた抵当債権額の範囲と順位で自己の債権につき抵当権取得）。

抵当権の放棄は，抵当権者（放棄者）が受益者（無担保債権者）に対し，自己の抵当権の優先弁済権を放棄し，放棄者と受益者が債権額に応じた比例配分で抵当権を準共有することである。

抵当権の順位の譲渡は，先順位の抵当権者が後順位抵当権者に抵当権を与えることである。

抵当権の順位の放棄は，先順位の抵当権者が後順位抵当権者に対し自己の優先弁済の利益を放棄することである。
(4) 担保物件の所有者の変動
　　担保物件の所有権が第三者に譲渡された場合でも，抵当権の登記がある限り効力はその第三者に及ぶ。ただし，抵当権消滅請求の負担があるなどの理由で，増担保等の対策を講ずる必要がある。
(5) 担保物件の変動
　　抵当権の設定登記のある土地については合併（**合筆**）することができないのが原則である（不登法41条6号）。
　　抵当不動産の**分筆**は，抵当権者の承諾なく所有権者の一存で可能である（不登法39条1項）。抵当権者の承諾があれば分筆後のいずれかの土地について抵当権が消滅し，その旨の登記がされる（不登法40条）。

4．期日管理

1 期日管理の重要性

　金融業務において，貸出債権の弁済期日管理，取立手形の期日管理等，期日管理はきわめて重要である。

　貸出業務においては，弁済期日の管理は延滞債権の管理に直結する。期日管理を放置すると，貸出債権は消滅時効にかかることになる。以下では，消滅時効の中断について述べる。

2 消滅時効の中断

1　時効管理の必要性

　延滞が発生すると，債務者や保証人と返済について交渉することになる。債務者の支払能力の範囲内で返済計画が合意できれば，その合意を書面にし，変更後の返済計画に従って返済を継続してもらうことになる。

　しかし，そのような合意になかなか達しない場合がある。また，なんら

かの事情で交渉が途絶えてしまうことがある。

　気がついたときには，消滅時効の期間が経過してしまい，債務者や保証人から時効を援用されてしまう。このようなことがないように，消滅時効にかかるかどうかを念頭に，延滞債権を管理しなければならない。

2　時効の中断措置

　貸出担当者としては，貸出債権が時効にかからないように，必要に応じ，時効の中断措置をとらなければならない。その概要は以下のとおりである（本書101頁参照）。

(1) 　裁判上の請求（民法149条）

　　訴えを提起することである。時効の中断の効力が生ずる時期は，訴えを提起した時である（民訴法147条）。

(2) 　支払督促（民法150条）

　　金銭その他の代替物または有価証券の一定数量の給付を目的とする請求において，債権者の申立により裁判所が発する命令が**支払督促**である（民訴法382条）。債務者から異議がない仮執行宣言付支払督促は，**確定判決と同一の効力**を有する（民訴法396条）。支払督促を申し立てた時に中断する。

(3) 　和解及び調停の申立（民法151条）

　　和解とは，当事者が互いに譲歩して争いを止めることを内容とする契約である（民法695条）。当事者は，訴えを提起する前に，簡易裁判所に対して和解の申立をすることができ（民訴法275条），裁判所は期日を定めて申立人と相手方に出頭を求め，当事者間で話合いがつけば，**和解調書**が作成され，これが**確定判決と同一の効力**を有する（民訴法267条）。

　　当事者が，民事調停法や家事調停法に基づく調停を申し立て，相手方が出頭し，調停が成立した場合も同様である。和解及び調停の申立をしたときに時効が中断する。

(4) 　破産手続参加（民法152条）

債務者が支払不能（破産法15条）あるいは債務超過（破産法16条）の状態になり，破産手続開始決定がなされた場合に，債権者が，破産財団の配当に加入するため，自己の債権を裁判所に届け出ること（破産法111条以下）を**破産手続参加**という。届出債権が**債権表**に記載され，異議がないまま破産債権が確定すると，債権表が**確定判決と同一の効力**を有する（破産法131条2項）。破産債権を届け出た時に中断する。

(5) 催告（民法153条）

催告とは，債権者が債務者に対して裁判外で債務の履行を請求する意思の通知である。催告は通常，内容証明郵便でなされる。催告後6か月以内に裁判所を利用する中断方法をとらなければ，時効中断の効力を生じない。時効期間の満了が迫っているときなどに，一時的・暫定的に行う方法である。

(6) 差押え・仮差押え・仮処分（民法154条）

差押えは，確定判決や執行証書等の**債務名義**（民執法22条）に基づいて行う強制執行である。**仮差押え・仮処分**は，権利の実行が不能もしくは著しく困難となるおそれがある場合に，強制執行を保全するための手段である（民保法20条・23条・47条以下・52条以下）。

競売手続における**配当要求**（民執法51条）は，差押えに準ずるものとして時効中断効が認められる（最判平11.4.27金判1068-17）。民事再生法による再生手続への参加（民再法86条），会社更生法による更生手続参加（会更法138条）も差押えに準ずるものとして時効中断効が認められる。

担保権の実行である**任意競売**（民執法181条以下）も，差押えに準じて時効中断効が認められる（最判昭50.11.21金判488-13）。

(7) 債務の承認（民法156条）

債務の承認とは，時効の利益を受ける当事者（債務者）が，時効によって権利を失う者（債権者）に対して，その権利が存在することを認識している旨を表示することである。

行為能力が制限されている者が行った承認も，時効中断の効力がある（民法156条）。ただし，少なくとも財産管理能力は必要であると解される。管理能力のない成年被後見人や未成年者は，有効に承認できないと解されている。したがって，債務の承認

```
┌─────────────────────────────┐
│      債務承認書（例）        │
│ 債務者甲は，ＪＡ乙に対し，下記│
│ 債務を負担していることを承認しま│
│ す。                         │
│           記                 │
│ 1 ○年○月○日付け金銭消費貸借 │
│   契約証書に基づく借入金（現在残│
│   高○○円）                 │
│ 2 ・・・                     │
│        ○年○月○日          │
│             甲          ㊞   │
└─────────────────────────────┘
```

を求める場合は，制限行為能力者本人とその法定代理人から得るのが望ましい。債務者による「支払猶予の懇請」，「手形の書替の承諾」，「利息の支払い」，「反対債権による相殺の意思表示」などは，「承認」として中断効がある。

3　時効中断の相対性

(1) 時効の中断は，原則として，その中断事由が生じた当事者およびその承継人（相続人等）の間においてのみ相対的に効力を生ずる（民法148条）。このため，保証人や物上保証人が存在する場合は，以下の点に留意しなければならない。

主たる債務者に対する時効中断の措置（裁判上の請求，差押等）は，保証人や物上保証人に対しても時効中断効が生じる（民法457条1項，担保権の付従性）。

主たる債務者が債務の承認をした場合も，物上保証人について時効の中断効が及ぶ（最判平7.3.10金判1969－14）。

(2) 保証人や物上保証人に対する時効中断の措置は，原則として主たる債務者に対しては時効中断効が生じない（例外は後述）。

連帯保証人が主たる債務の存在を承認しても，主たる債務者に対し時効中断効は生じない。したがって，主たる債務者が行方不明などの理由により連帯保証人と交渉し，連帯保証人から一部弁済を受けていたとしても，主たる債務の時効は中断せず，主たる債務が時効にかかっ

た場合，連帯保証人は時効を援用できることになる（本書109頁参照）。

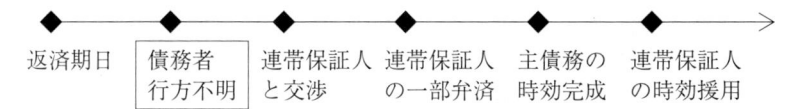

```
返済期日  債務者   連帯保証人  連帯保証人  主債務の  連帯保証人
         行方不明  と交渉     の一部弁済  時効完成  の時効援用
```

(3) 物上保証人や抵当不動産の第三取得者に対する差押え・仮差押え・仮処分に基づく時効の中断の効力は，それだけでは債務者には及ばない。

(4) 主債務について時効完成後，時効利益の放棄があっても，保証人は保証債務自体の時効を援用することは可能である。

4 連帯保証人や物上保証人に対する時効中断の措置が主たる債務者に対しても時効中断効が生ずる場合（本書109頁参照）

(1) 債権者が，連帯保証人に対して裁判上の請求，すなわち訴えを提起した場合，その時効の中断効は，主たる債務者にも及ぶ（民法458条・434条）。

(2) 債権者が，物上保証人が担保に提供している不動産に対する競売申立を行い，競売開始決定があると，その決定正本が債務者に送付されるため，債務者に対しても時効中断の効力が生ずる（民法155条）。

この場合，時効中断効が生ずる時期は，物上保証人に対する競売申立時ではなく，競売開始決定通知が債務者に到達した時点である（最判平8.7.12金判1004－3）。

5 保証人が主債務の時効を援用できる場合とできない場合（本書108頁参照）

(1) 主債務者が破産免責を受けた場合は，保証人は主債務の消滅時効を援用できない。この場合，主債務については，訴えによって履行を請求し強制的実現を図ることができず，消滅時効の進行を観念することができない（最判平11.11.9金判1081－57）。

(2) 主債務者が死亡し，相続人が限定承認をした場合（民法922条）は，連帯保証人は主債務の消滅時効を援用できる。

4 貸出債権の保全・回収

Point

貸出先が倒産した場合，貸出金をどのように回収すべきか。また，貸出金を回収するために，貸出債権をどのように保全すべきか。

1. 倒産とはなにか

1 倒産とは

倒産という言葉は法律上の用語ではない。通常は，債務者の経済的破綻をもって倒産と称している。債務者の振り出した手形や小切手が**不渡り***1になり，**銀行取引停止処分**になった場合がその典型である。

停止処分を受けなくても，**破産手続**や**会社更生手続**などの法的手続を裁判所に申し立てた場合も倒産である。貸出先の倒産に対し，債権者たる金融機関は債権の保全・回収に全力をあげなければならない。

2 貸出先が倒産したときどう対応するか

(1) 貸出先が倒産した場合，まず次のことをなすべきである。

① 倒産先の実態把握（経営者や経営者の家族はどうなっているか，営

---

*1 **不渡り**とは，手形交換所を通じて支払呈示した手形や小切手が支払いを拒絶されること。支払義務者の信用に関する事由（資金不足，取引関係不存在など）によって不渡りとなり，その後6か月以内に再度不渡りになった場合は，銀行取引停止処分の制裁を受ける。

業は継続している，従業員はどうしているか，他の債権者はどうしているか等）
② 債権契約書類の確認（取引約定書・貸借証書・手形等はどうなっているか）
③ 担保の確認（担保はどうなっているか，不動産担保の場合は登記はどうなっているか，担保物件の現状はどうなっているか，預金担保の場合は預金は確保されているか，保険金請求権担保の場合は保険証書や承諾証書はどうなっているか等）
④ 保証の確認（保証人はどうなっているか，保証人の支払能力はどうなっているか）
⑤ 預貯金の確認（担保にとっている預貯金やその他の預貯金はどうなっているか）
⑥ 法的手続の実施（期限の利益喪失請求を行う，仮差押えを検討する，競売手続開始を検討する等）

(2) 期限前償還請求を行う

期限の利益の当然喪失に該当する場合または期限の利益の喪失請求をした場合は，債務者及び保証人に対し，配達証明付内容証明郵便で貸出債権残額の弁済を請求する。

(3) 貸出先倒産を予知した段階での対応
① 債務者本人のほか必要に応じ保証人とも面談し，状況や債務者の意向を把握する。
② 以後の取引方針を検討し，明確化しておく。運転資金を融資枠の範囲内で使わせるかどうか。
③ 保全バランス*2を作成し，必要に応じ債権保全の強化を図る。
④ 債権証書類の存否や内容をチェックする。

(4) 貸出金返済の督促

*2 **保全バランス** 金融機関の債務者に対する債権の合計とその債権を担保する担保，保証その他の合計額のバランスのこと。

① 弁済期経過の貸出債権については極力回収するよう督促する。
② 場合により償還条件の変更を検討する。

2．差押えがあった場合の相殺による回収

1 貯金債権が他の債権者によって差し押さえられた場合の法律関係

① ＪＡ乙が，甲に，貸出債権を取得。
② 甲が，ＪＡ乙に，貯金債権を取得。
③ 甲に対する債権者丙が，裁判所に甲のＪＡ乙に対する貯金債権の差押命令申立。
④ 裁判所，丙の申立受理。甲とＪＡ乙に対し差押命令発送。
⑤ 差押えの効力は，第三債務者であるＪＡ乙に送達された時に生ずる（民執法145条4項）。

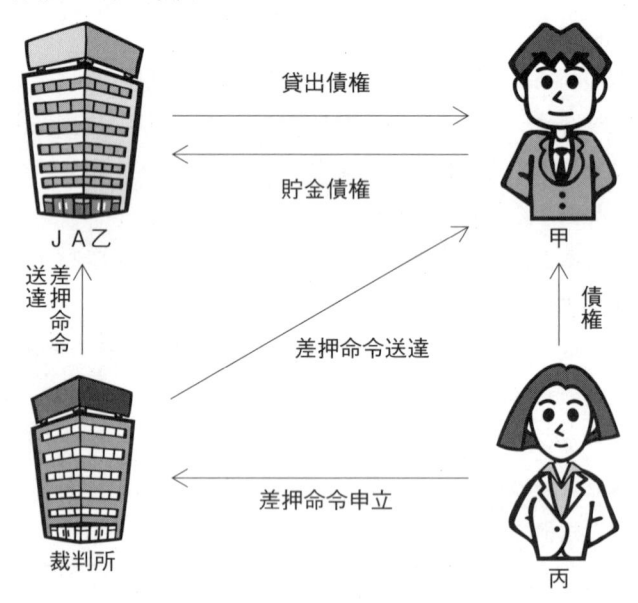

2 差押命令の送達を受けた後，ＪＡ乙は，甲に対する貸出債権を自働債権とし，貯金債権（受働債権）を相殺することができる

1 無制限説（最大判昭45.6.24金判215-2）

① 国のＹ銀行に対する預金債権差押通知・支払催告（国徴法62条・67条）
② Ｙ銀行のＡ会社に対する相殺の通知。
③ Ｙ銀行，国の支払請求拒絶。
④ 国，Ｙ銀行を相手に提訴。

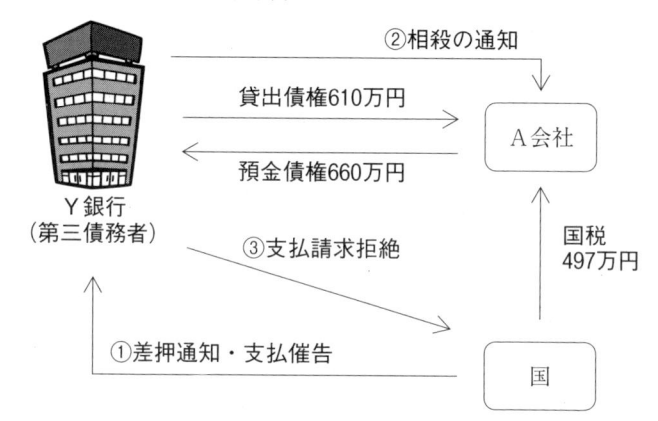

```
                        ②相殺の通知
              貸出債権610万円
  Ｙ銀行       ←――――――――→      Ａ会社
 （第三債務者）  預金債権660万円
                                    ↑
              ③支払請求拒絶         国税
                                    497万円
              ①差押通知・支払催告
                        ↓
                        国
```

　上記判決は，民法511条は，「差押後に発生した債権または差押後に他から取得した債権を自働債権とする相殺のみを例外的に禁止することによって，その限度において，差押債権者と第三債務者の間の利益の調節を図ったものと解するのが相当である」とし，「第三債務者は**その債権**（図で貸出債権）**が差押後に取得されたものでないかぎり，自働債権**（図で貸出債権）**及び受働債権**（図で預金債権）**の弁済期の前後を問わず，相殺適状に達しさえすれば**，差押後においても，これ（図で貸出債権）を自働債権として相殺をなしうる」とした。

　それ以前の判例は，「自働債権は受働債権の差押前に弁済期が到来している必要がある」（最判昭32.7.19金判529-39），あるいは「自働債権・受働債権がともに差押時に弁済期未到来であっても，自働債権の弁済期が

受働債権の弁済期よりも先に到来するのであれば，相殺をもって差押債権者に対抗できる」（最大判昭39.12.23民集18−10−2217）とされていた。

2 いつ相殺適状に達するか

(1) **相殺適状**とは，相殺できる状態のことであり，「互いに同種の目的を有する債務を負担していること」及び「双方の債務が弁済期にあること」である。差押時，貸出債権の約定の弁済期が未到来のときは，無制限説によっても相殺をもって対抗できない。差押債権者が差し押さえた債権（受働債権）の取立をしないまま，貸出債権（自働債権）の弁済期が到来した場合に，初めて第三債務者（貸出債権者）は，相殺をもって差押債権者に対抗できる。

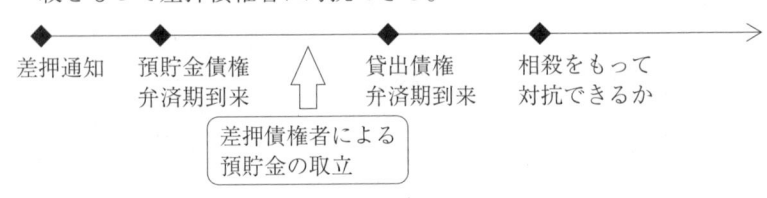

```
◆――――◆――↑――◆――――◆―――――→
差押通知  預貯金債権     貸出債権     相殺をもって
          弁済期到来     弁済期到来    対抗できるか
              差押債権者による
              預貯金の取立
```

前記最大判昭39.12.23によれば差押債権者が預貯金債権（受働債権）の弁済期到来後，貸出債権の弁済期到来前に，預貯金の取立を行った場合は，第三債務者（金融機関）は，取立に応じ，預貯金を差押債権者に支払わなければならないことになる。そこで，差押通知があった場合，金融機関としては直ちに相殺できる状態にしておく必要がある。それが農協取引約定書の**期限の利益喪失条項**及び**相殺予約条項**である。最大判昭45.6.24民集24−587も，受働債権が差し押さえられる以前に自働債権を取得していれば，その弁済期が未到来であっても，相殺予約は認められるとし，相殺できるとした。

(2) 農協取引約定書例5条1項1号本文は，「甲またはその保証人の貯金その他乙に対する債権について仮差押，保全差押または**差押の命令，通知が発送されたとき**」に期限の利益は当然に喪失するとしている（期限の利益喪失条項）。

他方，農協取引約定書7条1項は，貯金債権については，「その期

限のいかんにかかわらず」，ＪＡ乙は，いつでも相殺できるとしている（相殺予約条項）。

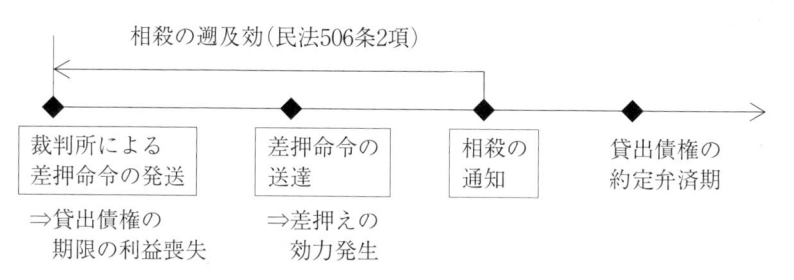

```
         相殺の遡及効(民法506条2項)
   ┌─────────────────────────────┐
   ↓                             │
───◆────────────◆────────◆────────◆──────→
 裁判所による    差押命令の    相殺の    貸出債権の
 差押命令の発送   送達        通知      約定弁済期
 ⇒貸出債権の    ⇒差押えの
  期限の利益喪失   効力発生
```

　判例が採る無制限説と期限の利益喪失条項及び相殺予約条項の適用によって，ＪＡ乙など金融機関は，相殺をもって差押債権者に対抗できることになる。

3　当事者間の特約の効力がなぜ第三者に対して及ぶのか

　期限の利益喪失条項（農協取引約定書5条）及び相殺予約条項（農協取引約定書7条）は，当事者（ＪＡ乙と甲）との合意である。当事者間の合意は，第三者に対し効力をもたないのが原則である。たとえば，Ａが，転売を禁止する合意をしたうえで，Ｂに不動産を売却した後，Ｂが当該不動産をＣに売ったとしても，Ａは，Ｃに対し，上記合意違反を主張することはできない。

　では，相殺に関する上記合意をもって，差押債権者になぜ対抗できるのか。この点，相殺の担保的機能，金融機関の相殺への期待利益の保護の必要性等が主張されている[*3]。

[*3]　潮見佳男『債権総論Ⅱ〔第3版〕』（信山社，2005年，343頁以下）は，「相殺による債権の回収」について詳細な検討を行っている。潮見教授は，昭和45年大法廷判決の法廷意見のように第三者（差押債権者）の担保（甲のＪＡ乙に対する貯金債権など）に対する期待を契約自由の名の下に無条件に奪うのは正当ではないとしつつも，銀行取引約定書における相殺予約は，預金債権の担保的機能を確保するための手段としてされるものであり，また，相殺予約の定めがあることは取引界においてほぼ公知の事実となっているものと認められるのであって，その定めをもって差押債権者に対抗しうるものとしても，あながち不当とはいえないとする見解（合理的期待説）を基本的に支持するとしている。

3．強制執行はどのように行うか

1 任意弁済が原則

　基本的には，担保権の実行や強制執行等の法的手続をとらずに，債務者や保証人らと話し合い，任意に弁済してもらう。その方法としては次のようなものがある。

　① 債務引受（第三者が債務者の債務を引き受けること）
　② 代物弁済（債務者が債務の目的物と異なる物を代わりに弁済）
　③ 代位弁済（保証人が債務者に代わって弁済）
　④ 第三者弁済（保証人以外の第三者が債務者に代わって弁済）
　⑤ 担保の任意処分（担保を任意に処分しその代金によって弁済）

2 担保物権がない場合の，債権の強制的回収手段

　強制執行とは，私法上の請求権を国家権力によって強制的に実現することをいう。民事執行法が定める民事執行には，強制執行のほか，担保権の実行としての競売等，形式的競売，財産開示手続がある（民執法1条）。なお，担保権の実行手続の概略はすでに述べた（本書245頁参照）。

　1　強制執行を行うには

　強制執行を扱う機関を**執行機関**といい，これには執行裁判所と執行官がある（民執法2条）。

　強制執行は，国家機関が関与して，債権者の給付請求権の内容を強制的に実現する制度であるから，その前提として，債権者の有する給付請求権は，慎重な手続の下でその存在が確定されなければならない。一方，債権者の権利の存在が確定された以上，その権利の執行手続は，迅速になされる必要がある。

　そこで，権利の判定機関（権利の有無を判断する機関＝裁判所）と執行機関（権利を実現する機関）は分離され，執行機関は，権利の存否の判定

の負担を免除され，権利判定機関が請求権の存在と範囲とを確定して記載した一定の文書に基づいて執行手続を開始する。この執行機関に対して執行行為を開始する根拠を与える一定の文書（債権者の給付請求権の存在を公証する文書）を**債務名義**(さいむめいぎ)という。

債務名義には，確定判決＊4，仮執行宣言付判決や執行証書などがある（民執法22条）。執行証書とは，債務者が直ちに強制執行に服する旨の記載がある公正証書のことである。

強制執行は，確定判決等については裁判所書記官により，執行証書については公証人により，執行文を付与された債務名義の正本に基づいて実施する（民執法25条・26条）。

2 強制執行の方法

金銭執行と非金銭執行の区別，不動産執行・船舶執行・動産執行・債権執行＊5・その他の財産権に対する執行の区別がある。

貸出債権等の金銭執行は，債務者の金銭その他の財産を差し押さえ，金銭以外の財産については売却して取り立てることによって行う。なお，差押えが禁止されている動産や債権がある＊6。

＊4　**判決**は裁判所が原則として口頭弁論を経て行う裁判のこと（民訴法243条以下）。**確定判決**は上訴期間の経過または上訴権の放棄により通常の上訴では取り消すことができない状態になった判決のこと（民訴法116条・284条・285条・313条）。**上訴**には控訴と上告がある。**控訴**は第一審の終局判決に対して（裁判所法16条1号・24条3号，民訴法281条），**上告**は控訴審の終局判決に対して法律審へ上訴すること（裁判所法16条3号，民訴法311条）。民事訴訟において，裁判所の面前で口頭で行われる当事者の弁論のことを**口頭弁論**という（民訴法87条1項）。口頭弁論は書面で準備しなければならない（民訴法161条）。裁判には，判決のほか**決定**（口頭弁論を経るかどうかが裁判所の裁量によるもの。民訴法87条1項ただし書）と**命令**（裁判所ではなく裁判官が行う裁判）がある。

＊5　債権執行は，債務者が第三債務者に対して有する債権（預貯金債権等）を，債権者が差し押さえて換価し，債権の回収を図る民事執行のこと（民執法143条～167条・193条）。

＊6　生活に必要な衣服，寝具等は差し押さえることができない（民執法131条）。退職金や賃金についてはその全部を差し押さえることができない（民執法152条）。

5 法的整理手続と貸出債権

> **Point**
>
> 貸出先が経営を継続できない状態になった場合，貸出債権はどのように回収することになるのか。破産手続等の法的手続において貸出債権はどのように扱われているのか。

1．整理とはなにか

1 整理とは

1　法的整理と私的整理

　金融機関などの債権者において使用される「整理」という用語は，法的な整理と私的な整理とに分けられる。

　法的な整理という場合は，破産法に基づく破産手続，会社更生法に基づく更正手続，民事再生法に基づく再生手続等をいう。

2　どのような「整理」を選択するか

　整理は通常債務者がみずから決断して行われるが，債権者の立場で整理手続に入る場合もある。

　私的整理は債権者委員会等を設置し，同委員会の監督のもとに債権者委員が手続を進めるが，裁判所の監督がないため手続が不安定になる場合がある。ただし，債権者数が少なく，一部の大口債権者の協力があれば，迅速に手続を進めることができる。

2 法的整理の概要
1 法的整理が必要とされる理由
① 債権者の個別的権利行使を制限する必要がある。権利を公平に実現するためである。
② 債務者の詐害行為を防止する必要がある。倒産に瀕した債務者は，財産隠匿などの詐害行為，特別な関係にある特定の債権者に対してのみ優先的に満足を与える偏頗行為を行いがちである。これを防止して，総債権者の満足の最大化を図る。
③ 不正な目的をもつ第三者の介入を排除する必要がある。倒産処理に介入して不正な利益を得ようとする第三者を排除する。
④ 大規模な倒産の場合に公平な処理を行う。
⑤ 回収可能な債権と回収不可能な債権を区別することによって，不良債権の整理を行う。

2 清算型手続と再生型手続
(1) **清算型手続**は，債務者の総財産を金銭化し，金銭化された総債務を弁済することを目的とする（破産及び特別清算など）。
(2) **再生型手続**は，収益を生み出す基礎となる債務者の財産を一体として維持し，債務者自身またはそれに代わる第三者がその財産を基礎として経済活動を継続して収益をあげ，その収益を債権者に配分する手続である（民事再生および会社更生など）。

2．法的整理と貸付債権

1 破産手続と貸付債権
1 破産手続の特徴
(1) 個人および法人のすべてが適用対象である（破産法15条・16条）。
(2) **支払不能**および**債務超過**が破産原因である（同）。
(3) 破産管財人が任命される（破産法74条1項）。同時廃止決定があっ

た場合は，破産管財人は選任されない（破産法216条）。
(4) 権利を行使するすべての**破産債権者**が手続に参加することを要求される（破産法100条1項）。
(5) 特定財産上の担保権者は，原則として破産手続に拘束されず，自由な権利行使が認められる（破産法2条9項・65条・67条1項）。
(6) 個人破産者については，経済的な再生の機会を与えるため，**免責**手続が設けられている（破産法248条以下）。

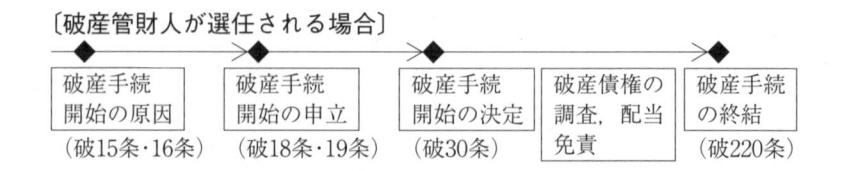

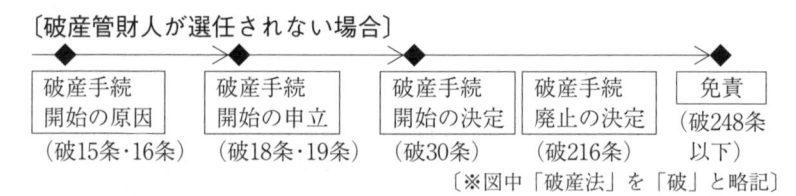

〔破産管財人が選任される場合〕

| 破産手続開始の原因（破15条・16条） | 破産手続開始の申立（破18条・19条） | 破産手続開始の決定（破30条） | 破産債権の調査，配当免責 | 破産手続の終結（破220条） |

〔破産管財人が選任されない場合〕

| 破産手続開始の原因（破15条・16条） | 破産手続開始の申立（破18条・19条） | 破産手続開始の決定（破30条） | 破産手続廃止の決定（破216条） | 免責（破248条以下） |

〔※図中「破産法」を「破」と略記〕

2 破産者に対する貸付債権の回収

(1) 担保権を取得している場合は，これを**別除権**として，破産手続によ

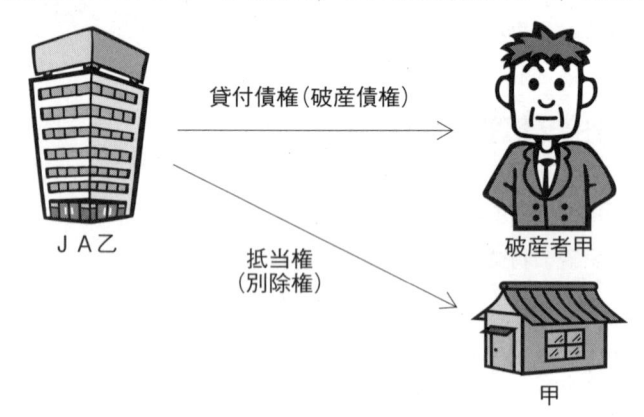

JA乙 ──貸付債権（破産債権）──→ 破産者甲
JA乙 ──抵当権（別除権）──→ 甲

らないで，回収を図ることができる（破産法65条・2条9項）。
(2) 貸付債権者が破産者に対して債務（貯金債務等）を負担していた場合は，貸付債権をもって貯金債務を相殺することにより，結果として，貸付債権を回収することができる（破産法67条）。ただし，**債権者平等**（さいけんしゃびょうどう）に反すると認められるときには，相殺権を行使することができない（破産法71条1項・72条1項）。

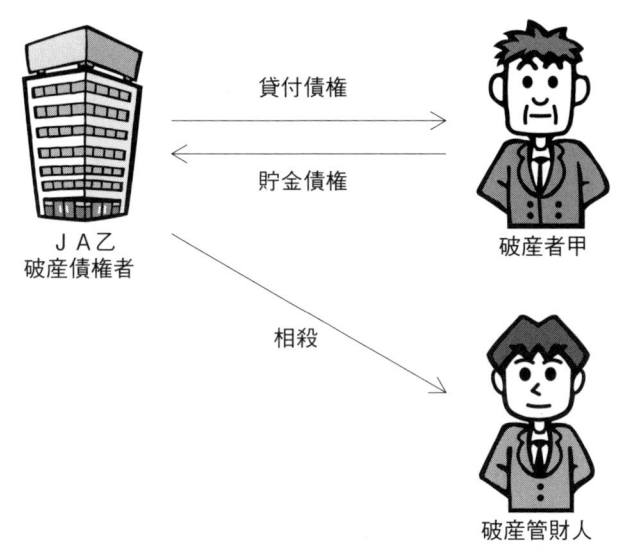

3 相殺することができない場合（受働債権たる債務負担の時期による相殺の禁止）

JA乙が，甲から貯金を受け入れた場合，甲に対する貸付債権をもって，甲に対する貯金債務（受働債権）を相殺することができるのが原則であるが，貯金債務を負担する時期によっては，相殺が禁止されることがある。

(1) 破産債権者が**破産手続開始後**に破産財団に対して債務を負担したとき（破産法71条1項1号）

たとえば，甲に対して貸付債権をもっているJA乙が，甲の破産手続開始後に，甲の破産管財人との取引によって債務を負担した場合，JA乙は，貸付債権をもって，甲の破産管財人との取引によって発生

した債務を相殺することができない。

(2) **支払不能になった後**に契約によって負担する債務をもっぱら破産債権をもってする相殺に供する目的で，破産者の財産の処分を内容とする契約を破産者との間で締結し，または破産者に対して債務を負担する者の債務を引き受けることを内容とする契約を締結することにより破産者に対して債務を負担した場合であって，当該契約の締結の当時，支払不能であったことを知っていたとき（破産法71条1項2号）

　支払不能とは，支払能力を欠くために債務者が弁済期の到来した債務を一般的，かつ，継続的に弁済することができないと判断される客観的状態のことである（破産法2条11項）。

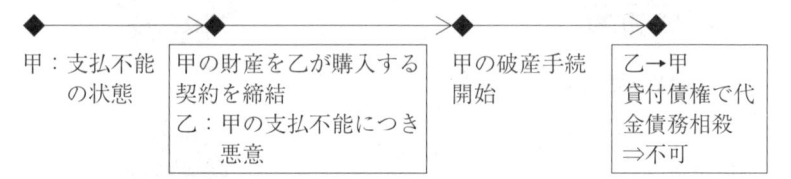

| 甲：支払不能の状態 | 甲の財産を乙が購入する契約を締結 乙：甲の支払不能につき悪意 | 甲の破産手続開始 | 乙→甲 貸付債権で代金債務相殺 ⇒不可 |

　このような場合は，他の債権者の犠牲において，すでに経済的価値を失っている貸付債権の回収を図り，破産者の責任財産を減少する行為であり，詐害性があるので，相殺が禁止される。

　たとえば，支払不能後，甲が，破産債権者であるＪＡ乙に貯金を設定したり，設定済みの貯金口座に破産者甲が金銭を振り込んだあと，ＪＡ乙が，相殺権を行使しても，貯金設定時や振込時に，ＪＡ乙が，甲に対する貸付債権をもって貯金支払債務を相殺する目的（専相殺供用目的）があり，かつ，甲の支払不能の状態を知っていたときは，ＪＡ乙は，貸付債権をもって，上記の貯金債務を相殺することができない。

　仮に，ＪＡ乙が，甲の破産手続開始前に相殺の意思表示をしたとしても，その後，甲につき破産手続開始決定があると，相殺の意思表示は無効になる。

(3) **支払停止後**に破産債権者が支払停止を知って破産者に対して債務を負担したとき（破産法71条1項3号。破産法71条1項4号も同趣旨）

支払停止とは，支払能力を欠くために弁済期の到来した債務を一般的，かつ，継続的に弁済することができない旨を外部に表示する債務者の行為をいう。手形の不渡り，弁済不能の通知，夜逃げ等が支払停止にあたる。

　たとえば，甲につき手形の不渡りがあり，ＪＡ乙がこれを知って，甲から貯金を受け入れたとき，ＪＡ乙は貸付債権をもって，甲に対する貯金支払債務を相殺することができない。

(4) 3つの例外（例外的に相殺できる場合）

　支払不能，支払停止または破産手続開始申立後に債務を負担したことを理由とする相殺禁止については，例外的に相殺できる場合がある（破産法71条2項）。

① 債務負担が**法定の原因**に基づく場合。事務管理や不当利得によって破産債権者が破産者に対して債務を負担するような場合がこれにあたる。

② 支払不能や支払停止等について破産債権者が知った時よりも，「**前に生じた原因**」に基づいて負担した債務である場合。

　支払不能等を知った時より前に具体的な相殺への期待があったことが必要である。したがって，たとえば，ＪＡ乙が甲の支払不能等について悪意になる前に，ＪＡ乙と甲及び第三者丙との間で約定がなされ，第三者丙が甲への支払を当該貯金口座への振込以外の方法で行わないことが合意されていれば，悪意になる前にＪＡ乙は具体的な相殺期待をもっていたものと認められ，甲に対する貸付債権をもって，甲に対する貯金支払債務を相殺することができる。このような約定を振込指定（ふりこみしてい）という。〔名古屋高判昭58．3．31金判675－43〕

| 乙→甲貸付 | 甲・乙・丙振込指定約定 | 甲支払不能 | 丙→甲名義口座振込 | 乙→甲相殺⇒可 |

③ 破産手続開始申立より**1年以上前に生じた原因**に基づいて負担した

債務である場合。

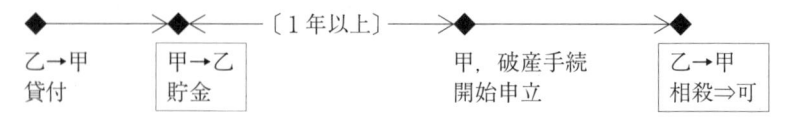

```
乙→甲       甲→乙        〔１年以上〕       甲，破産手続      乙→甲
貸付        貯金                           開始申立        相殺⇒可
```

4 相殺することができない場合（自働債権たる破産債権取得の時期による相殺の禁止）

　ＪＡ乙が，甲に対する貸付債権（自働債権）をもっている場合，これをもって，甲に対する貯金債務を相殺することができるのが原則であるが，貸付債権の取得時期によっては，相殺が禁止されることがある。

(1) 破産者の債務者が**破産手続開始後**に他人の破産債権を取得したとき（破産法72条１項１号）

　　たとえば，甲に対し貯金債務を負っているＪＡ乙が，甲の破産手続開始後に，甲に対する貸付債権を他人から取得したとき，ＪＡ乙は，この取得した貸付債権をもって，甲に対する貯金債務を相殺することができない。

(2) 破産者の債務者が，破産者が**支払不能になった後**にそれについて悪意で破産債権を取得したとき（破産法72条１項２号）

　　たとえば，甲に対し貯金債務を負っているＪＡ乙が，甲の支払不能状態を知った後，甲に対して取得した債権（甲に対して割引手形の買戻請求権を行使し，それによって取得した手形買戻債権等）をもって，甲に対する貯金債務を相殺することはできない。

(3) 破産者の債務者が，**支払停止があった後**にそれについて悪意で破産債権を取得したとき（破産法72条１項３号。破産法72条１項４号も同趣旨）

(4) ４つの例外（例外的に相殺できる場合）

　　次の場合は，例外的に相殺できる（破産法72条２項）。

　　① 破産債権の取得が**法定の原因**に基づくとき
　　② 破産債権の取得が，支払不能等について破産者の債務者が悪意

となった時よりも**前に生じた原因に基づく場合**
③ **破産手続開始申立時よりも1年以上前に生じた原因**に基づく債権の取得の場合
④ 破産者に対して債務を負担する者と破産者との間の**契約による破産債権の取得**の場合

② 民事再生手続と貸付債権
1 民事再生手続の特徴
(1) 経済的破綻が確定的になる前の状態が，手続開始原因となっている。**「破産手続開始の原因となる事実の生ずるおそれがあるとき」**，**「事業の継続に著しい支障を来すことなく弁済期にある債務を弁済することができないとき」**を手続開始原因としている（民再法21条1項）。
(2) 債務者が手続遂行の主体であり，財産管理・処分権や業務遂行権を保持する（民再法38条1項）。会社更生においては更生管財人が必ず選任され，財産管理・処分権等は更生管財人に専属する（会更法72条1項）。民事再生においては特に必要があると認められる場合に，**民事再生人**が選任される（民再法64条1項）。
(3) 一般債権者は，権利の満足を得ようとする場合，**再生債権者**として手続への参加を義務づけられる（民再法84条・85条1項等）。
　一般の優先権ある債権者は，手続外で満足を受けることが認められる（民再法122条）。特定財産上の担保権者は，別除権者とされ，手続外での満足を保障される（民再法53条）。
(4) 担保権を実行するかどうかは，原則として**再生債務者**と担保権者の合意に委ねている（**別除権協定**）。ただし，再生債務者の事業の再生のため，競売手続の中止命令（民再法31条），担保権消滅許可制度（民再法148条以下），債務超過の場合における再生債務者の株式の取得等の手続（民再法154条3項・166条）などの，権利の行使を制限したり，権利を消滅させたりする制度がある。

(5) 民事再生手続のなかには、手続を簡易にした簡易再生及び同意再生がある（民再法211条以下）。また、個人再生については、小規模個人再生及び給与所得者等再生の特則がある（民再法221条以下）。

(6) 権利変更の方式として複数用意されている。

原則的な方式は、会社更生手続と同様であり、債権の調査および確定をしたうえ（民再法99条以下）、再生計画案において権利変更に関する一般条項を設け（民再法156条）、個別的権利に関する変更内容を定めたうえで（民再法157条1項本文）、債権者集会の議決および裁判所の認可によって変更の効力が生ずる（民再法176条）。

簡易再生および**同意再生**では、債権の調査および確定手続が省略され、再生計画における一般的基準に従って権利変更がなされる。個別的権利に関する権利変更の内容は確定されない（民再法215条・219条2項）。

小規模個人再生の場合は、決議の成立を容易にするため、回答期間内に再生計画案に同意しない旨の書面による回答が、議決権者総数の半数に満たず、かつ、その議決権の額が議決権者の議決権の総額の2分の1を超えないときは、再生計画案の可決があったものとみなすという、特別の議決方法が採用される（民再法230条6項）。

給与所得者等再生においては、議決そのものを不要とし、裁判所の再生計画認可によって権利変更の効力が発生する（民再法240条・241条）。

2 民事再生の種々の手続

(1) 通常の手続とその特則

対象者は「経済的に窮境にある債務者」であり法人及び個人を含む（民再法1条）。

手続の種類	手続の概要
通常の手続	再生手続開始の申立・決定，再生債権の調査および確定，その存否および内容の確定，再生計画による権利変更の確定，再生計画に基づく債務の弁済。
簡易再生	再生債権の調査および確定手続を省略するもの（民再法211条以下）。再生債務者等は，届出再生債権者の総債権について裁判所が評価した額の5分の3以上にあたる債権を有する届出再生債権者が，書面によって，再生債務者等が提出した再生計画案について同意し，かつ，再生債権の調査及び確定手続を経ないことについて同意している場合に限り，「簡易再生の申立て」をすることができる。 裁判所は，要件を満たしている場合は，簡易再生の決定をし（民再法211条），また，再生計画案を決議に付する旨を決定する（民再法212条2項）。
同意再生	届出再生債権者全員の同意があることを前提として，再生債権の調査及び確定の手続，ならびに再生計画案についての決議を省略するもの（民再法217条以下）。

(2) 個人である再生債務者についての特則

手続の種類	手続の概要
小規模個人再生	個人である再生債務者のうち，将来において継続的にまたは反復して収入を得る見込みがあり，かつ，再生債権の総額（住宅資金貸付債権の額，別除権の行使による弁済を受けることができる額および再生手続開始前の罰金等の額を除く）が5,000万円を超えないものについて適用される（民再法221条）。
給与所得者等再生	個人である再生債務者のうち，将来において継続的または反復的に収入が見込め，かつ，再生債権総額が5,000万円を超えない者のうち，給与またはこれに類する定期的な収入を得る見込みがある者であって，かつ，その額の変動の幅が小さいと見込まれるものについて適用される（民再法239条以下）。年収換算で5分の1未満の額の変動であれば，安定性があると解されている。

3 住宅資金貸付債権に関する特別手続

住宅資金貸付債権に関する特別手続は，住宅の保有の保護と住宅上の抵当権によって担保されている住宅資金貸付債権者の利益を不当に侵害しないという2つの要請を調和させるための制度である。

(1) **適用となる住宅**は，個人である再生債務者が所有し，自己の居住の用に供する建物であって，その床面積の2分の1以上に相当する部分がもっぱら自己の居住の用に供されるものである（民再法196条1号本文）。その敷地にも適用される（民再法196条2号）。

(2) **適用となる住宅資金貸付債権**は，住宅の建設もしくは購入に必要な資金または住宅の改良に必要な資金の貸付にかかる分割払いの定めのある再生債権であって，当該債権または当該債権にかかる債務を保証する保証会社の主たる債務者に対する求償権を担保するための抵当権が住宅に設定されているものをいう（民再法196条3号）。

(3) 再生計画に定めた**住宅資金特別条項**に基づき，住宅資金貸付債権の元利金の支払いについて一定の範囲で期限の猶予が認められる（民再法199条）。その効力は抵当権にも及ぶ（民再法203条1項）。

(4) 保証人が保証債務を履行することによって代位取得した住宅資金貸付債権については，原則として住宅資金特別条項を定めることができない（民再法198条1項第1かっこ書）。ただし，保証会社が保証債務を履行した場合は，その全部を履行した日から6月を経過する日までの間に再生手続開始の申立がされたときは，本来の住宅資金貸付債権者（民再法204条1項本文）の権利について住宅資金特別条項を定めることができる（民再法198条2項前段）。

ただし，住宅の上に住宅資金抵当権（民再法196条3号）以外の担保権が存するときは，住宅資金特別条項を定めることはできないし（民再法198条1項ただし書前半部分），住宅以外の不動産にも住宅資金抵当権が設定されている場合においてその不動産の上に住宅資金抵当権に後れる担保権が存するときは，その不動産の後順位担保権者は住宅

資金抵当権に代位することができるから（民法392条2項），その利益を害しないためやはり住宅資金特別条項を定めることはできない（民再法198条1項ただし書後半部分）。

(5) 住宅資金特別条項を定めた再生計画案の決議においては，住宅資金特別条項によって権利の変更を受けることとされている者および保証会社は，住宅資金貸付債権または住宅資金貸付債権にかかる債務の保証に基づく求償権については，議決権を有しない（民再法201条1項）。

(6) 住宅資金特別条項を定めた再生計画認可決定が確定した場合において，保証会社が住宅資金貸付債権にかかる保証債務を履行していたときは，当該保証債務の履行はなかったものとみなされる（民再法204条1項本文）。これを**保証債務履行前の法律関係への巻戻し**という。代位弁済を受けた住宅資金貸付債権者は，保証会社に受領した資金を返還する。

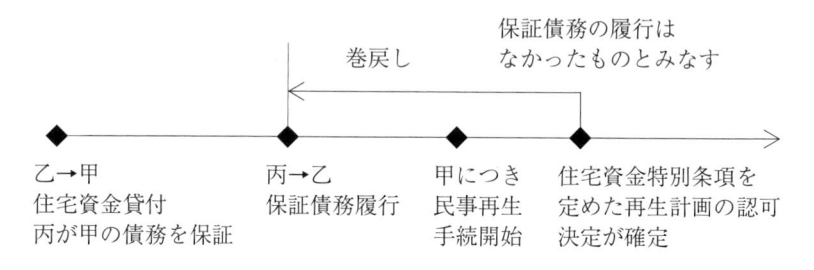

```
                        巻戻し        保証債務の履行は
                    ←――――――――     なかったものとみなす
                                  ┌――――――┐
 ◆―――――――――――◆―――――――◆――――◆――――→
 乙→甲              丙→乙       甲につき    住宅資金特別条項を
 住宅資金貸付        保証債務履行  民事再生    定めた再生計画の認可
 丙が甲の債務を保証              手続開始    決定が確定
```

279

4 住宅資金特別条項

(1) 住宅資金特別条項の型

期限の利益回復型 （民再法199条1項）	再生計画認可決定の確定時にすでに遅滞に陥っている元本・利息・損害金	→	再生計画で定める弁済期間（最大で認可決定確定時から5年）内に支払う =期限の利益を回復させる
	弁済期が到来していない将来の元本等の債務	→	当初の住宅ローン契約の約定に従って支払う
リスケジュール型 （民再法199条2項）	延滞部分について期限の利益を回復させただけでは再生計画の認可の見込みがない場合に利用		
	再生計画認可決定の確定時にすでに遅滞に陥っている元本・利息・損害金 及び 将来の元本等の債務	→	再生計画で，支払期限を①最大で約定最終弁済期から10年，②債務者の年齢が満70歳を超えない範囲で延長し，各回の支払額を減らす
	※利息・損害金を含めて全額弁済することが前提		
元本猶予期間併用型 （民再法199条3項）	リスケジュールでは再生計画の認可の見込みがない場合に利用		
	再生計画認可決定の確定時にすでに遅滞に陥っている元本・利息・損害金 及び 将来の元本等の債務	→	再生計画で，支払期限を①最大で約定最終弁済期から10年，②債務者の年齢が満70歳を超えない範囲で延長し，各回の支払額を減らす ＋ 元本猶予期間（最大で認可決定から5年）に限って，元本の一部及び利息のみを支払うことができる
合意型 （民再法199条4項）	住宅ローン債権者との個別の合意によって，上記期限の利益回復型，リスケジュール型及び元本猶予期間併用型の条件とは異なる権利変更の内容の特別条項を定めることができる		

(2) 住宅ローン債権者の対応

① 事前協議

　債務者は，住宅資金特別条項を定めた再生計画案を裁判所に提出する場合，あらかじめ当該住宅資金特別条項によって権利の変更を受ける者（住宅ローン債権者）と協議するものとされている。また，住宅ローン債権者は，住宅資金特別条項の立案について必要な助言をするものとするとされている（民再規101条）。

　ＪＡ乙としては，債務者から，収入状況や他の債権者に対する債務等を聴取し，どのような内容の住宅資金特別条項であれば，履行可能かを協議する。

② 裁判所による意見聴取

　裁判所は，住宅資金特別条項を定めた再生計画案が提出されたときは，当該債権者の意見を聴かなければならない（民再法201条2項）。

5 再生債務者に対する貸付債権の回収

(1) 再生計画認可の決定が確定したときは，再生計画の定めまたは民事再生法の規定によって定められた権利を除いて，再生債務者は，すべての再生債権について，その責任を免れる（民再法178条本文）。

(2) 貸付債権について質権，抵当権等の担保権が付されている場合は，再生手続によらないで別除権を行使することができる（民再法53条1項）。

　　別除権者は，担保権の全部または一部を放棄するか，再生債務者等との合意（別除権協定）によって担保権の全部または一部を解放して，それに対応する被担保債権を再生債権として行使することができる（民再法88条・182条本文）。

6 相殺権の行使

(1) 再生債権者は，原則として，再生計画の定めるところによらないで，相殺権を行使することができる（民再法92条1項）。

　　再生債権者は，**債権届出期間（民再法94条1項）満了前に相殺適状**

となっていることを前提として，再生債権を自働債権，再生債務者の財産に属する債権を受働債権として，**当該債権届出期間内に限って**，再生計画の定めるところによらないで，相殺することができる（民再法92条1項前段）。

(2) 再生債権者は，受働債権の期限の利益を放棄することができる。自働債権については期限の利益喪失条項によって期限の利益は喪失したとすることができると解される*1。したがって，たとえば，民事再生手続開始の申立をした貸付先甲に対し，ＪＡ乙が，請求によって期限の利益を喪失させたときは（農協取引約定書5条2項1号），ＪＡ乙は，貸付債権を自働債権とし，預貯金債権を受働債権として（同約定書7条1項），相殺することが可能であると解される（民再法92条1項前段）。農協取引約定書の場合，相殺適状は喪失請求到達によって生ずる。

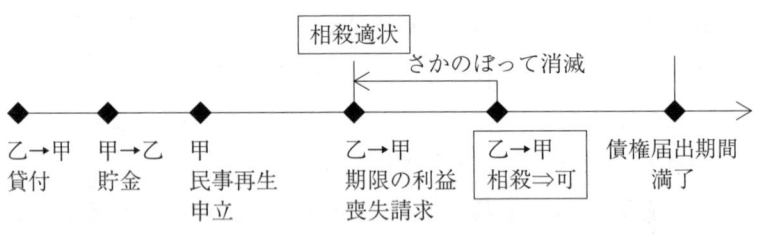

```
                    ┌相殺適状┐
                        ←さかのぼって消滅
────◆────◆────◆────◆────◆────◆────→
  乙→甲  甲→乙  甲    乙→甲   乙→甲   債権届出期間
  貸付   貯金  民事再生 期限の利益 相殺⇒可  満了
               申立    喪失請求
```

7 相殺することができない場合（受働債権たる債務負担の時期による相殺の禁止）

(1) **再生手続開始後**に再生債権者が再生債務者に対して債務を負担したとき（民再法93条1項1号），たとえば，甲に対して貸付債権をもっ

---

*1 多数説は，差押えと相殺に関する判例を根拠として，期限の利益喪失条項に基づく貸付債権（自働債権）の弁済期の到来をもって相殺適状となるとしている。しかし，民再法92条1項前段が相殺適状の発生時期を限定している趣旨を考えると，期限の利益喪失条項を根拠とする相殺適状の発生を否定し，本来の弁済期が債権届出期間内に生じたかどうかを判断すべきであるとする考え方もある（伊藤眞『破産法・民事再生法』有斐閣，2008年，694頁）。判例の動向に留意すべきである。

ているＪＡ乙が，甲の再生手続開始後に，甲との取引によって債務を負担した場合，ＪＡ乙は，貸付債権をもって，甲との取引によって発生した債務を相殺することができない。

(2) **支払不能になった後**に契約によって負担する債務をもっぱら再生債権をもってする相殺に供する目的で再生債務者の財産の処分を内容とする契約を再生債務者との間で締結し，または再生債務者に対して債務を負担する者の債務を引き受けることを内容とする契約を締結することにより再生債務者に対して債務を負担した場合であって，当該契約の締結の当時，支払不能であったことを知っていたとき（民再法93条1項2号）。破産法71条1項2号の場合と趣旨は共通する（本書272頁）。

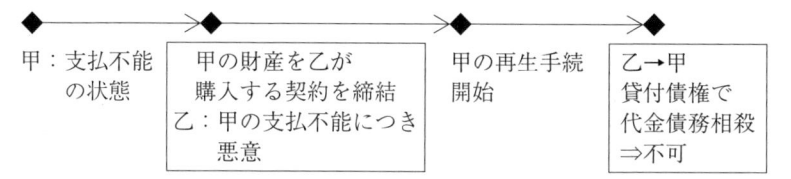

| 甲：支払不能の状態 | 甲の財産を乙が購入する契約を締結 乙：甲の支払不能につき悪意 | 甲の再生手続開始 | 乙→甲 貸付債権で代金債務相殺 ⇒不可 |

(3) **支払停止後**に再生債務者に対して債務を負担した場合であって，その負担の当時，支払いの停止があったことを知っていたとき（民再法93条1項3号。民再法93条1項4号も同趣旨）

趣旨は破産法71条1項3号について述べたのと同様である（本書272〜273頁）。

(4) 3つの例外（例外的に相殺できる場合）

支払不能，支払停止または民事再生手続開始申立後に債務を負担したことを理由とする相殺禁止については，例外的に相殺できる場合がある（民再法93条2項）。いずれについても，破産法71条2項について述べたところと趣旨は同様である（本書273頁）。

① 債務負担が**法定の原因**に基づく場合。事務管理や不当利得によって再生債権者が再生債務者に対して債務を負担するような場合がこれにあたる

② 支払不能や支払停止等について再生債権者が知ったときよりも，「**前に生じた原因**」に基づいて負担した債務である場合
③ 破産手続開始申立より**１年以上前に生じた原因**に基づいて負担した債務である場合

8 相殺することができない場合（自働債権たる再生債権取得の時期による相殺の禁止）

(1) 再生債務者の債務者が，**再生手続開始後**に他人の再生債権を取得したとき（民再法93条の２第１項１号）

たとえば，甲に対し貯金債務を負っているＪＡ乙が，甲の再生手続開始後に，甲に対する貸付債権を他人から取得したとき，ＪＡ乙は，この取得した貸付債権をもって，甲に対する貯金債務を相殺することができない。

(2) **支払不能になった後**に再生債権を取得した場合であって，その取得の当時，再生債務者が支払不能であったことを知っていたとき（民再法93条の２第１項２号）

たとえば，甲に対し貯金債務を負っているＪＡ乙が，甲の支払不能状態を知ったあと，甲に対して取得した債権（甲に対して割引手形の買戻請求権を行使し，それによって取得した手形買戻債権等）をもって，甲に対する貯金債務を相殺することはできない。

(3) **支払停止があった後**に再生債権を取得した場合であって，その取得の当時，支払いの停止があったことを知っていたとき。ただし，当該支払いの停止があった時において支払不能でなかったときは，この限りでない（民再法93条の２第１項３号。民再法93条の２第１項４号も同趣旨）

(4) ４つの例外（例外的に相殺できる場合）

次の場合は，例外的に相殺できる（民再法93条の２第２項）。

① 再生債権の取得が**法定の原因**に基づくとき
② 再生債権の取得が，支払不能等について再生債務者に対して債

務を負担する者が知った時より**前に生じた原因**に基づく場合
③ 再生手続開始申立時より**1年以上前に生じた原因**に基づく債権の取得の場合
④ 再生債務者に対して債務を負担する者と再生債務者との間の**契約による再生債権の取得**の場合。たとえば，再生債務者との契約により救済融資を行った金融機関は，それによって取得した貸付債権を自働債権とし，預金債権を受働債権として相殺できるとされている。

3 会社更生手続と貸付債権

1 会社更生手続の特徴

(1) 再生型手続である点は民事再生と同じであるが，民事再生は個人及び法人一般に適用される手続であるのに対し，会社更生は**株式会社にのみ適用**される（会更法1条）。

(2) 手続開始原因は，「**破産手続開始の原因となる事実が生ずるおそれがある場合**」，または「**弁済期にある債務を弁済することとすれば，その事業の継続に著しい支障を来すおそれがある場合**」である（会更法17条1項）。民事再生の開始原因と同様である。

(3) 会社更生では，破産と同じく，債務者たる会社財産の管理・処分権が**更生管財人**に移転する。ただし，事業の再生を目的とするので，更生管財人は，財産の管理・処分権のほか，事業の経営権も有する（会更法72条1項）。法律管財人と事業管財人がおかれることがある。

(4) 会社更生においては，権利の満足を求めようとする更生債権者等は，手続開始前の原因に基づいて生じた一般債権を基礎とする**更生債権者**のほか，特定財産上の担保権を基礎とする**更生担保権者**も含め，手続に参加することを強制される（会更法47条1項・50条1項・135条1項・2条8項～13項）。

民事再生においては，担保権が別除権とされ，また，一般の優先権

ある債権が一般優先債権とされ，再生手続に拘束されない（民再法53条2項等）。しかし，会社更生においては，特定財産上の担保権は，その実行が許されず，更生担保権として継続事業価値の配分にかかる決定に参加することを強制され（会更法196条），権利の変更を受ける可能性がある（会更法168条・203条）。さらに，担保権そのものも消滅させられる可能性もある（会更法204条1項柱書）。

(5) 会社更生では，権利の性質ごとに分けられた**利害関係人集会**において，利害関係人に対する配分部分および配分方法などについて更生管財人が作成した更生計画案につき，可否が問われる（会更法189条～198条）。

2 更生会社に対する貸付債権の回収

(1) 貸付債権は，担保の有無にかかわらず，更生計画によって権利が変更される（会更法168条）。

(2) 更生債権者等（更生債権者及び更生担保権者）は，更生手続開始当時，更生会社に対して債務を負担する場合において，債権及び債務の双方が債権届出期間の満了前に相殺に適するようになったときは，更生債権者等は，当該債権届出期間内に限り，更生計画の定めるところによらないで，相殺することができる（会更法48条1項）。

会社更生の場合も，民事再生の場合と同様に相殺が可能な場合がある。しかし，民事再生と異なり担保権を有していても，更生計画によって権利が変更される点に留意すべきである。

収入印紙

4,000円

新規契約用

農協取引約定書例

平成　年　月　日

甲：住所

氏名　　　　　　　　　　㊞　（実印）

乙：住所

名称

代表者　　　　　　　　　㊞

_____（以下，「甲」という）と　　　　農業協同組合（以下，「乙」という）とは，甲乙間の取引について，以下の条項につき合意しました。

第1条（適用範囲）

① 甲および乙は，甲乙間の手形貸付，手形割引，証書貸付，当座貸越，購買未収，販売仮渡，保証委託，その他甲が乙に対して債務を負担することとなるいっさいの取引に関して本約定を適用します。

② 乙と第三者との取引を甲が保証した場合の保証取引は，前項の取引に含まれるものとします。

③ 甲が振出，裏書，引受，参加引受または保証した手形を，乙が第三者との取引によって取得した場合についても本約定を適用します。

④ 甲乙間で別途本約定書の各条項と異なる合意を行った場合については，その合意が本約定に該当する条項に優先するものとします。

第2条（手形と借入金債務）

甲が乙より手形により貸付を受けた場合には，乙は手形または貸金債権

のいずれによっても請求することができます。

第3条（利息，損害金等）

① 利息，割引料，保証料，手数料，これらの戻しについての割合および支払の時期，方法については，別に甲乙間で合意したところによるものとします。ただし，金融情勢の変化その他相当の事由がある場合には，甲または乙は相手方に対し，これらを一般に合理的と認められる程度のものに変更することについて協議を求めることができるものとします。

② 甲は，乙に対する債務を履行しなかった場合には，その支払うべき金額に対し年〇〇％の割合の損害金を支払います。ただし，利息，割引料，保証料については，損害金を付しません。この場合の計算方法は年365日の日割計算とします。

第4条（担保）

① 担保価値の減少，甲またはその保証人の信用不安などの乙の甲に対する債権保全を必要とする相当の事由が生じたと客観的に認められる場合において，乙が相当期間を定めて請求したときは，甲は乙の承認する担保もしくは増担保を差し入れ，または保証人をたてもしくはこれを追加します。

② 甲が乙に対する債務の履行を怠った場合には，乙は，担保について，法定の手続も含めて一般に適当と認められる方法，時期，価格等により乙において取立または処分のうえ，その取得金から諸費用を差し引いた残額を法定の順序にかかわらず甲の債務の弁済に充当できるものとし，なお残債務がある場合には甲は直ちに弁済します。甲の債務の弁済に充当後，なお取得金に余剰が生じた場合には，乙はこれを権利者に返還するものとします。

③ 甲が乙に対する債務を履行しなかった場合には，乙が占有している甲の動産，手形その他の有価証券は，乙において取立または処分することができるものとし，この場合もすべて前項に準じて取り扱うことに同意

します。
④　本条の担保には，留置権・先取特権などの法定担保権も含むものとします。

第5条（期限の利益の喪失）

①　甲について次の各号の事由が一つでも生じた場合には，乙からの通知催告等がなくても，甲は乙に対するいっさいの債務について当然期限の利益を失い，直ちに債務を弁済します。

1．甲またはその保証人の貯金その他乙に対する債権について仮差押，保全差押または差押の命令，通知が発送されたとき。

　　なお，保証人の乙に対する債権の差押等については，乙の承認する担保を差し入れる旨を甲が遅滞なく乙に書面にて通知したことにより，乙が従来どおり期限の利益を認める場合には，乙は書面にてその旨を甲に通知するものとします。

　　ただし，期限の利益を喪失したことに基づき既になされた乙の行為については，その効力を妨げないものとします。

2．行方不明となり，乙から甲に宛てた通知が届出の住所に到達しなくなったとき。

②　甲について次の各号の事由が一つでも生じた場合には，乙からの請求によって，甲は，乙に対するいっさいの債務について期限の利益を失い，直ちに債務を弁済します。

1．破産手続開始，民事再生手続開始，会社更生手続開始もしくは特別清算開始の申立があったとき。

2．手形交換所の取引停止処分を受けたとき。

3．前2号のほか，甲が債務整理に関して裁判所の関与する手続を申立てたとき，あるいは自ら営業の廃止を表明したときなど，支払を停止したと認められる事実が発生したとき。

4．甲が乙に対する債務の一部でも履行を遅滞したとき。

5．担保の目的物について差押，または競売手続の開始があったとき。

　6．甲が乙との取引約定に違反したとき。なお第14条に基づく乙へ提出する財務状況を示す書類または乙への報告に重大な虚偽の内容がある等の事由が生じたときを含む。

　7．甲の保証人が前項第2号または本項各号の一つにでも該当したとき。

　8．前各号に準じるような債権保全を必要とする相当の事由が生じたとき。

③　前項の場合において，甲が住所変更の届出を怠る，あるいは甲が乙からの請求を受領しないなど甲の責めに帰すべき事由により，請求が延着しまたは到達しなかった場合は，通常到達すべき時に期限の利益が失われたものとします。

第6条（割引手形の買戻し）

①　甲が乙より手形の割引を受けた場合，甲について前条第1項各号の事由が一つでも生じたときは，乙から通知催告等がなくても，甲は全部の手形について当然に手形面記載の金額の買戻債務を負担し，直ちに弁済するものとします。

②　割引手形の主債務者が期日に支払わなかったときもしくは割引手形の主債務者について前条第1項各号もしくは第2項第1号，第2号，第3号の事由が一つでも生じたときは，その者が主債務者となっている手形について，前項と同様とします。

③　前2項のほか，割引手形について乙の債権保全を必要とする相当の事由が生じた場合には，乙からの請求によって，甲は手形面記載の金額の買戻債務を負担し，直ちに弁済するものとします。なお，甲が乙に対する住所変更の届け出を怠るなど甲の責めに帰すべき事由により，乙からの請求が延着しまたは到達しなかった場合には，通常到達すべき時に甲は買戻債務を負担したものとします。

④　甲が前3項による債務を履行するまでは，乙は手形所持人としていっ

さいの権利を行使することができるものとします。

第7条（乙による相殺，払戻充当）

① 期限の到来，期限の利益の喪失，買戻債務の発生，求償債務の発生その他の事由によって，甲が乙に対する債務を履行しなければならない場合には，その債務と甲の貯金その他の乙に対する債権とを，その債権の期限のいかんにかかわらず，乙はいつでも相殺することができるものとします。

② 前項の相殺ができる場合には，乙は事前の通知および所定の手続を省略し，甲にかわり諸預け金の払戻しを受け，債務の弁済に充当することができるものとします。この場合，乙は払戻しおよび充当の結果を甲に報告するものとします。

③ 前2項により乙が相殺または払戻充当を行う場合，債権債務の利息，割引料，損害金等の計算については，その期間を乙による計算実行の日までとし，また，利率，料率等について甲乙問に別に定めがない場合には，乙の定めによるものとします。

第8条（甲による相殺）

① 弁済期にある甲の貯金その他乙に対する債権と甲の乙に対する債務について，以下の場合を除き甲はその債務の期限が未到来であっても相殺することができるものとします。なお，満期前の割引手形について甲が相殺する場合には，甲は手形面記載の金額の買戻債務を負担して相殺することができるものとします。

1．乙が他に再譲渡中の割引手形に関する買戻債務を相殺する場合
2．弁済や相殺につき法令上の制約がある場合
3．甲乙間の期限前弁済についての約定に反する場合

② 前項によって甲が相殺する場合には，相殺通知は書面によるものとし，相殺した貯金その他の債権の証書，通帳は直ちに乙に提出します。

③ 甲が相殺した場合における債権債務の利息，割引料，損害金等の計算

については，その期間を相殺通知の到達の日までとし，利率，料率等について甲乙間に別に定めがない場合には，乙の定めによるものとします。なお，期限前弁済について繰上返済手数料など別途の定めがあるときは，その定めによるものとします。

④ 甲による相殺に関して各種貯金規定等に別の定めがあるときは，その定めによるものとします。

第9条（手形の呈示，交付）

① 甲の乙に対する債務に関して手形が存する場合，乙が手形上の債権によらないで第7条による相殺または払戻充当をするときは，相殺または払戻充当と同時にはその手形の返還を要しないものとします。

② 前2条の相殺または払戻充当により，乙から返還をうける手形が存する場合で乙からその旨の通知があったときには，その手形については甲が乙まで出向き受領するものとします。ただし，満期前の手形については乙はそのまま取り立てることができるものとします。

③ 乙が手形上の債権によって第7条の相殺または払戻充当をするときは，次の各場合にかぎり，手形の呈示，交付を要しません。なお，手形の受領については前項に準じます。

1．乙において甲の所在が明らかでないとき。
2．甲が手形の支払場所を乙にしているとき。
3．事変，災害等乙の責めに帰すことのできない事情によって，手形の送付が困難と認められるとき。
4．呈示しなければならない手形が取立その他の理由により，呈示，交付の省略がやむをえないと認められるとき。

④ 前2条の相殺または払戻充当の後なお直ちに履行しなければならない甲の乙に対する債務が存する場合，手形に甲以外の債務者があるときは，乙はその手形をとめおき，取立または処分のうえ，債務の弁済に充当することができます。

第10条（乙による充当の指定）

　乙が相殺または払戻充当をする場合，甲の乙に対する債務全額を消滅させるに足りないときは，乙は適当と認める順序方法により充当することができるものとし，甲はその充当に対して異議を述べることができないものとします。

第11条（甲による充当の指定）

① 甲が弁済または相殺する場合，甲は乙に対する債務全額を消滅させるに足りないときは，甲は乙に対する書面による通知をもって充当の順序方法を指定することができるものとします。

② 甲が前項による指定をしなかったときは，乙は適当と認める順序方法により充当することができ，甲はその充当に対して異議を述べることができないものとします。

③ 第1項の指定により乙の債権保全上支障が生じるおそれがあるときは，乙は，遅滞なく異議を述べたうえで，担保，保証の有無，軽重，処分の難易，弁済期の長短，割引手形の決済見込みなどを考慮して，乙の指定する順序方法により充当することができるものとします。この場合，乙は甲に対して充当結果を通知するものとします。

④ 前2項によって乙が充当する場合には，甲の期限未到来の債務については期限が到来したものとして，また満期前の割引手形について買戻債務を，保証委託取引については事前の求償債務を甲が負担したものとして，乙はその順序方法を指定することができるものとします。

第12条（危険負担，免責条項等）

① 甲が振出，裏書，引受，参加引受もしくは保証した手形または甲が乙に提出した証書等が，事変，災害，輸送途中の事故等やむをえない事情によって紛失，滅失，損傷または延着した場合には，甲は乙の帳簿，伝票等の記録に基づいて債務を弁済するものとします。なお，乙が請求した場合には，甲は直ちに代わり手形，証書等を差し入れるものとします。

この場合に生じた損害については，乙の責めに帰すべき事由による場合を除き，甲が負担します。

② 甲が乙に提供した担保について前項のやむをえない事情によって損害が生じた場合には，その損害について，乙の責めに帰すべき事由による場合を除き，甲が負担します。

③ 万一手形要件の不備もしくは手形を無効にする記載によって手形上の権利が成立しない場合，または権利保全手続の不備によって手形上の権利が消滅した場合でも，甲は手形面記載の金額の責任を負うものとします。

④ 乙が手形，証書等の印影，署名を甲が届け出た印鑑，署名鑑と相当の注意をもって照合し，相違ないと認めて取引したときは，手形，証書，印章，署名について偽造，変造，盗用等の事故があってもこれによって生じた損害は甲の負担とし，甲は手形または証書等の記載文言にしたがって責任を負います。

⑤ 甲に対する権利の行使もしくは保全または担保の取立もしくは処分に要した費用，および甲の権利を保全するために甲が乙の協力を依頼した場合に要した費用は，甲の負担とします。

第13条（届け出事項の変更）

① 甲は，その印章，署名，名称，商号，代表者，住所，その他乙に届け出た事項に変更があった場合には，直ちに書面により乙に届け出るものとします。

② 甲が前項の届け出を怠る，あるいは甲が乙からの請求を受領しないなど甲の責めに帰すべき事由により，乙が行った通知または送付した書類等が延着または到達しなかった場合には通常到達すべきときに到達したものとします。

第14条（報告および調査）

① 甲は，貸借対照表，損益計算書等の甲の財務状況を示す書類の写しを

定期的に乙に提出するものとします。

② 甲は，乙による甲の財産，経営，業況等に関する調査に必要な範囲において，乙から請求があった場合には，書類を提供し，もしくは報告をなし，または便益を提供するものとします。

③ 甲の財産，経営，業況等について重大な変化が生じたとき，または生じるおそれがあるときは，甲は乙に対して遅滞なく報告するものとします。

④ 甲について家庭裁判所の審判により，補助，保佐，後見が開始されたときもしくは任意後見監督人の選任がなされたとき，またはこれらの審判をすでに受けているときには，甲または甲の補助人，保佐人，後見人は，その旨を書面により直ちに乙に届け出るものとします。届出内容に変更または取消が生じた場合にも同様とします。

第15条（適用店舗）

甲および乙は，本約定書の各条項が，甲ならびに乙の本支所との間の諸取引に共通に適用されることを承認します。

第16条（準拠法，合意管轄）

① 甲および乙は，本約定書ならびに本約定に基づく諸取引の契約準拠法は日本法とすることに合意します。

② 甲および乙は，本約定に基づく諸取引に関して訴訟の必要が生じた場合には，乙の本所または乙の取引支所の所在地を管轄する裁判所を管轄裁判所とすることに合意します。

第17条（約定の解約）

乙の甲に対する債権が弁済その他の事由により消滅したのち，甲または乙いずれか一方が書面により解約する旨を通知したときは，他方が受領後1ヵ月が経過した時に本約定は失効するものとします。

以上

普通貯金規定ひな型（抄）

1（取扱店の範囲）

　　この貯金は，当店のほか当組合のどこの店舗でも預入れまたは払戻しができます。また，当組合が提携した県内の農業協同組合（以下「提携組合」といいます。）においても，預入れまたは払戻しができます。ただし，当店以外での払戻しの際の1回および1日あたりの限度額は，当組合所定の金額の範囲内とします。

2（証券類の受入れ）

(1) この貯金口座には，現金のほか，手形，小切手，配当金領収書その他の証券で直ちに取立のできるもの（以下「証券類」といいます。）を受入れます。ただし，提携組合での受入れは，現金のほかその受入店を支払場所とする証券類にかぎります。

(2) 手形要件（とくに振出日，受取人），小切手要件（とくに振出日）の白地はあらかじめ補充して下さい。当組合は白地を補充する義務を負いません。

(3) 証券類のうち裏書，受取文言等の必要があるものはその手続を済ませてください。

(4) 手形，小切手を受入れるときは，複記のいかんにかかわらず，所定の金額欄記載の金額によって取扱います。

(5) 証券類の取立のためとくに費用を要する場合には，店頭表示の代金取立手数料に準じてその取立手数料をいただきます。

3（振込金の受入れ）

(1) この貯金口座には，為替による振込金を受入れます。

(2) この貯金口座への振込について，振込通知の発信金融機関から重複発信等の誤発信による取消通知があった場合には，振込金の入金記帳を取消します。

4 (受入証券類の決済，不渡り)

⑴ 証券類は，受入店で取立て，不渡返還時限の経過後その決済を確認したうえでなければ，受入れた証券類の金額にかかる貯金の払戻しはできません。その払戻しができる予定の日は，通帳のお支払金額欄に記載します。

⑵ 受入れた証券類が不渡りとなったときは貯金になりません。この場合は直ちにその通知を届出の住所宛に発信するとともに，その金額を普通貯金元帳から引落し，その証券類は当店で返却します。

⑶ 前項の場合には，あらかじめ書面による依頼を受けたものにかぎり，その証券類について権利保全の手続をします。

5 (貯金の払戻し)

⑴ この貯金を払戻すときは，当組合所定の払戻請求書（提携組合で払戻しをするときは，提携組合所定の払戻請求書）に届出の印章により記名押印して，通帳とともに提出してください。

⑵ 前項の払戻しの手続に加え，当該貯金の払戻しを受けることについて正当な権限を有することを確認するため当組合所定の本人確認資料の提示等の手続を求めることがあります。この場合，当組合が必要と認めるときは，この確認ができるまで払戻しを行いません。

⑶ この貯金口座から各種料金等の自動支払いをするときは，あらかじめ当組合所定の手続をしてください。

⑷ 同日に数件の支払いをする場合に，その総額が貯金残高をこえるときは，そのいずれを支払うかは当組合の任意とします。

6 (利息)

この貯金の利息は，毎日の最終残高（受入れた証券類の金額は決済されるまでこの残高から除きます。）1,000円以上について付利単位を100円として，毎年2回当組合所定の日に，店頭に表示する毎日の利率によって計算のうえこの貯金に組入れます。なお，利率は金融情勢に応じて変更します。

7（届出事項の変更，通帳の再発行等）

(1) 通帳や印章を失ったとき，または，印章，名称，住所その他の届出事項に変更があったときは，直ちに書面によって当店に届出てください。

(2) 前項の印章，名称，住所その他の届出事項の変更の届出前に生じた損害については，当組合に過失がある場合を除き，当組合は責任を負いません。

(3) 通帳または印章を失った場合のこの貯金の払戻し，解約または通帳の再発行は当組合所定の手続をした後に行います。この場合，相当の期間をおき，また，保証人を求めることがあります。

8（成年後見人等の届出）

(1) 家庭裁判所の審判により，補助・保佐・後見が開始されたときには，直ちに成年後見人等の氏名その他必要な事項を書面によって当店に届出てください。

(2) ［以下略］

9（印鑑照合等）

払戻請求書，諸届その他の書類に使用された印影を届出の印鑑と相当の注意をもって照合し，相違ないものと認めて取扱いましたうえは，それらの書類につき偽造，変造その他の事故があってもそのために生じた損害については，当組合は責任を負いません。なお，貯金者が個人である場合には，盗取された通帳を用いて行われた不正な払戻しの額に相当する金額について次条により補てんを請求することができます。

10〜15 ［略］

当座勘定規定ひな型（抄）

第1条（当座勘定への受入れ）

① 当座勘定には，現金のほか，手形，小切手，利札，郵便為替証書，配当金領収証その他の証券で直ちに取立てのできるもの（以下「証券類」という。）も受入れます。

② 手形要件，小切手要件の白地はあらかじめ補充してください。当組合は白地を補充する義務を負いません。

③ 証券類のうち裏書等の必要があるものは，その手続を済ませてください。

④ 証券類の取立てのため特に費用を要する場合には，店頭掲示の代金取立手数料に準じてその取立手数料をいただきます。

第2条（証券類の受入れ）

① 証券類を受入れた場合には，当店で取立て，不渡返還時限の経過後その決済を確認したうえでなければ，支払資金としません。

② 当店を支払場所とする証券類を受入れた場合には，当店でその日のうちに決済を確認したうえで，支払資金とします。

第3条（本人振込み）

① 当組合の他の本支店または他の金融機関を通じて当座勘定に振込みがあった場合には，当組合で当座勘定元帳へ入金記帳したうえでなければ，支払資金としません。ただし，証券類による振込みについては，その決済の確認もしたうえでなければ，支払資金としません。

② 当座勘定への振込みについて，振込通知の発信金融機関から重複発信等の誤発信による取消通知があった場合には，振込金の入金記帳を取消します。

第4条（第三者振込み）

① 第三者が当店で当座勘定に振込みをした場合に，その受入れが証券類

によるときは，第2条と同様に取扱います。
② 第三者が当組合の他の本支店または他の金融機関を通じて当座勘定に振込みをした場合には，第3条と同様に取扱います。

第5条（受入証券類の不渡り）
① 前3条によって証券類による受入れまたは振込みがなされた場合に，その証券類が不渡りとなったときは，直ちにその旨を本人に通知するとともに，その金額を当座勘定元帳から引落し，本人からの請求がありしだいその証券類を受入れた店舗，または振込みを受けた店舗で返却します。ただし，第4条の場合の不渡証券類は振込みをした第三者に返却するものとし，同条第1項の場合には，本人を通じて返却することもできます。
② 前項の場合には，あらかじめ書面による依頼を受けたものにかぎり，その証券類について権利保全の手続をします。

第6条（手形，小切手の金額の取扱い）
手形，小切手を受入れまたは支払う場合には，複記のいかんにかかわらず，所定の金額欄記載の金額によって取扱います。

第7条（手形，小切手の支払）
① 小切手が支払のために呈示された場合，または手形が呈示期間内に支払のため呈示された場合には，当座勘定から支払います。
② 当座勘定の払戻しの場合には，小切手を使用してください。

第8条（手形，小切手用紙）
① 当組合を支払人とする小切手または当店を支払場所とする約束手形を振出す場合には，当組合が交付した用紙を使用してください。
② 当店を支払場所とする為替手形を引受ける場合には，預金業務を営む金融機関の交付した手形用紙であることを確認してください。
③ 前2項以外の手形または小切手については，当組合はその支払をしません。

④　手形用紙，小切手用紙の請求があった場合には，必要と認められる枚数を実費で交付します。

第9条（支払の範囲）

① 　呈示された手形，小切手等の金額が当座勘定の支払資金をこえる場合には，当組合はその支払義務を負いません。

②　手形，小切手の金額の一部支払はしません。

第10条（支払の選択）

同日に数通の手形，小切手等の支払をする場合にその総額が当座勘定の支払資金をこえるときは，そのいずれを支払うかは当組合の任意とします。

第11条（過振り）

①　第9条第1項にかかわらず，当組合の裁量により支払資金をこえて手形，小切手等の支払をした場合には，当組合からの請求がありしだい直ちにその不足金を支払ってください。

②　前項の不足金に対する損害金の割合は年〇〇％（年365日の日割計算）とし，当組合所定の方法によって計算します。

③　第1項により当組合が支払をした後に当座勘定に受入れまたは振込まれた資金は，同項の不足金に充当します。

④　第1項による不足金，および第2項による損害金の支払がない場合には，当組合は諸預り金その他の債務と，その期限のいかんにかかわらず，いつでも差引計算することができます。

⑤　第1項による不足金がある場合には，本人から当座勘定に受入れまたは振込まれている証券類は，その不足金の担保として譲り受けたものとします。

第12条（手数料等の引落し）

①　当組合が受取るべき貸付金利息，割引料，手数料，保証料，立替費用，その他これに類する債権が生じた場合には，小切手によらず，当座勘定からその金額を引落すことができるものとします。

② 当座勘定から各種料金等の自動支払をする場合には，当組合所定の手続をしてください。

第13条（支払保証に代わる取扱い）

小切手の支払保証はしません。ただし，その請求があるときは，当組合は自己宛小切手を交付し，その金額を当座勘定から引落します。

第14条（印鑑等の届出）

① 当座勘定の取引に使用する印鑑（または署名鑑）は，当組合所定の用紙を用い，あらかじめ当店に届出てください。

② 代理人により取引をする場合には，本人からその氏名と印鑑（または署名鑑）を前項と同様に届出てください。

第15条（届出事項の変更）

　　［略］

第16条（印鑑照合等）

① 手形，小切手または諸届け書類に使用された印影または署名を，届出の印鑑（または署名鑑）と相当の注意をもって照合し，相違ないものと認めて取扱いましたうえは，その手形，小切手，諸届け書類につき，偽造，変造その他の事故があっても，そのために生じた損害については，当組合は責任を負いません。

② 手形，小切手として使用された用紙を，相当の注意をもって第8条の交付用紙であると認めて取扱いましたうえは，その用紙につき模造，変造，流用があっても，そのために生じた損害については，前項と同様とします。

③ この規定および別に定める手形用法，小切手用法に違反したために生じた損害についても，第1項と同様とします。

第17条（振出日，受取人記載もれの手形，小切手）

① 手形，小切手を振出しまたは為替手形を引受ける場合には，手形要件，小切手要件をできるかぎり記載してください。もし，小切手もしくは確

定日払の手形で振出日の記載のないものまたは手形で受取人の記載のないものが呈示されたときは，その都度連絡することなく支払うことができるものとします。

② 前項の取扱いによって生じた損害については，当組合は責任を負いません。

第18条（線引小切手の取扱い）

① 線引小切手が呈示された場合，その裏面に届出印の押なつ（または届出の署名）があるときは，その持参人に支払うことができるものとします。

② 前項の取扱いをしたため，小切手法第38条第5項の規定による損害が生じても，当組合はその責任を負いません。また，当組合が第三者にその損害を賠償した場合には，振出人に求償できるものとします。

第19条（自己取引手形等の取扱い）

① 手形行為に取締役会の承認，社員総会の認許その他これに類する手続を必要とする場合でも，その承認等の有無について調査を行なうことなく，支払をすることができます。

② 前項の取扱いによって生じた損害については，当組合は責任を負いません。

第20条（利息）

当座預金には利息をつけません。

第21条～第26条［略］

債務承認および重畳的債務引受契約証書

平成　年　月　日

＿＿＿＿＿＿＿農業協同組合　御中

被相続人（甲）　　住所
　　　　　　　　　氏名＿＿＿＿＿＿＿＿㊞
相続人兼債務引受人（乙）　住所
　　　　　　　　　氏名＿＿＿＿＿＿＿＿㊞
相続人（丙）　　　住所
　　　　　　　　　氏名＿＿＿＿＿＿＿＿㊞
相続人（丁）　　　住所
　　　　　　　　　氏名＿＿＿＿＿＿＿＿㊞

第1条　被相続人（甲）＿＿＿＿＿の相続人（乙）＿＿＿＿，（丙）＿＿＿＿およひ（丁）＿＿＿＿は，（甲）＿＿＿＿が平成　年　月　日死亡したので，その相続人として（甲）＿＿＿＿が平成　年　月　日付金銭消費貸借証書（以下「原契約」という。）に基づき＿＿＿＿農業協同組合（以下，「組合」という。）に対して負担しているいっさいの債務について，各人の相続分に応じてそれぞれ分割して承継しました。

　　ただし，現在債務額　金　　　　　　円也
　　　内訳　元金　金　　　　　　円也
　　　　　　利息　金　　　　　　円也
　　（平成　年　月　日から平成　年　月　日まで年　%の割合による。）

第2条　（乙）＿＿＿＿は，（丙）＿＿＿＿および（丁）＿＿＿＿が相続分に応じて承継した各債務について重畳的に引き受け，今後前条記載の債務の全額について，原契約ならびにこの契約の各条項に従い債務履行の責に任ずるものとします。

以上

債務承認および免責的債務引受契約証書

　　　　　　　　　　　　　　　　　平成　年　月　日

_____農業協同組合　御中

　　　　被相続人（甲）　　住所

　　　　　　　　　　　　　氏名_____㊞

　　相続人兼債務引受人（乙）住所

　　　　　　　　　　　　　氏名_____㊞

　　　　　相続人（丙）　　住所

　　　　　　　　　　　　　氏名_____㊞

　　　　　相続人（丁）　　住所

　　　　　　　　　　　　　氏名_____㊞

　　　　連帯保証人（戊）　住所

　　　　　　　　　　　　　氏名_____㊞

　　　　担保提供者（己）　住所

　　　　　　　　　　　　　氏名_____㊞

第1条　被相続人_(甲)_____の相続人_(乙)_____,_(丙)_____およびび_(丁)_____は,（甲）が平成　年　月　日死亡したので,その相続人として_(甲)_____が平成　年　月　日付金銭消費貸借証書（以下「原契約」という。）に基づき_____農業協同組合（以下,「組合」という。）に対して負担していたいっさいの債務について,各人の相続分に応じてそれぞれ分割して承継しました。

　　ただし,現在債務額　金　　　　　　　　　　円也
　　　　内訳　　元金　金　　　　　　　　　　　円也
　　　　　　　　利息　金　　　　　　　　　　　円也
　　（平成　年　月　日から平成　年　月　日まで年　％の割合に

305

よる。)

第2条　(1) (乙)　　　　　は，(丙)　　　　および (丁)　　　　が相続分に応じて承継した各債務について，その同一性を維持してこれを引き受け，今後前条記載の債務の全額について原契約ならびにこの契約の各条項に従い債務履行の責に任ずるものとします。

　　　(2) (丙)　　　　およよび (丁)　　　　は，各自が相続分に応じて承継した各債務を (乙)　　　　が引き受けたことにより，今後その責を免れ債務関係から離脱します。

第3条　連帯保証人 (戊)　　　　はこの契約を承認し，原契約およびこの契約に基づき (乙)　　　　が組合に対し負担するいっさいの債務について (乙)　　　　と連帯して保証の責に任ずるものとします。

第4条　担保提供者 (己)　　　　は，原契約を担保するために後記の物件に設定した抵当権が引き続き存続することを承認し，ただちに前記抵当権の付記による債務者変更の登記を行います。

記

物 件 の 表 示	順位番号	所 有 者

金銭消費貸借契約証書例

(固定金利・元利均等型)

平成　年　月　日

(1)	借入金額	￥　　　　　円 〔内訳：毎　回の返済合計額￥　　　　円〕 　　　　特定月の増額返済額￥　　　　円
(2)	借入金の使途	
(3)	利息	年　　　％
(4)	最終返済期限	平成　年　月　日

<table>
<tr><td rowspan="7">元利金の返済方法</td><td></td><td>毎回返済</td><td>特定月増額返済</td></tr>
<tr><td>初回</td><td>平成　年　月　日</td><td>平成　年　月　日</td></tr>
<tr><td>第2回目以降</td><td>平成　年　月から平成　年　月までの毎年，　月　月　月　月　月の各　日</td><td>平成　年　月から平成　年　月までの毎年，　月　月　月の各　日</td></tr>
<tr><td>最終回</td><td>平成　年　月　日</td><td>平成　年　月　日</td></tr>
<tr><td>返済回数</td><td>　　　回</td><td>　　　回</td></tr>
<tr><td>毎回の返済額</td><td>￥　　　　円</td><td>￥　　　　円</td></tr>
<tr><td colspan="3">○利息は，各返済日に後払いするものとします。
・毎回の返済の利息および特定月増額返済は，（毎回返済の元金残高または特定月増額返済の部分の元金残高×年利率／12）×経過月数で計算します。
○借入日から初回利息償還日までの利息については，1年を365日として日割り計算として支払います。
・最終回返済額は，利息計算の端数処理のため，毎回の返済額とは異なる場合があります。
○特定月増額返済日には，増額返済額を毎回の返済額に加えて返済するものとします。</td></tr>
</table>

(6)	元利金の支払場所または元利金の支払口座	元利金の支払いは次のとおりとします（いずれかに○）。 1　組合または組合の指示した場所に持参して支払います。 2　当借入金の元金および利息の支払いは，元金償還日および利息支払日に次の口座から引き落としてください。 ①貯金名義人（債務者）　　②貯金種目 ③口座番号　　　　　　　　④貯金取引印　　㊞

第1条（借入要領）

　債務者は，＿＿＿＿農業協同組合（以下，「組合」という。）と別に締結した農協取引約定書のほか，この約定を承認のうえ，上記の要領により金銭を借用しこれを受領しました。

第2条（保証）

① 保証人は，債務者がこの約定によって負担するいっさいの債務について債務者と連帯して保証債務を負い，その履行については，債務者が組合と締結した農協取引約定書の各条項（裏面の通り）のほか，この約定に従います。

② 保証人は，債務者の組合に対する貯金その他の債権をもって相殺はしません。

③ 保証人は，組合が相当と認めるときは他の担保もしくは保証を変更，解除しても免責を主張しません。

④ 保証人は，第1項の保証債務を履行した場合，代位によって組合から取得した権利は，債務者と組合との取引継続中（保証人が代位弁済をした債権以外に，組合が債務者に対して他の債権を有する場合など）は，組合の同意がなければこれを行使しません。

⑤ 債務者の信用状況など，債務者が組合に提供した情報については，保証人の依頼により保証人に開示することを債務者は同意します。

⑥ 債務者は，保証人について破産手続，民事再生手続が開始されたこと，または，死亡したことを知ったときは，直ちに組合に届け出ます。

第3条（公正証書の作成義務）

　債務者および保証人は，組合の請求があるときは直ちにこの約定による債務について強制執行の認諾がある公正証書を作成するため，必要な手続きをします。これに要した費用は，債務者または保証人が負担します。

　　　　　　　　　　　　　　　　　　　　平成　　年　　月　　日

　　　　　　農業協同組合　御中

　　　　　　　　債務者　住所

　　　　　　　　　　　　氏名　　　　　　　　　　　　　㊞

　　　　　　　　連帯保証人　住所

　　　　　　　　　　　　氏名　　　　　　　　　　　　　㊞

　　　　　　　　連帯保証人　住所

　　　　　　　　　　　　氏名　　　　　　　　　　　　　㊞

抵当権設定契約証書

平成　年　月　日

(住所)＿＿＿＿＿＿＿＿＿＿＿＿＿＿＿＿＿

＿＿＿＿＿＿＿農業協同組合　御中

　　　　　　　抵当権設定者　住所
　　　　　　　債　務　者　　氏名＿＿＿＿＿＿＿＿＿＿㊞
　　　　　　　担保提供者　　住所
　　　　　　　　　　　　　　氏名＿＿＿＿＿＿＿＿＿＿㊞

第1条（抵当権の設定）

　債務者・担保提供者は，債務者が平成　年　月　日金銭消費貸借契約に基づき＿＿＿＿農業協同組合（以下，「組合」という。）に対し負担する債務を担保するため，この約定を締結し，その所有する後記物件のうえに順位後記の抵当権を設定しました。

　債務の弁済等については債務者が組合と別に締結した上記金銭消費貸借契約証書および農協取引約定書の各条項に従います。

第2条（登記義務）

　債務者・担保提供者は，前条による抵当権設定の登記手続を遅滞なく行い，その登記簿の謄本を組合に提出します。今後，この抵当権について各種の変更等の合意がなされたときも同様とします。

第3条（抵当物件）

① 債務者・担保提供者は，あらかじめ組合の書面による承諾がなければ抵当物件（抵当建物の借地権を含む。以下同じ。）の現状を変更し，または抵当物件を譲渡し，もしくは第三者のために抵当物件に権利を設定しません。

② 抵当物件が原因のいかんを問わず滅失・毀損しもしくはその価格が減

少したとき，またはそのおそれがあるときは，債務者または担保提供者は直ちにその旨を組合に通知します。この場合，組合が相当の期間を定めて請求したときは組合の承認する担保もしくは増担保を差し入れ，または保証人をたてもしくはこれを追加します。
③ 抵当物件について収用その他の原因により補償金・清算金などの債権が生じたときは，債務者・担保提供者はその債権に組合を質権者とする質権を設定します。

第4条（損害保険）
① 債務者・担保提供者は，この抵当権が存続する間，抵当物件に対し，組合または組合の承認する保険会社と組合の指定する金額以上の火災共済契約その他共済契約または火災保険契約その他損害保険契約（以下単に「保険契約」という。）を締結しまたは継続し，その保険契約に基づく権利のうえに組合のため保険契約に抵当権者特約条項をつけるか質権設定の手続をとります。
② 債務者・担保提供者は，前項により締結したまたは継続した保険契約以外に，抵当物件に対し保険契約を締結したときは，直ちに組合に通知し，その保険契約についても前項と同様の手続をとります。
③ 前2項の保険契約の継続，更改，変更および保険目的物罹災後の共済金または保険金（以下単に「保険金」という。）等の処理については，すべて組合の指示に従います。
④ 組合が権利保全のため，必要な保険契約を締結しもしくは継続しまたは債務者・担保提供者に代って保険契約を締結しもしくは継続し，その共済掛金または保険料（以下単に「保険料」という。）を支払ったときは，債務者および担保提供者は組合の支払った保険料その他の費用およびこれらに対する支払日から年　％の割合による損害金を支払います。
⑤ 前4項により締結または継続した保険契約に基づく保険金を組合が受領したときは，債務の弁済期前でも法定の順序にかかわらず組合は弁済に充当することができるものとします。

第5条（借地権）

① 債務者・担保提供者は，抵当建物の敷地が借地の場合，その借地期間の満了の際，借地借家法第22条，第23条，第24条の定期借地権を除き，直ちに借地契約の更新手続をとり，また土地の所有者に変更があったときは直ちに組合に通知し，また借地権の種類・内容に変更を生ずる場合にはあらかじめ組合に通知します。

② 債務者・担保提供者は，借地契約の解約，賃料不払，借地権の種類・内容に変更その他借地権の譲渡転貸等借地権の消滅，変更をきたすようなおそれのある行為をせず，またそのようなおそれのあるときには借地権保全に必要な手続をとるとともに，直ちに組合に通知します。また建物が滅失した場合にも組合の同意がなければ借地権の譲渡転貸その他任意の処分をしません。

③ 抵当建物が火災その他により滅失し，建物を建築する場合には，直ちに借地借家法第10条第2項の所定の掲示を行ったうえ，速やかに地主の承諾を得て建物を建築してこの抵当権と同一内容・順位の抵当権を設定します。また，直ちに建物を建築しない場合には，保険金等によって弁済をしてもなお残債務があるときは，借地権の処分について組合の指示に従うものとし，組合はその処分代金をもってこの抵当権の被担保債務の弁済に充当することができるものとします。

第6条（抵当物件の処分）

債務者が組合に対する債務の履行を怠った場合には，組合は，抵当物件について，法定の手続きも含めて一般に適当と認められる方法，時期，価格等により組合において処分のうえ，組合はその取得金から諸費用を差し引いた残額を法定の順序によらず第1条の債務の弁済に充当できるものとし，なお残債務がある場合には債務者は直ちに弁済します。

債務の弁済に充当後，なお取得金に余剰が生じた場合には，組合はこれを権利者に返還するものとします。

第7条（抵当物件の調査）

債務者・担保提供者は，抵当物件について組合から請求があったときは，直ちに報告し，また調査に必要な便益を提供します。

第8条（費用の負担）

この抵当権に関する設定・解除または変更・処分の登記並びに抵当物件の調査または処分に関する費用は，債務者および担保提供者が連帯して負担し，組合が支払った金額については，直ちに支払います。

第9条（担保保存義務の免除・代位）

① 担保提供者は，組合が相当と認めて他の担保もしくは保証を変更・解除しても免責を主張しません。

② 担保提供者が弁済等により，代位によって組合から取得した権利は，債務者と組合との取引継続中は，組合の同意がなければこれを行使しません。

③ 担保提供者が第1条の債務についてほかに保証している場合および将来保証をする場合には，これらの保証はこの担保提供により減少または変更されないものとします。

記

抵当権の表示

1　債権額　金　　　　　　　　円也
2　利　息　年　　　　　　　　％
3　損害金　年　　　　　　　　％

記

物件の表示	順位	所有者

根抵当権設定契約証書

(共同担保)

平成　年　月　日

(住所)
　　　　　　　　農業協同組合　御中

　　　　　　根抵当権設定者　住所
　　　　　　　債　務　者　　氏名　　　　　　　　　㊞
　　　　　　根抵当権設定者　住所
　　　　　　　　　　　　　　氏名　　　　　　　　　㊞
　　　　　　根抵当権設定者　住所
　　　　　　　　　　　　　　氏名　　　　　　　　　㊞

第1条（根抵当権の設定）

　根抵当権設定者は，その所有する後記物件のうえに，共同担保として次の要項により根抵当権を設定しました。

　債務の弁済等については債務者が　　　　農業協同組合（以下，「組合」という。）と別に締結した農協取引約定書の各条項のほか，下記条項に従います。

1．極度額　金　　　　　　円也
2．被担保債権の範囲
　　① 消費貸借取引，売買取引，手形割引取引，当座貸越取引，保証委託及び保証取引によるいっさいの債権
　　② 平成　年　月　日　契約によるいっさいの債権
　　③ 民法398条の2第3項による手形上，小切手上の債権
3．債務者　住所
　　　　　　氏名

4．確定期日　定めない

第2条（登記義務）

　　根抵当権設定者は，前条による根抵当権設定の登記手続を遅滞なく行い，その登記簿の謄本を組合に提出します。今後，この根抵当権について各種の変更等の合意がなされたときも同様とします。

第3条（被担保債権の範囲の変更等）

　　この契約による根抵当権について，組合より被担保債権の範囲の変更，極度額の増額，根抵当権の譲渡・一部譲渡，確定期日の延期等の申し出のあった場合には，直ちにこれに同意します。なお，農協取引約定書第5条第1項各号，第2項各号または前各号に準じるような債権保全を必要とする相当の事由が生じたときは，第1条第2号①の取引を中止され②の契約を解約されても差し支えありません。

第4条（共同根抵当権についての変更）

　　共同根抵当権について，その被担保債権の範囲，債務者もしくは極度額の変更，または根抵当権の譲渡もしくは一部譲渡をするときは，すべての根抵当権について同一の契約をし，登記手続をすることに協力します。

第5条（根抵当物件）

①　根抵当権設定者は，あらかじめ組合の書面による承諾がなければ根抵当物件（根抵当建物の借地権を含む。以下同じ。）の現状を変更し，または根抵当物件を譲渡しもしくは第三者のために根抵当物件に権利を設定しません。

②　根抵当物件が原因のいかんを問わず滅失・毀損もしくはその価格が減少したとき，またはそのおそれがあるときは，債務者または根抵当権設定者は直ちにその旨を組合に通知します。

③　根抵当物件について譲渡，土地明渡し，収用その他の原因により譲渡代金・立退料・補償金・清算金などの債権が生じたときは，根抵当権設定者は，その債権に質権を設定します。

第6条（損害保険）

① 根抵当権設定者は，この根抵当権が存続する間，根抵当物件に対し，組合または組合の承認する保険会社と組合の指定する金額以上の火災共済契約その他共済契約または火災保険契約その他損害保険契約（以下単に「保険契約」という。）を締結しまたは継続し，その保険契約に基づく権利のうえに，組合のため保険契約に根抵当権者特約条項をつけるかまたは質権設定の手続をとります。

② 根抵当権設定者は，前項により締結したまたは継続した保険契約以外に，根抵当物件に対し保険契約を締結したときは，債務者または根抵当権設定者は直ちに組合に通知し，その保険契約についても前項と同様の手続をとります。

③ 前2項の保険契約の継続，更改，変更および保険目的物件罹災後の共済金または保険金（以下単に「保険金」という。）等の処理については，すべて組合の指示に従います。

④ 組合が権利保全のため，必要な保険契約を締結しもしくは継続しまたは根抵当権設定者に代って保険契約を締結しもしくは継続し，その共済掛金または保険料（以下単に「保険料」という。）を支払ったときは，債務者および根抵当権設定者は組合の支払った保険料その他の費用に対し，その支払日から年　％の割合の損害金を付けて支払います。

⑤ 前4項により締結または継続された保険契約に基づく保険金を組合が受領したときは，債務の弁済期前でも法定の順序にかかわらず組合は弁済に充当することができるものとします。

第7条（借地権）

① 根抵当権設定者は，根抵当建物の敷地が借地の場合，その借地期間の満了の際，借地借家法第22条，第23条，第24条の定期借地権を除き，直ちに借地契約の更新手続をとり，また土地の所有者に変更があったときは直ちに組合に通知し，また借地権の種類・内容に変更を生ずる場合に

はあらかじめ組合に通知します。

② 根抵当権設定者は，借地契約の解約，賃料不払，借地権の種類・内容の変更その他借地権の消滅または変更をきたすようなおそれのある行為をせず，またこのようなおそれのあるときは借地権保全に必要な手続をとるとともに，直ちに組合に通知します。また建物が滅失した場合にも組合の同意がなければ借地権の転貸その他任意の処分をしません。

③ 根抵当建物が火災その他により滅失し，建物を建築する場合には，直ちに借地借家法第10条第2項の所定の掲示を行ったうえ，速やかに地主の承諾を得て建物を建築してこの根抵当権と同一内容・順位の根抵当権を設定します。また，直ちに建物を建築しない場合には，保険金等によって弁済をしてもなお残債務があるときは，借地権の処分について組合の指示に従うものとし，組合はその処分代金をもってこの根抵当権の被担保債務の弁済に充当することができるものとします。

第8条（根抵当物件の処分）

債務者が組合に対する債務の履行を怠った場合には，組合は，根抵当物件について，法定の手続も含めて一般に適当と認められる方法・時期・価格等により組合において処分のうえ，その取得金から諸費用を差し引いた残額を法定の順序にかかわらず債務の弁済に充当できるものとし，なお残債務がある場合には債務者は直ちにこれを弁済します。

債務の弁済に充当後，なお取得金に余剰が生じた場合には，組合はこれを権利者に返還するものとします。

第9条（根抵当物件の調査）

根抵当物件について組合から請求があったときは，直ちに報告し，また調査に必要な便益を提供します。

第10条（費用の負担）

この根抵当権に関する設定・解除または変更・処分の登記並びに根抵当物件の調査または処分に関する費用は，債務者および根抵当権設定者が連

帯して負担し，組合が支払った金額については直ちに支払います。

第11条（担保保存義務の免除・代位）

① 根抵当権設定者は，組合が相当と認めて他の担保もくは保証を変更・解除しても免責を主張しません。

② 根抵当権設定者が弁済等により，代位によって組合から取得した権利は，債務者と組合との取引継続中は，組合の同意がなければこれを行使しません。

③ 根抵当権設定者が組合に対しほかに保証している場合および将来この物上保証のほかに保証する場合には，これらの保証はこの物上保証により減少または変更されないものとします。

記

物件の表示	順　位	所　有　者

約束手形

```
No._____ 約束手形  NOA0000000          東京2700
        △△△△株式会社 殿 ①          0006-300

 収入      金額 ￥10,000,000 ②    支払期日 平成 年 月 日 ③
 印紙                            支払地  東京都千代田区 ④
                                支払場所 ○○○○  本店 ⑤

 上記金額をあなたまたはあなたの指図人へこの約束手形と引替えにお支払いいたします。⑥
 ⑦ 平成   年   月   日
 ⑧ 振 出 地
 ⑨ 住  所  東京都新宿区新宿100番地100号
 ⑩ 振 出 人  ○○○○○○
            代表取締役社長○○△△        ㊞
```

① 受取人
② 手形金額
③ 満期日
④ 支払地
⑤ 支払場所
⑥ 約束手形文句，支払約束文句
⑦ 振出日
⑧ 振出地
⑨ 振出人の肩書地
⑩ 振出人（最終の支払義務者）
⑪ 裏書文句
⑫ 裏書日
⑬ 拒絶証書作成免除文句
⑭ 裏書人の署名
⑮ 被裏書人

```
(裏面)
⑪表記金額を下記被裏書人またはその指図人へお支払いください。
⑫平成  年  月  日
                        ⑬ 拒絶証書不要
  ⑭ 住所  東京都中央区中央10丁目10番
         △△△△株式会社
         代表取締役社長 ×××  ㊞
(目的)
被裏書人 | ⑮   ○○○○  殿
```

```
(裏面)
⑪表記金額を下記被裏書人またはその指図人へお支払いください。
⑫平成  年  月  日
                        ⑬  支払拒絶不要
  ⑭ 住所  大阪市中央区中央100丁目100番
         ○○○○        ㊞
(目的)
被裏書人 | ⑮   株式会社□□  殿
```

```
表記金額を受け取りました。
平成  年  月  日
住所
```

巻末資料

為替手形

```
No.        為替手形    NOA0000000
           支払人                        支払期日 平成 年 月 日  ③
┌────┐   東京都千代田区神田50番50号 ①   支 払 地 東京都千代田区    ④
│収 入│                                支払場所 ○○○ 本店       ⑤
│印 紙│   ○○○○ 株式会社 殿   ②
└────┘   金額 ￥10,000,000    ⑥

(受取人)△△△△殿またはその指図人へこの為替手形と引替えに上記金額をお支払いください。 ⑦

⑧  平成 年 月 日   ⑫ 拒絶証書不要      引受 平成 年 月 日
⑨  振出地
⑩  住 所 東京都新宿区新宿100番地100号    東京都千代田区神田50番50号
⑪  振出人 株式会社 ○○○○              ○○○○ 株式会社 ⑬
           代表取締役社長△△×× ㊞       代表取締役社長□□□□ 印
```

① 支払人の肩書地
② 支払人（引受人）
③ 満期日
④ 支払地
⑤ 支払場所
⑥ 手形金額
⑦ 受取人，為替手形文句
　 支払委託文句
⑧ 振出日
⑨ 振出地
⑩ 振出人の肩書地
⑪ 振出人
⑫ 拒絶証書作成免除文句
⑬ 引受人（最終の支払義務者）の署名
⑭ 裏書文句
⑮ 裏書日
⑯ 拒絶証書作成免除文句
⑰ 裏書人の署名
⑱ 被裏書人

```
(裏面)
⑭表記金額を下記被裏書人またはその指図人へお支払いください。
⑮平成   年   月   日
                              ⑯ 拒絶証書不要
    ⑰ 住所 東京都中央区中央10丁目10番
         △△△△株式会社
         代表取締役社長 ××× 印
(目的)

被裏書人 │ ⑱   ○○○○ 殿
```

```
(裏面)
⑭表記金額を下記被裏書人またはその指図人へお支払いください。
⑮平成   年   月   日
                              ⑯ 支払拒絶不要
    ⑰ 住所 大阪市中央区中央100丁目100番
         ○○○○           ㊞
(目的)

被裏書人 │ ⑱   株式会社□□ 殿
```

表記金額を受け取りました。
平成   年   月   日

住所

小 切 手

```
No.A0000000            小 切 手              東京2700
  ① 支払地  東京都千代田区                    0006-300
      ②  △△△ 銀行  ○○支店
        金額  ￥10,000,000   ③
     上記金額をこの小切手と引替えに持参人へお支払いください。 ④

     ⑤  拒絶証書不要

  ⑥  平成 年 月 日      ⑦ 振出地  東京都新宿区新宿100番地100号
                        ⑧ 振出人   ○○○○○○○
                                   代表取締役社長○○△△  ㊞
```

① 支払地
② 支払人
③ 小切手金額
④ 小切手文句，支払委託文句
⑤ 拒絶証書作成免除文句
⑥ 振出日
⑦ 振出地
⑧ 振出人（最終の支払義務者）

期限の利益当然喪失例

　　　　　　　　　　通知及び催告書
○○県○○市○町○丁目○番地
被通知人　□□□□　殿

　　　　　　　　　　　　　　○○県○○市○町△丁目△番地
　　　　　　　　　　　　　　通知人　○○農業協同組合
　　　　　　　　　　　　　　　　　　代表理事　○○○○　㊞

　当組合は貴殿に対し下記の貸付金をご融資申し上げていますが，貴殿の当組合貯金は平成○年○月○日△△地方裁判所から差押えを受けましたので，下記貸付金は平成○年○月○日付農協取引約定書第5条第1項の約旨に基づき，当然に差押命令の日をもって，期限の利益を喪失しましたのでご通知します。

　貴殿に対する下記の貸付金は，期限の利益の喪失により全額延滞となりましたので，下記貸付金の残元金および年○○％の割合の遅延損害金を直ちにお支払いくださるよう請求いたします。

　　　　　　　　　　　　記

1　貸付金の表示
　(1)　金10,000,000円
　　　　ただし，平成○年○月○日付金銭消費貸借契約による証書貸付金20,000,000円の残元金
　(2)　金1,000,000円
　　　　ただし，平成○年○月○日付金銭消費貸借契約による手形貸付金1,000,000円の残元金
　(3)　金1,500,000円
　　　　ただし，平成○年○月○日付金銭消費貸借契約による証書貸付金2,000,000円の残元金

平成○年○月○日

期限の利益請求喪失例

通知及び催告書

○○県○○市○町○丁目○番地
被通知人　□□□□　殿

　　　　　　　　　　　　　　○○県○○市○町△丁目△番地
　　　　　　　　　　　　　　通知人　○○農業協同組合
　　　　　　　　　　　　　　代表理事　○○○○　㊞

　当組合は貴殿に対し下記の貸付金をご融資申し上げていますが，貴殿は平成○年○月○日以降，弁済期日の到来にもかかわらず約定弁済金の支払いをされず平成○年○月○日期日支払分が延滞となっていますので，平成○年○月○日付農協取引約定書第5条第2項の約旨に基づき，本状到達の日をもって，期限の利益の喪失を請求いたします。

　貴殿に対する下記の貸付金は，期限の利益の喪失により全額延滞となりますので，下記貸付金の残元金を直ちにお支払いくださるよう請求いたします。

記

1　貸付金の表示
　(1)　金10,000,000円
　　　ただし，平成○年○月○日付金銭消費貸借契約による証書貸付金20,000,000円の残元金
　(2)　金1,000,000円
　　　ただし，平成○年○月○日付金銭消費貸借契約による手形貸付金1,000,000円の残元金
　(3)　金1,500,000円
　　　ただし，平成○年○月○日付金銭消費貸借契約による証書貸付金2,000,000円の残元金

　なお，弁済期日到来ずみの延滞元利金を直ちにお支払いくださるよう重ねて請求申し上げます。

　平成○年○月○日

巻末資料

相殺通知書例

相殺通知書

○○県○○市○町○丁目○番地
被通知人　□□□□　殿

　　　　　　　　　　　　　○○県○○市○町△丁目△番地
　　　　　　　　　　　　　通知人　○○農業協同組合
　　　　　　　　　　　　　　　　代表理事　○○○○　㊞

　当組合の貴殿に対する下記1表示の債権と当組合が貴殿に対して負担している下記2表示の債務とを，平成○年○月○日付農協取引約定書の約旨に基づき，平成○年○月○日対当額で相殺しましたので，ご通知申し上げます。

記

1　相殺する債権の表示
　(1)　金10,000,000円
　　　　　ただし，平成○年○月○日付金銭消費貸借契約による証書貸付金20,000,000円の残元金
　(2)　金1,000,000円
　　　　　ただし，上記(1)にかかる平成○年○月○日支払期日の約定利息
　(3)　金2,000,000円
　　　　　ただし，上記(1)にかかる遅延損害金
2　相殺する債務の表示
　(1)　金2,000,000円
　　　　　ただし，当座貯金解約金
　(2)　金800,000円
　　　　　ただし，普通預金元金
　(3)　金200円
　　　　　ただし，上記(2)の普通貯金にかかる相殺実行日までの貯金利息

　ただし，相殺する債務の(1)，(2)，(3)はそれぞれ相殺する債権の(1)に対当額で充当しました。
　なお，計算書明細は別途送付いたします。

　平成○年○月○日

索　引

あ・ア

悪意…………………………………40
明渡猶予…………………………236

い・イ

遺言………………………………152
遺産分割…………………………154
意思主義……………………35, 112
意思能力……………………37, 57
意思表示……………………30, 31
意思無能力者……………………191
遺贈………………………………153
一括競売…………………………231
一般法人法………………………69
委任………………………………164
遺留分……………………………153
印鑑………………………………162
印鑑照合…………………………177
印鑑証明書………………………73

う・ウ

疑わしい取引……………………172

え・エ

営業的金銭消費貸借……………209

永小作権…………………229, 230
営農貸越…………………………204
営利法人…………………………69
援用権者…………………………107

お・オ

乙区欄……………………………235

か・カ

カード預貯金者保護法…………191
会計監査人…………………71, 72
外国人住民票……………………45
外国人登録証明書………………45
解釈……………………………17, 35
会社更生手続……………………285
会社分割…………………………159
解除………………………………122
解除条件…………………………96
確定期限…………………………96
確定判決…………………………267
確定日付…………………………115
貸金等根保証契約………218, 220
過失……………………………40, 143
過失相殺…………………………188
合筆………………………………255
合併…………………………28, 158
過振り……………………………178
可分債権…………………………180
仮差押え……………………103, 257

325

索 引

仮処分 …………………………103, 257
仮登記担保 ……………………………216
為替 ……………………………………6
簡易再生 ………………………………276
監事 …………………………………71, 72
元本の確定 ……………………220, 240
管理人 …………………………………243

◇き・キ◇

期間 ……………………………………40
機関保証 ………………………………217
期限 ……………………………………21
期限の利益 ……………………………97
期限の利益喪失事由 …………………97
期限の利益の喪失 ……………………97
疑念を抱かせる特段の事情 …………186
規範 ……………………………………26
寄附行為 ………………………………71
義務 ……………………………………26
吸収合併 ………………………………158
吸収分割 ………………………………160
求償権 …………………………………221
給与所得者等再生 ……………………276
強行規定 ………………………………74
共済 ……………………………………8
共済証書貸付 …………………………9
共済担保貸付 ……………9, 228, 242
強制執行 …………………………25, 266
供託 ……………………………127, 197
共同抵当 ………………………………138
共同根抵当権 …………………………241
強迫 …………………………………21, 90
共有 ……………………………………154
虚偽表示 ………………………………78
極度額 …………………………220, 240

銀行取引停止処分 ……………………260

◇け・ケ◇

系統金融 ………………………………3
系統金融検査マニュアル ……………249
契約 ……………………………………29
契約自由の原則 ……………………24, 74
結婚 ……………………………………27
決定 ……………………………………267
原債権 …………………………………221
現存利益 ………………………………64
限定承認 ………………………………155
原本 ……………………………………205
顕名 ……………………………………47
権利 ……………………………………26
権利外観法理 ……………………82, 132
権利質 …………………………………224
権利証 …………………………………235
権利能力 ………………………………41
権利能力なき社団 ……………………41
権利部 …………………………………235

◇こ・コ◇

故意 ……………………………………143
合意充当 ………………………………132
行為能力 ………………………………58
公益財団法人 …………………………72
公益社団法人 …………………………72
公益認定 ………………………………72
公益法人 ………………………………69
公益法人認定法 ………………………70
更改 ……………………………………28
効果意思 ………………………………32

索引

甲区欄	235
後見	47
後見登記等ファイル	59
後見人	47
口座開設	162
公示送達	33
公示による意思表示	33, 252
公示の方法	33
公序良俗	38, 74
更生管財人	285
更生計画案	286
更生債権者	285
更生担保権者	285
控訴	267
口頭弁論	267
購買貸越	204
公文書	204
公法	24
公法人	69
国民	23
個人保証	217
戸籍	45
婚姻	27
混同	28
コンプライアンス	75, 76

さ・サ

サービサー法	253
債権質	224
債権執行	25, 267
債権者代位権	131
債権者取消権	107
債権譲渡	28
債権の準占有者	184
債権表	257

催告	102, 257
催告の抗弁権	219
財産権	27
再生型手続	269
再生計画案	276
再生債権者	275
再生債務者	275
再代襲相続	152
財団	68
財団法人	69
再度の押印	188
裁判上の請求	101
債務の承認	257
債務引受	28, 121
債務名義	194, 267
在留カード	45
詐害行為取消権	107
詐欺	21, 87
先取特権	216
錯誤	34, 38, 82
差押え	103, 194, 257
指図債権	119
詐術	63

し・シ

シカーネ	76
始期	97
敷地利用権	230
自己宛振出小切手	129
時効	21, 100
時効の援用	28, 107
時効の中断	101
時効の停止	101
自己契約	50
自己査定	249

索 引

自己資本比率	248	取得時効	21, 100
持参債務	129	樹木の集団	231
自然人	23, 43	準消費貸借	212
質権設定登記	226	純粋共同根抵当権	241
執行機関	266	小規模個人再生	276
執行証書	212, 267	償却	247
失踪宣告	44	条件	21, 95
実体法	24	証拠	25
指定充当	133	上告	267
指定相続分	152	商事消滅時効	106
私的自治の理念	73	証書貸付	203
指導金融	3	上訴	267
自働債権	145	消費貸借契約	212
支払停止	273	消費貸借の予約	212
支払督促	101, 102, 256	譲渡記録	118
支払不能	272	譲渡担保	111
私文書	204	承認	104
私法	24	抄本	205
死亡	43	消滅時効	21, 100
私法人	69	消滅時効期間	105
市民	23	省令	26
指名債権	119, 224	署名	206
社員	71	所有権	229, 230
社員総会	71	所有権留保	216
借地権の保存	214	事理弁式能力	57
社団	68	人格権	26
社団法人	69	信義誠実の原則	37, 75
終期	97	信義則	75
重大な過失	189	親権	47
住宅資金特別条項	278	親権者	47, 60
従物	229	新設合併	158
住民基本台帳	45	新設分割	159
住民票	45	親族	131
熟慮期間	157	人的担保	215
出資取締法	209	信用事業規程	16
出生	43	心裡留保	37, 77
受働債権	145		

せ・セ

請求喪失条項……………………98
制限行為能力者 …………40, 59, 192
制限能力者………………………59
清算型手続……………………269
成年後見人………………………61
成年被後見人……………………61
正本……………………………205
生命保険契約……………………8
成立要件………………16, 20, 30
政令……………………………26
善意………………………40, 184
善意の第三者……………40, 79
善管注意義務…………………164
専相殺供用目的………………272

そ・ソ

早期是正措置…………………248
相互金融…………………………3
相殺…………………28, 144, 211
相殺適状………………145, 264
相続……………………28, 151
相続人…………………………151
送達……………………………33
双方代理………………………50
双務契約………………………122
遡及効…………………………40
即時支払い……………………204
組織金融…………………………3
損害保険契約……………………8
尊属………………………151, 152

た・タ

代価弁済………………………237
対抗関係………………………113
対抗問題…………………113, 114
対抗要件………………………114
代襲相続…………………151, 152
代物弁済………………………127
代理………………………21, 46
代理受領………………………216
諾成契約………………………29
他店券…………………………167
単純承認………………………155
単純保証………………………219
断定的な判断…………………92
担保不動産収益執行…………243
担保保存義務…………144, 223
担保保存義務免除特約……213, 214

ち・チ

地上権……………………229, 230
注意義務………………………185
中間法人………………………69
重畳的債務引受………………123
直接取立権……………………226
陳述の催告……………………196

つ・ツ

追認……………………………51, 64
通謀虚偽表示…………………78

て・テ

定款 …………………………… 5, 6
定款認証 ………………………… 71
停止条件 ………………………… 95
抵当権 ………………………… 229
抵当権者特約条項 ………… 214, 242
抵当権消滅請求 ……………… 237
抵当権設定契約証書 ………… 213
抵当権の順位の譲渡 ………… 255
抵当権の順位の放棄 ………… 254
抵当権の譲渡 ………………… 254
抵当権の放棄 ………………… 254
手形貸付 ……………………… 203
手続法 ………………………… 24
電子記録 ……………………… 118
電子記録債権 ………………… 118
電子記録債権法 ……………… 116
電子記録名義人 ……………… 119
電子消費者契約 ……………… 86
電子署名法 …………………… 46
電子文書 ……………………… 46
転付命令 ……………………… 195

と・ト

同意再生 ……………………… 276
登記 ……………………… 42, 234
登記識別情報 ………………… 235
登記済証 ……………………… 235
登記簿 ………………………… 42
動機 …………………………… 32
動機の錯誤 …………………… 85
当座貸越 ……………………… 203
倒産 …………………………… 260

動産 …………………………… 42
動産執行 ……………………… 25
同時死亡の特則 ……………… 44
同時履行の抗弁 ……………… 122
当然喪失条項 ………………… 98
到達主義 ……………………… 32
当店券 ………………………… 167
道徳 …………………………… 26
導入預金 ………………… 174, 175
謄本 …………………………… 205
特定取引 ……………………… 170
特別失踪 ……………………… 44
特例民法法人 ………………… 70
取消 …………………………… 20
取締規定 ……………………… 75
取引停止処分 ………………… 99

な・ナ

内容証明郵便 ………………… 102
なりすまし …………………… 171

に・ニ

二段の推定 …………………… 206
任意規定 ……………………… 74
任意競売 ……………………… 257
任意後見 ……………………… 59
任意代位 ……………………… 136
任意代理人 …………………… 47

ね・ネ

根抵当権 ……………………… 239

索　引

の・ノ

農協取引約定書 …………………207
農業用動産 ………………………231

は・ハ

配当要求 ……………………195, 257
破産手続参加 ………………102, 257
発信主義 ……………………………32
払戻充当 …………………………211
判決 ………………………………267
犯罪収益移転防止法 ……………170

ひ・ヒ

被相続人口座の開示請求 ………181
卑属 ………………………………152
非典型担保 ………………………216
被保佐人 …………………………61
被補助人 …………………………62
評議員 ……………………………72
評議員会 …………………………72
表見代理 …………………………49, 53
表示意思 …………………………32
表示行為 …………………………32
表示主義 …………………………35
表題部 ……………………………235

ふ・フ

付加一体物 ………………………229
不確定期限 ………………………96

不在者 ……………………………47
不在者財産管理人 ………………47
不実告知 …………………………92
普通失踪 …………………………44
普通抵当権の追加 ………………254
普通取引約款 ……………………175
物権の移転 ………………………112
物権の設定 ………………………112
物権変動 …………………………112
物上代位 …………………………232
物的担保 …………………………215
歩積両建預金 …………75, 174, 175
不動産 ……………………………42
不動産執行 ………………………25
不動産登記簿 ……………………234
振込指定 ……………………217, 273
不渡り ……………………………260
文書 ………………………………204
文書提出命令 ……………………206
文書の真正 ………………………205
分筆 ………………………………255
分別の利益 ………………………219

へ・ヘ

併存的債務引受 ……………123, 251
平面照合 ……………………177, 185
別除権 ……………………………270
別除権協定 …………………275, 281
便宜支払い ………………………177
弁済 ……………………28, 127, 128
弁済の充当 …………………132, 211
弁済の提供 ………………………128

331

ほ・ホ

法 …………………………26
包括承継人 ………………81
法人 …………………23, 68
法人格 ……………………41
法人格なき社団 …………41
法人成り ………………253
法人保証 ………………217
法定後見 …………………59
法定充当 ……………133, 134
法定条件 …………………96
法定相続分 ……………153
法定代位 ………………136
法定代理人 ………………47
法定単純承認 …………155
法定地上権 ……………246
法定賃借権 ……………246
法定納期限 ……………198
暴利行為 …………………75
法律 ………………………26
法律行為 ……………18, 30
法律事実 …………………30
法律要件 …………………30
保険 ………………………8
保険金請求権 …………227
保佐人 ……………………61
補助 ………………………62
保証 ……………………217
保証連帯 ………………219
補助人 ……………………62
本人確認 ………………169
本人確認法 ……………170
本人特定事項 ……170, 172

ま・マ

前に生じた原因 ……210, 273
巻戻し …………………279
増担保 …………………209

み・ミ

未成年後見人 ……………60
未成年者 …………………60
身分権 ……………………26
未分離の果実 ……………42
民事再生人 ……………275

む・ム

無過失 …………………184
無記名債権 …………42, 224
無権代理 …………………49
無効 ………………………37

め・メ

明認方法 ………………114
命令 ……………………267
免責 ……………………270
免責的債務引受 ……121, 251
免除 ………………………28

も・モ

物 …………………………42

索 引

や・ヤ

約款 …………………………… 175

ゆ・ユ

有効要件 ………………………… 20
有体物 …………………………… 42
行方不明 ……………… 33, 98, 252

よ・ヨ

要件事実 ……………… 16, 20, 30
要式契約 ………………………… 29
要素の錯誤 ……………………… 83
要物契約 ………………………… 29
預金契約上の地位 …………… 182

り・リ

リーガルマインド ……………… 15
利益相反行為 …………………… 50
利害関係人集会 ……………… 286
履行 ……………………………… 28
履行期限 ………………………… 97
履行期日 ………………………… 97
履行の引受 …………………… 124
理事 ……………………… 71, 72
理事会 …………………… 71, 72
留置権 ………………………… 216
立木 …………………………… 231
稟議書 ………………………… 207

る・ル

累積共同根抵当権 …………… 241

れ・レ

連帯保証人 …………………… 219

わ・ワ

和解調書 ……………………… 256
和解等の申立 ………………… 102

アルファベット

JASTEM ………………………… 6
JAバンクシステム ……………… 3

333

【著者紹介】

中島光孝（なかじま　みつのり）

1949年　北海道出身
1970年4月　新日本製鐵室蘭製鉄所退社
1974年3月　北海道大学法学部卒業
1974年4月　農林中央金庫入庫
1984年12月〜1987年3月　財団法人金融情報システムセンター出向
1987年7月　農林中央金庫退職
1993年4月　大阪弁護士会登録弁護士
現在　中島光孝法律事務所（06-6131-3070）

中島ふみ（なかじま　ふみ）

1979年　東京都出身
2001年　北海道大学法学部卒業
2006年　北海道大学大学院法学研究科修了
2007年9月　第一東京弁護士会登録弁護士
2009年4月　大阪弁護士会登録弁護士
現在　大山・中島法律事務所（06-6313-8200）

図解でわかる　ＪＡ金融法務入門

2010年4月30日　初版第1刷発行	著　者	中　島　光　孝
		中　島　ふ　み
	発行人	下　平　晋一郎
	発行所	㈱経済法令研究会

〒162-8421　東京都新宿区市谷本村町3-21
電話　代表03-3267-4811　制作03-3267-4897

営業所／東京03(3267)4812　大阪06(6261)2911　名古屋052(332)3511　福岡092(411)0805

カバーデザイン／ＤＴＰ室　制作／経法ビジネス出版・佐藤正樹　印刷／日本ハイコム㈱

ⒸKeizai-hourei Kenkyukai 2010　　　　　　　　ISBN978-4-7668-4183-1

"経済法令グループメールマガジン"配信ご登録のお勧め
当社グループが取り扱う書籍、通信講座、セミナー、検定試験に関する情報等を皆様にお届けいたします。下記ホームページのトップ画面からご登録ください。
☆　経済法令研究会　http://www.khk.co.jp/　☆

定価はカバーに表示してあります。無断複製・転用等を禁じます。落丁・乱丁本はお取換えします。